4年

実力アップ 計算練習ノート

特別ふろく

計算力がぐんぐんのびる！

このふろくは
すべての教科書に対応した
全教科書版です。

年	組	名前

「計算練習ノート」はとりはずして使用できます。

●勉強した日　　月　　日

1 整数のかけ算(1)

とく点

/100点

◆ 計算をしましょう。　1つ6〔54点〕

❶ 234×955　❷ 383×572　❸ 748×409

❹ 586×603　❺ 121×836　❻ 692×247

❼ 965×164　❽ 491×357　❾ 878×729

♥ 計算をしましょう。　1つ6〔36点〕

❿ 6700×70　⓫ 850×250　⓬ 990×450

⓭ 720×520　⓮ 190×300　⓯ 500×650

♠ 1本195mL入りのかんジュースが288本あります。ジュースは全部で何L何mLありますか。　1つ5〔10点〕

式

答え（　　　　）

●勉強した日　月　日

2 整数のかけ算 (2)

とく点

/100点

◆ 計算をしましょう。 1つ6〔54点〕

❶ 802×458　❷ 146×360　❸ 792×593

❹ 504×677　❺ 985×722　❻ 488×233

❼ 625×853　❽ 366×949　❾ 294×107

♥ 計算をしましょう。 1つ6〔36点〕

❿ 3200×50　⓫ 460×730　⓬ 460×680

⓭ 210×140　⓮ 5900×20　⓯ 9300×80

♠ 1500mL の水が入ったペットボトルが 240 本あります。水は全部で何L ありますか。 1つ5〔10点〕

式

答え（　　　）

3 １けたでわるわり算(1)

とく点
/100点

◆ 計算をしましょう。 1つ5〔30点〕

❶ $80 \div 4$　❷ $140 \div 7$　❸ $240 \div 8$

❹ $900 \div 3$　❺ $600 \div 6$　❻ $150 \div 5$

♥ 計算をしましょう。 1つ5〔30点〕

❼ $48 \div 2$　❽ $76 \div 4$　❾ $75 \div 5$

❿ $84 \div 6$　⓫ $72 \div 3$　⓬ $91 \div 7$

♠ 計算をしましょう。 1つ5〔30点〕

⓭ $79 \div 7$　⓮ $58 \div 5$　⓯ $65 \div 6$

⓰ $86 \div 4$　⓱ $31 \div 2$　⓲ $46 \div 3$

♣ 96cm のテープの長さは、8cm のテープの長さの何倍ですか。1つ5〔10点〕

式

答え（　　　）

●勉強した日　　月　　日

4 ｜けたでわるわり算(2)

とく点

/100点

◆ 計算をしましょう。　1つ5〔30点〕

❶ 90÷3　❷ 360÷6　❸ 720÷9

❹ 800÷2　❺ 210÷7　❻ 320÷4

♥ 計算をしましょう。　1つ5〔30点〕

❼ 68÷4　❽ 90÷6　❾ 92÷4

❿ 84÷7　⓫ 56÷4　⓬ 90÷5

♠ 計算をしましょう。　1つ5〔30点〕

⓭ 67÷3　⓮ 78÷7　⓯ 53÷5

⓰ 61÷4　⓱ 82÷5　⓲ 47÷3

♣ 75ページの本を、|日に6ページずつ読みます。全部読み終わるには何日かかりますか。　1つ5〔10点〕

式

答え（　　　　）

5 1けたでわるわり算(3)

とく点
/100点

◆ 計算をしましょう。　1つ6〔54点〕

❶ 462÷3　❷ 740÷5　❸ 847÷7

❹ 936÷9　❺ 654÷6　❻ 540÷5

❼ 224÷8　❽ 357÷7　❾ 132÷4

♥ 計算をしましょう。　1つ6〔36点〕

❿ 845÷6　⓫ 925÷4　⓬ 641÷2

⓭ 473÷9　⓮ 269÷3　⓯ 372÷8

♠ 赤いリボンの長さは、青いリボンの長さの4倍で、524cmです。青いリボンの長さは何cmですか。　1つ5〔10点〕

式

答え（　　　）

●勉強した日　

6 1けたでわるわり算(4)

とく点

/100点

◆ 計算をしましょう。　1つ6〔54点〕

❶ 912÷6　❷ 741÷3　❸ 504÷4

❹ 968÷8　❺ 756÷7　❻ 836÷4

❼ 189÷7　❽ 315÷9　❾ 546÷6

♥ 計算をしましょう。　1つ6〔36点〕

❿ 767÷5　⓫ 970÷6　⓬ 914÷3

⓭ 612÷8　⓮ 244÷3　⓯ 509÷9

♠ 285cm のテープを 8cm ずつ切ります。8cm のテープは何本できますか。　1つ5〔10点〕

式

答え（　　　）

7 2けたでわるわり算(1)

とく点
/100点

◆ 計算をしましょう。　1つ6〔36点〕

❶ 240÷30　❷ 360÷60　❸ 450÷50

❹ 170÷40　❺ 530÷70　❻ 620÷80

♥ 計算をしましょう。　1つ6〔54点〕

❼ 88÷22　❽ 75÷15　❾ 68÷17

❿ 91÷19　⓫ 78÷26　⓬ 84÷29

⓭ 63÷25　⓮ 92÷16　⓯ 72÷23

♠ 57本の輪(わ)ゴムがあります。18本ずつ束(たば)にしていくと、何束できて何本あまりますか。　1つ5〔10点〕

式

答え（　　　　　　）

8 2けたでわるわり算 (2)

とく点

/100点

◆ 計算をしましょう。 1つ6〔90点〕

❶ 91÷13　❷ 84÷14　❸ 93÷31

❹ 78÷26　❺ 80÷16　❻ 58÷17

❼ 83÷15　❽ 99÷24　❾ 76÷21

❿ 87÷36　⓫ 92÷32　⓬ 73÷22

⓭ 68÷12　⓮ 86÷78　⓯ 75÷43

♥ 89本のえん筆を、34本ずつふくろに分けます。全部のえん筆をふくろに入れるには、何ふくろいりますか。 1つ5〔10点〕

式

答え（　　　）

9 2けたでわるわり算 (3)

とく点

/100点

◆ 計算をしましょう。　1つ6〔90点〕

① 119÷17　② 488÷61　③ 504÷72

④ 634÷76　⑤ 439÷59　⑥ 353÷94

⑦ 924÷84　⑧ 378÷27　⑨ 952÷56

⑩ 748÷34　⑪ 630÷42　⑫ 286÷13

⑬ 877÷25　⑭ 975÷41　⑮ 888÷73

♥ 785mL の牛にゅうを、95mL ずつコップに入れます。全部の牛にゅうを入れるにはコップは何こいりますか。　1つ5〔10点〕

式

答え（　　　）

●勉強した日　月　日

10 2けたでわるわり算(4)

とく点

/100点

◆ 計算をしましょう。　1つ6〔90点〕

❶ 272÷68　❷ 891÷99　❸ 609÷87

❹ 441÷97　❺ 280÷53　❻ 927÷86

❼ 496÷16　❽ 936÷39　❾ 546÷42

❿ 648÷54　⓫ 874÷23　⓬ 780÷30

⓭ 783÷65　⓮ 889÷28　⓯ 532÷40

♥ 900 このあめを、75 まいのふくろに等分して入れると、1 ふくろ分は何こになりますか。　1つ5〔10点〕

式

答え（　　　　）

●勉強した日　月　日

11 けた数の大きいわり算(1)

とく点　/100点

◆ 計算をしましょう。　1つ6〔54点〕

❶ 6750÷50　❷ 8228÷68　❸ 7476÷21

❹ 8456÷28　❺ 8908÷17　❻ 9943÷61

❼ 2774÷73　❽ 2256÷24　❾ 4332÷57

♥ 計算をしましょう。　1つ6〔36点〕

⑩ 7880÷32　⑪ 9750÷56　⑫ 5839÷43

⑬ 1680÷19　⑭ 4185÷44　⑮ 3200÷38

♠ 6700円で1こ76円のおかしは何こ買えますか。　1つ5〔10点〕

式

答え（　　　）

●勉強した日　月　日

12 けた数の大きいわり算(2)

とく点
/100点

◆ 計算をしましょう。　1つ6〔54点〕

❶ 638÷319　❷ 735÷598　❸ 936÷245

❹ 2616÷218　❺ 8216÷632　❻ 9638÷564

❼ 3825÷425　❽ 4600÷758　❾ 5328÷669

♥ 計算をしましょう。　1つ6〔36点〕

❿ 4500÷900　⓫ 5400÷600　⓬ 6700÷400

⓭ 7200÷500　⓮ 39000÷800　⓯ 86000÷700

♠ 2900mL のジュースを 300mL ずつびんに入れます。全部のジュースを入れるには、びんは何本いりますか。　1つ5〔10点〕

式

答え（　　　　）

とく点

/100点

◆ 計算をしましょう。　1つ6〔60点〕

❶ 120−(72−25)

❷ 85＋(65−39)

❸ 7×8＋4×2

❹ 7−(8−4)÷2

❺ 7−8÷4×2

❻ 7−(8−4÷2)

❼ 7×(8−4)÷2

❽ (7×8−4)×2

❾ 25×5−12×9

❿ 78÷3＋84÷6

♥ くふうして計算しましょう。　1つ5〔30点〕

⓫ 59＋63＋27

⓬ 24＋9.2＋1.8

⓭ 54＋48＋46

⓮ 3.7＋8＋6.3

⓯ 20×37×5

⓰ 25×53×4

♠ 1本50円のえん筆が125本入っている箱を、8箱買いました。全部で、代金はいくらですか。　1つ5〔10点〕

式

答え（　　　　）

14 式と計算(2)

とく点

/100点

◆ 計算をしましょう。　1つ5〔40点〕

❶ $75-(28+16)$

❷ $90-(54-26)$

❸ $2\times7+16\div4$

❹ $150\div(30\div6)$

❺ $4\times(3+9)\div6$

❻ $3+(32+17)\div7$

❼ $45-72\div(15-7)$

❽ $(14-20\div4)+4$

♥ くふうして計算しましょう。　1つ6〔48点〕

❾ $38+24+6$

❿ $4.6+8.7+5.4$

⓫ $28\times25\times4$

⓬ $5\times23\times20$

⓭ $39\times8\times125$

⓮ 96×5

⓯ 9×102

⓰ 999×8

♠ 色紙が280まいあります。1人に12まいずつ16人に配ると、残(のこ)りは何まいになりますか。　1つ6〔12点〕

式

答え（　　　　）

●勉強した日　　月　　日

15 小数のたし算とひき算(1)

とく点

/100点

◆ 計算をしましょう。　1つ5〔40点〕

❶ 1.92＋2.03　　❷ 0.79＋2.1

❸ 2.31＋0.92　　❹ 2.33＋1.48

❺ 0.24＋0.16　　❻ 1.69＋2.83

❼ 1.76＋3.47　　❽ 1.82＋1.18

♥ 計算をしましょう。　1つ5〔50点〕

❾ 3.84－1.13　　❿ 1.75－0.3

⓫ 1.63－0.54　　⓬ 1.49－0.79

⓭ 2.85－2.28　　⓮ 2.7－1.93

⓯ 4.23－3.66　　⓰ 1.27－0.98

⓱ 2.18－0.46　　⓲ 3－1.52

♠ 1本のリボンを2つに切ったところ、2.25mと1.8mになりました。リボンははじめ何mありましたか。　1つ5〔10点〕

式

答え（　　　　）

●勉強した日　月　日

16 小数のたし算とひき算(2)

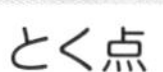

とく点

/100点

◆ 計算をしましょう。　1つ5〔50点〕

❶ 0.62＋0.25　❷ 2.56＋4.43

❸ 0.8＋2.11　❹ 3.83＋1.1

❺ 0.15＋0.76　❻ 2.71＋0.98

❼ 3.29＋4.31　❽ 1.27＋4.85

❾ 5.34＋1.46　❿ 2.07＋3.93

♥ 計算をしましょう。　1つ5〔40点〕

⓫ 4.46－1.24　⓬ 0.62－0.2

⓭ 2.72－0.41　⓮ 3.26－1.16

⓯ 4.28－1.32　⓰ 5.4－2.35

⓱ 4.71－2.87　⓲ 1－0.83

♠ 3.4 L の水のうち、2.63 L を使いました。水は何 L 残(のこ)っていますか。

式　1つ5〔10点〕

答え（　　　）

17 小数のたし算とひき算 (3)

とく点

/100点

◆ 計算をしましょう。　1つ5〔40点〕

❶ 3.26＋5.48　❷ 0.57＋0.46

❸ 0.44＋6.58　❹ 7.56＋5.64

❺ 0.67＋0.73　❻ 3.72＋4.8

❼ 0.78＋6.3　❽ 10.44＋5.06

♥ 計算をしましょう。　1つ5〔50点〕

❾ 7.43－3.56　❿ 6.04－0.78

⓫ 16.36－4.7　⓬ 8.25－7.67

⓭ 1.8－0.48　⓮ 10.3－9.45

⓯ 31.7－0.76　⓰ 2.3－2.24

⓱ 9－5.36　⓲ 2－0.94

♠ 赤いリボンの長さは 2.3m、青いリボンの長さは 1.64m です。長さは何m ちがいますか。　1つ5〔10点〕

式

答え（　　　）

18 がい数

とく点
/100点

◆ □にあてはまる数を書きましょう。　1つ4〔28点〕

❶ 34592 を百の位で四捨五入すると □ です。

❷ 43556 を四捨五入して、百の位までのがい数にすると □ です。

❸ 63449 を四捨五入して、上から 2 けたのがい数にすると □ です。

❹ 百の位で四捨五入して 51000 になる整数のはんいは、□ 以上 □ 以下です。

❺ 四捨五入して千の位までのがい数にしたとき 30000 になる整数のはんいは、□ 以上 □ 未満です。

♥ それぞれの数を四捨五入して千の位までのがい数にして、和や差を見積もりましょう。　1つ9〔36点〕

❻ 38755＋2983

❼ 12674＋45891

❽ 69111－55482

❾ 93445－76543

♠ それぞれの数を四捨五入して上から 1 けたのがい数にして、積や商を見積もりましょう。　1つ9〔36点〕

❿ 521×129

⓫ 1815×3985

⓬ 3685÷76

⓭ 93554÷283

19 面　積

とく点
/100点

◆ □にあてはまる数を書きましょう。　1つ6〔30点〕

❶ たてが16cm、横が22cmの長方形の面積(めんせき)は□cm^2です。

❷ たてが13m、横が17mの長方形の面積は□m^2です。

❸ たてが4km、横が8kmの長方形の面積は□km^2です。

❹ 1辺(ぺん)が40mの正方形の面積は□aです。

❺ たてが200m、横が150mの長方形の面積は□haです。

♥ □にあてはまる数を書きましょう。　1つ5〔10点〕

❻ 面積が576cm^2で、たての長さが18cmの長方形の横の長さは□cmです。

❼ 面積が100cm^2の正方形の1辺の長さは□cmです。

♠ □にあてはまる数を書きましょう。　1つ6〔60点〕

❽ 70000cm^2=□m^2

❾ 33000m^2=□a

❿ 900000m^2=□ha

⓫ 19000000m^2=□km^2

⓬ 48m^2=□cm^2

⓭ 27a=□m^2

⓮ 89a=□cm^2

⓯ 53ha=□m^2

⓰ 34km^2=□m^2

⓱ 75000a=□ha

●勉強した日　　月　　日

20 小数と整数のかけ算 (1)

とく点

/100点

◆ 計算をしましょう。　1つ5〔45点〕

❶ 1.2×3　❷ 6.2×4　❸ 0.5×9

❹ 0.6×5　❺ 4.4×8　❻ 3.7×7

❼ 2.83×2　❽ 0.19×6　❾ 5.75×4

♥ 計算をしましょう。　1つ5〔45点〕

❿ 3.9×38　⓫ 6.7×69　⓬ 7.3×27

⓭ 8.64×76　⓮ 4.25×52　⓯ 5.33×81

⓰ 4.83×93　⓱ 8.95×40　⓲ 6.78×20

♠ 53人に7.49mずつロープを配ります。ロープは何mいりますか。

式　1つ5〔10点〕

答え（　　　　）

21 小数と整数のかけ算(2)

とく点

/100点

◆ 計算をしましょう。 1つ5〔45点〕

❶ 3.4×2　❷ 9.1×6　❸ 0.9×7

❹ 7.4×5　❺ 5.6×4　❻ 1.03×3

❼ 4.71×9　❽ 0.24×4　❾ 2.65×8

♥ 計算をしましょう。 1つ5〔45点〕

❿ 9.7×86　⓫ 8.4×48　⓬ 1.7×66

⓭ 6.03×54　⓮ 2.88×15　⓯ 7.05×22

⓰ 3.16×91　⓱ 5.72×43　⓲ 4.87×70

♠ 毎日 2.78km の散歩(さんぽ)をします。1か月(30日)では何km歩くことになりますか。 1つ5〔10点〕

式

答え（　　　）

●勉強した日　月　日

22 小数と整数のわり算(1)

とく点
/100点

◆ わりきれるまで計算しましょう。 1つ6〔54点〕

❶ 8.8÷4　❷ 9.8÷7　❸ 7.2÷8

❹ 22.2÷3　❺ 16.8÷4　❻ 34.8÷12

❼ 13.2÷22　❽ 19÷5　❾ 21÷24

♥ 商は一の位(くらい)まで求(もと)め、あまりもだしましょう。 1つ6〔18点〕

❿ 79.5÷3　⓫ 31.2÷7　⓬ 47.8÷21

♠ 商は四捨五入(ししゃごにゅう)して、$\frac{1}{10}$の位までのがい数で求めましょう。 1つ6〔18点〕

⓭ 29÷3　⓮ 47÷7　⓯ 90.9÷12

♣ 50.3mのロープを23人で等分すると、1人分はおよそ何mになりますか。答えは四捨五入して、$\frac{1}{10}$の位までのがい数で求めましょう。 1つ5〔10点〕

式

答え（　　　）

23 小数と整数のわり算(2)

とく点

/100点

◆ わりきれるまで計算しましょう。　1つ6〔54点〕

❶ 4.24÷2　❷ 3.68÷4　❸ 0.84÷21

❹ 0.305÷5　❺ 8.32÷32　❻ 91÷28

❼ 26.22÷19　❽ 53.04÷26　❾ 2.96÷37

♥ 商は$\frac{1}{10}$の位(くらい)まで求(もと)め、あまりもだしましょう。　1つ6〔18点〕

❿ 28.22÷3　⓫ 2.85÷9　⓬ 111.59÷27

♠ 商は四捨五入(ししゃごにゅう)して、上から2けたのがい数で求めましょう。　1つ6〔18点〕

⓭ 5.44÷21　⓮ 21.17÷17　⓯ 209÷23

♣ 320Lの水を、34この入れ物に等分すると、1こ分はおよそ何Lになりますか。答えは四捨五入して、上から2けたのがい数で求めましょう。

式　1つ5〔10点〕

答え（　　　）

24 分数のたし算とひき算(1)

とく点

/100点

◆ 計算をしましょう。　1つ5〔40点〕

❶ $\frac{2}{7}+\frac{4}{7}$　❷ $\frac{5}{9}+\frac{6}{9}$

❸ $\frac{3}{8}+\frac{5}{8}$　❹ $\frac{4}{3}+\frac{5}{3}$

❺ $\frac{8}{6}-\frac{7}{6}$　❻ $\frac{7}{5}-\frac{3}{5}$

❼ $\frac{9}{7}-\frac{2}{7}$　❽ $\frac{11}{4}-\frac{3}{4}$

♥ 計算をしましょう。　1つ6〔48点〕

❾ $\frac{3}{8}+2\frac{4}{8}$　❿ $1\frac{7}{9}+\frac{4}{9}$

⓫ $\frac{5}{7}+4\frac{2}{7}$　⓬ $1\frac{1}{5}+3\frac{3}{5}$

⓭ $3\frac{5}{6}-\frac{4}{6}$　⓮ $4\frac{1}{9}-\frac{5}{9}$

⓯ $6-3\frac{2}{5}$　⓰ $5\frac{3}{4}-2\frac{2}{4}$

♠ 油が $1\frac{3}{8}$ L あります。そのうち $\frac{6}{8}$ L を使いました。油は何 L 残(のこ)っていますか。　1つ6〔12点〕

式

答え（　　　　）

●勉強した日　月　日

25 分数のたし算とひき算(2)

時間 20分

とく点　/100点

◆ 計算をしましょう。　1つ5〔40点〕

❶ $\frac{3}{5}+\frac{2}{5}$

❷ $\frac{4}{6}+\frac{10}{6}$

❸ $\frac{13}{9}+\frac{4}{9}$

❹ $\frac{8}{3}+\frac{4}{3}$

❺ $\frac{11}{8}-\frac{3}{8}$

❻ $\frac{12}{7}-\frac{10}{7}$

❼ $\frac{9}{2}-\frac{5}{2}$

❽ $\frac{11}{4}-\frac{7}{4}$

♥ 計算をしましょう。　1つ6〔48点〕

❾ $3\frac{1}{4}+1\frac{1}{4}$

❿ $4\frac{5}{8}+\frac{5}{8}$

⓫ $\frac{4}{5}+2\frac{4}{5}$

⓬ $3\frac{4}{7}+2\frac{5}{7}$

⓭ $3\frac{5}{6}-1\frac{4}{6}$

⓮ $2\frac{1}{3}-\frac{2}{3}$

⓯ $7\frac{6}{8}-2\frac{7}{8}$

⓰ $4-1\frac{3}{9}$

♠ バケツに $2\frac{2}{6}$ L の水が入っています。さらに $1\frac{5}{6}$ L の水を入れると、バケツには全部で何 L の水が入っていることになりますか。　1つ6〔12点〕

式

答え（　　　　）

26 分数のたし算とひき算(3)

●勉強した日　月　日

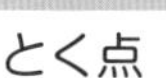

とく点　/100点

◆ 計算をしましょう。　1つ5〔40点〕

❶ $\frac{6}{9}+\frac{8}{9}$　　❷ $\frac{9}{7}+\frac{3}{7}$

❸ $\frac{11}{4}+\frac{10}{4}$　　❹ $\frac{7}{3}+\frac{8}{3}$

❺ $\frac{8}{6}-\frac{3}{6}$　　❻ $\frac{9}{8}-\frac{6}{8}$

❼ $\frac{17}{2}-\frac{5}{2}$　　❽ $\frac{14}{5}-\frac{7}{5}$

♥ 計算をしましょう。　1つ6〔48点〕

❾ $2\frac{1}{3}+5\frac{1}{3}$　　❿ $2\frac{1}{2}+3\frac{1}{2}$

⓫ $5\frac{3}{5}+3\frac{4}{5}$　　⓬ $1\frac{5}{8}+4\frac{4}{8}$

⓭ $4\frac{8}{9}-1\frac{4}{9}$　　⓮ $3\frac{3}{6}-1\frac{5}{6}$

⓯ $2\frac{2}{7}-1\frac{3}{7}$　　⓰ $6-2\frac{3}{4}$

♠ 家から駅まで $3\frac{7}{10}$km あります。いま、$1\frac{2}{10}$km 歩きました。残(のこ)りの道のりは何km ですか。　1つ6〔12点〕

式

答え（　　　）

27 4年のまとめ(1)

●勉強した日　月　日

とく点

/100点

◆ 計算をしましょう。わり算は商を整数で求め、わりきれないときはあまりもだしましょう。

1つ6〔90点〕

❶ 296×347　❷ 408×605　❸ 360×250

❹ 62÷3　❺ 270÷6　❻ 812÷4

❼ 704÷7　❽ 80÷16　❾ 92÷24

❿ 174÷29　⓫ 400÷48　⓬ 684÷19

⓭ 558÷186　⓮ 861÷17　⓯ 900÷109

♠ カードが560まいあります。35まいずつ束にしていくと、何束できますか。

1つ5〔10点〕

式

答え（　　　　）

●勉強した日　月　日

28 4年のまとめ(2)

とく点

/100点

◆ 計算をしましょう。わり算は、わりきれるまでしましょう。　1つ6〔72点〕

❶ 2.54＋0.48　❷ 0.36＋0.64　❸ 3.6＋0.47

❹ 5.32－4.54　❺ 12.4－2.77　❻ 8－4.23

❼ 17.3×14　❽ 3.18×9　❾ 6.74×45

❿ 61.2÷18　⓫ 52÷16　⓬ 5.4÷24

♥ 計算をしましょう。　1つ4〔16点〕

⓭ $\frac{4}{5}+2\frac{3}{5}$　⓮ $3\frac{2}{9}+4\frac{5}{9}$

⓯ $3\frac{3}{7}-\frac{6}{7}$　⓰ $4-2\frac{3}{4}$

♠ 40.5mのロープがあります。このロープを切って7mのロープをつくるとき、7mのロープは何本できて何mあまりますか。　1つ6〔12点〕

式

答え（　　　　）

答え

1
❶ 223470　❷ 219076
❸ 305932　❹ 353358
❺ 101156　❻ 170924
❼ 158260　❽ 175287
❾ 640062　❿ 469000
⓫ 212500　⓬ 445500
⓭ 374400　⓮ 57000
⓯ 325000
式 195×288=56160
答え 56 L 160 mL

2
① 367316　② 52560
③ 469656　④ 341208
⑤ 711170　⑥ 113704
⑦ 533125　⑧ 347334
⑨ 31458　⑩ 160000
⑪ 335800　⑫ 312800
⑬ 29400　⑭ 118000
⑮ 744000
式 1500×240=360000
答え 360 L

3
① 20　② 20　③ 30　④ 300
⑤ 100　⑥ 30　⑦ 24　⑧ 19
⑨ 15　⑩ 14　⑪ 24　⑫ 13
⑬ 11 あまり 2　⑭ 11 あまり 3
⑮ 10 あまり 5　⑯ 21 あまり 2
⑰ 15 あまり 1　⑱ 15 あまり 1
式 96÷8=12　答え 12 倍

4
❶ 30　❷ 60　❸ 80　❹ 400
❺ 30　❻ 80　❼ 17　❽ 15
❾ 23　❿ 12　⓫ 14　⓬ 18
⓭ 22 あまり 1　⓮ 11 あまり 1
⓯ 10 あまり 3　⓰ 15 あまり 1
⓱ 16 あまり 2　⓲ 15 あまり 2
式 75÷6=12 あまり 3　12+1=13
答え 13 日

5
① 154　② 148　③ 121
④ 104　⑤ 109　⑥ 108
⑦ 28　⑧ 51　⑨ 33
⑩ 140 あまり 5　⑪ 231 あまり 1
⑫ 320 あまり 1　⑬ 52 あまり 5
⑭ 89 あまり 2　⑮ 46 あまり 4
式 524÷4=131　答え 131 cm

6
① 152　② 247　③ 126
④ 121　⑤ 108　⑥ 209
⑦ 27　⑧ 35　⑨ 91
⑩ 153 あまり 2　⑪ 161 あまり 4
⑫ 304 あまり 2　⑬ 76 あまり 4
⑭ 81 あまり 1　⑮ 56 あまり 5
式 285÷8=35 あまり 5　答え 35 本

7
❶ 8　❷ 6　❸ 9
❹ 4 あまり 10　❺ 7 あまり 40
❻ 7 あまり 60　❼ 4　❽ 5
❾ 4　❿ 4 あまり 15　⓫ 3
⓬ 2 あまり 26　⓭ 2 あまり 13
⓮ 5 あまり 12　⓯ 3 あまり 3
式 57÷18=3 あまり 3
答え 3 束(たば)できて 3 本あまる。

8
① 7　② 6　③ 3　④ 3　⑤ 5
⑥ 3 あまり 7　⑦ 5 あまり 8
⑧ 4 あまり 3　⑨ 3 あまり 13
⑩ 2 あまり 15　⑪ 2 あまり 28
⑫ 3 あまり 7　⑬ 5 あまり 8
⑭ 1 あまり 8　⑮ 1 あまり 32
式 89÷34=2 あまり 21
2+1=3　答え 3 ふくろ

9
① 7　② 8　③ 7
④ 8 あまり 26　⑤ 7 あまり 26
⑥ 3 あまり 71　⑦ 11　⑧ 14
⑨ 17　⑩ 22　⑪ 15
⑫ 22　⑬ 35 あまり 2
⑭ 23 あまり 32　⑮ 12 あまり 12
式 785÷95=8 あまり 25
8+1=9　答え 9 こ

10 ❶ 4　❷ 9　❸ 7
❹ 4あまり53　❺ 5あまり15
❻ 10あまり67　❼ 31　❽ 24
❾ 13　❿ 12　⓫ 38
⓬ 26　⓭ 12あまり3
⓮ 31あまり21　⓯ 13あまり12
式 900÷75=12　答え 12こ

11 ❶ 135　❷ 121　❸ 356
❹ 302　❺ 524　❻ 163
❼ 38　❽ 94　❾ 76
❿ 246あまり8　⓫ 174あまり6
⓬ 135あまり34　⓭ 88あまり8
⓮ 95あまり5　⓯ 84あまり8
式 6700÷76=88あまり12
答え 88こ

12 ❶ 2　❷ 1あまり137
❸ 3あまり201　❹ 12
❺ 13　❻ 17あまり50
❼ 9　❽ 6あまり52
❾ 7あまり645　❿ 5　⓫ 9
⓬ 16あまり300　⓭ 14あまり200
⓮ 48あまり600　⓯ 122あまり600
式 2900÷300=9あまり200
9+1=10　答え 10本

13 ❶ 73　❷ 111　❸ 64　❹ 5
❺ 3　❻ 1　❼ 14　❽ 104
❾ 17　❿ 40　⓫ 149
⓬ 35　⓭ 148　⓮ 18
⓯ 3700　⓰ 5300
式 50×125×8=50000
答え 50000円

14 ❶ 31　❷ 62　❸ 18　❹ 30
❺ 8　❻ 10　❼ 36　❽ 13
❾ 68　❿ 18.7　⓫ 2800
⓬ 2300　⓭ 39000　⓮ 480
⓯ 918　⓰ 7992
式 280−12×16=88　答え 88まい

15 ❶ 3.95　❷ 2.89　❸ 3.23
❹ 3.81　❺ 0.4　❻ 4.52
❼ 5.23　❽ 3　❾ 2.71
❿ 1.45　⓫ 1.09　⓬ 0.7
⓭ 0.57　⓮ 0.77　⓯ 0.57
⓰ 0.29　⓱ 1.72　⓲ 1.48
式 2.25+1.8=4.05　答え 4.05m

16 ❶ 0.87　❷ 6.99　❸ 2.91
❹ 4.93　❺ 0.91　❻ 3.69
❼ 7.6　❽ 6.12　❾ 6.8
❿ 6　⓫ 3.22　⓬ 0.42
⓭ 2.31　⓮ 2.1　⓯ 2.96
⓰ 3.05　⓱ 1.84　⓲ 0.17
式 3.4−2.63=0.77　答え 0.77L

17 ❶ 8.74　❷ 1.03　❸ 7.02
❹ 13.2　❺ 1.4　❻ 8.52
❼ 7.08　❽ 15.5　❾ 3.87
❿ 5.26　⓫ 11.66　⓬ 0.58
⓭ 1.32　⓮ 0.85　⓯ 30.94
⓰ 0.06　⓱ 3.64　⓲ 1.06
式 2.3−1.64=0.66　答え 0.66m

18 ❶ 35000　❷ 43600　❸ 63000
❹ 50500、51499
❺ 29500、30500　❻ 42000
❼ 59000　❽ 14000　❾ 16000
❿ 50000　⓫ 8000000
⓬ 50　⓭ 300

19 ❶ 352　❷ 221　❸ 32　❹ 16
❺ 3　❻ 32　❼ 10　❽ 7
❾ 330　❿ 90　⓫ 19
⓬ 480000　⓭ 2700
⓮ 89000000　⓯ 530000
⓰ 34000000　⓱ 750

20 ① 3.6 ② 24.8 ③ 4.5
④ 3 ⑤ 35.2 ⑥ 25.9
⑦ 5.66 ⑧ 1.14 ⑨ 23
⑩ 148.2 ⑪ 462.3 ⑫ 197.1
⑬ 656.64 ⑭ 221 ⑮ 431.73
⑯ 449.19 ⑰ 358 ⑱ 135.6
式 7.49×53=396.97 答え 396.97m

21 ① 6.8 ② 54.6 ③ 6.3
④ 37 ⑤ 22.4 ⑥ 3.09
⑦ 42.39 ⑧ 0.96 ⑨ 21.2
⑩ 834.2 ⑪ 403.2 ⑫ 112.2
⑬ 325.62 ⑭ 43.2 ⑮ 155.1
⑯ 287.56 ⑰ 245.96 ⑱ 340.9
式 2.78×30=83.4 答え 83.4km

22 ❶ 2.2 ❷ 1.4 ❸ 0.9 ❹ 7.4
❺ 4.2 ❻ 2.9 ❼ 0.6 ❽ 3.8
❾ 0.875 ❿ 26あまり1.5
⓫ 4あまり3.2 ⓬ 2あまり5.8
⓭ 9.7 ⓮ 6.7 ⓯ 7.6
式 50.3÷23=2.18… 答え 約(やく) 2.2m

23 ① 2.12 ② 0.92 ③ 0.04
④ 0.061 ⑤ 0.26 ⑥ 3.25
⑦ 1.38 ⑧ 2.04 ⑨ 0.08
⑩ 9.4あまり0.02 ⑪ 0.3あまり0.15
⑫ 4.1あまり0.89
⑬ 0.26 ⑭ 1.2 ⑮ 9.1
式 320÷34=9.41… 答え 約 9.4L

24 ① $\frac{6}{7}$ ② $\frac{11}{9}\left(1\frac{2}{9}\right)$ ③ 1
④ 3 ⑤ $\frac{1}{6}$ ⑥ $\frac{4}{5}$ ⑦ 1
⑧ 2 ⑨ $2\frac{7}{8}\left(\frac{23}{8}\right)$ ⑩ $2\frac{2}{9}\left(\frac{20}{9}\right)$
⑪ 5 ⑫ $4\frac{4}{5}\left(\frac{24}{5}\right)$ ⑬ $3\frac{1}{6}\left(\frac{19}{6}\right)$
⑭ $3\frac{5}{9}\left(\frac{32}{9}\right)$ ⑮ $2\frac{3}{5}\left(\frac{13}{5}\right)$ ⑯ $3\frac{1}{4}\left(\frac{13}{4}\right)$
式 $1\frac{3}{8}-\frac{6}{8}=\frac{5}{8}$ 答え $\frac{5}{8}$L

25 ❶ 1 ❷ $\frac{14}{6}\left(2\frac{2}{6}\right)$ ❸ $\frac{17}{9}\left(1\frac{8}{9}\right)$
❹ 4 ❺ 1 ❻ $\frac{2}{7}$ ❼ 2
❽ 1 ❾ $4\frac{2}{4}\left(\frac{18}{4}\right)$ ❿ $5\frac{2}{8}\left(\frac{42}{8}\right)$
⓫ $3\frac{3}{5}\left(\frac{18}{5}\right)$ ⓬ $6\frac{2}{7}\left(\frac{44}{7}\right)$ ⓭ $2\frac{1}{6}\left(\frac{13}{6}\right)$
⓮ $1\frac{2}{3}\left(\frac{5}{3}\right)$ ⓯ $4\frac{7}{8}\left(\frac{39}{8}\right)$ ⓰ $2\frac{6}{9}\left(\frac{24}{9}\right)$
式 $2\frac{2}{6}+1\frac{5}{6}=4\frac{1}{6}\left(\frac{25}{6}\right)$
答え $4\frac{1}{6}$L $\left(\frac{25}{6}\text{L}\right)$

26 ① $\frac{14}{9}\left(1\frac{5}{9}\right)$ ② $\frac{12}{7}\left(1\frac{5}{7}\right)$ ③ $\frac{21}{4}\left(5\frac{1}{4}\right)$
④ 5 ⑤ $\frac{5}{6}$ ⑥ $\frac{3}{8}$ ⑦ 6
⑧ $\frac{7}{5}\left(1\frac{2}{5}\right)$ ⑨ $7\frac{2}{3}\left(\frac{23}{3}\right)$ ⑩ 6
⑪ $9\frac{2}{5}\left(\frac{47}{5}\right)$ ⑫ $6\frac{1}{8}\left(\frac{49}{8}\right)$ ⑬ $3\frac{4}{9}\left(\frac{31}{9}\right)$
⑭ $1\frac{4}{6}\left(\frac{10}{6}\right)$ ⑮ $\frac{6}{7}$ ⑯ $3\frac{1}{4}\left(\frac{13}{4}\right)$
式 $3\frac{7}{10}-1\frac{2}{10}=2\frac{5}{10}\left(\frac{25}{10}\right)$
答え $2\frac{5}{10}$km $\left(\frac{25}{10}\text{km}\right)$

27 ① 102712 ② 246840
③ 90000 ④ 20あまり2
⑤ 45 ⑥ 203 ⑦ 100あまり4
⑧ 5 ⑨ 3あまり20 ⑩ 6
⑪ 8あまり16 ⑫ 36 ⑬ 3
⑭ 50あまり11 ⑮ 8あまり28
式 560÷35=16 答え 16束(たば)

28 ❶ 3.02 ❷ 1 ❸ 4.07
❹ 0.78 ❺ 9.63 ❻ 3.77
❼ 242.2 ❽ 28.62 ❾ 303.3
❿ 3.4 ⓫ 3.25 ⓬ 0.225
⓭ $3\frac{2}{5}\left(\frac{17}{5}\right)$ ⓮ $7\frac{7}{9}\left(\frac{70}{9}\right)$
⓯ $2\frac{4}{7}\left(\frac{18}{7}\right)$ ⓰ $1\frac{1}{4}\left(\frac{5}{4}\right)$
式 40.5÷7=5あまり5.5
答え 5本できて5.5mあまる。

「小学教科書ワーク・
数と計算」で、
さらに練習しよう！

わくわくシール

まんてんシール

★１日の学習がおわったら、チャレンジシールをはろう。
★実力はんていテストがおわったら、まんてんシールをはろう。

チャレンジシール

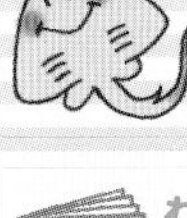

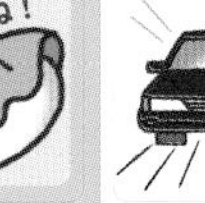

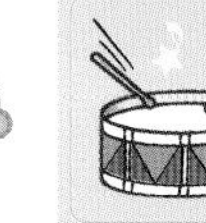
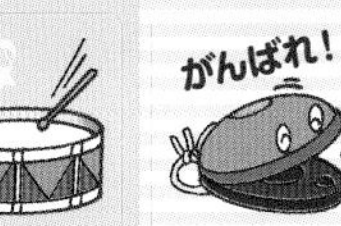

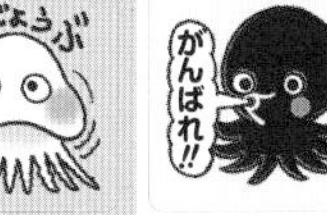

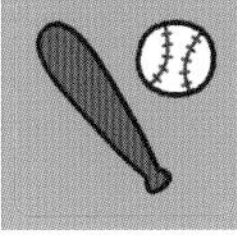

算数 4年

計算のきまり

教科書ワーク

計算のじゅんじょ

ふつうは、左から順(じゅん)に計算する

( )のある式では、( )の中をひとまとまりとみて、先に計算する。

4+(3+2)=4+5
=9

9−(6−2)=9−4
=5

式の中のかけ算やわり算は、たし算やひき算より先に計算する。

2+3×4=2+12
=14

12−6÷2=12−3
=9

1 ( )の中のかけ算やわり算　2 ( )の中のたし算やひき算
3 かけ算やわり算の計算　4 たし算やひき算の計算

4×(9−2×3)=4×(9−6)
=4×3
=12

3+(8÷2+5)=3+(4+5)
=3+9
=12

まずは( )の中を考えるんだね。

計算のきまり

きまり① まとめてかけても、ばらばらにかけても答えは同じ。

(■+●)×▲=■×▲+●×▲　(■−●)×▲=■×▲−●×▲

102×25
=(100+2)×25
=100×25+2×25
=2500+50
=2550

99×8
=(100−1)×8
=100×8−1×8
=800−8
=792

きまり② たし算・かけ算は、入れかえても答えは同じ。

■+●=●+■　■×●=●×■

3+4=7
4+3=7

3×4=12
4×3=12

4−3✖3−4
4÷3✖3÷4

⇦ ひき算・わり算は入れかえられない。

たし算とかけ算だけができるんだ。

きまり③ たし算・かけ算は、計算のじゅんじょをかえても答えは同じ。

(■+●)+▲=■+(●+▲)　(■×●)×▲=■×(●×▲)

(48+94)+6=48+(94+6)
=48+100
=148

(7×25)×4=7×(25×4)
=7×100
=700

(7−3)−2✖7−(3−2)
(16÷4)÷2✖16÷(4÷2)

⇦ ひき算・わり算は入れかえられない。

算数 4年

面積・分数

教科書ワーク

面積

正方形の面積＝1辺×1辺

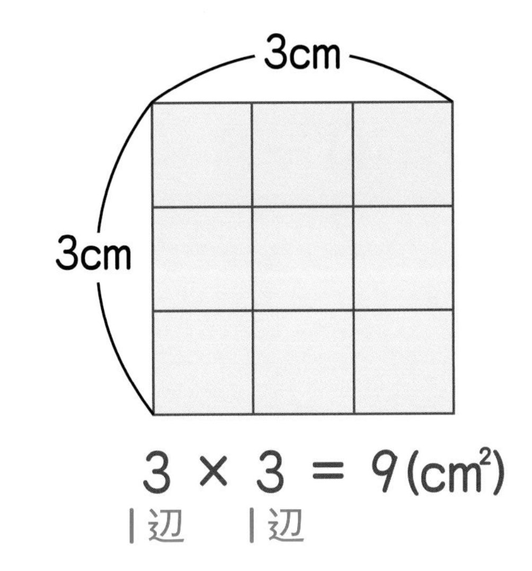

3 × 3 ＝ 9(cm²)
1辺　1辺

長方形の面積＝たて × 横

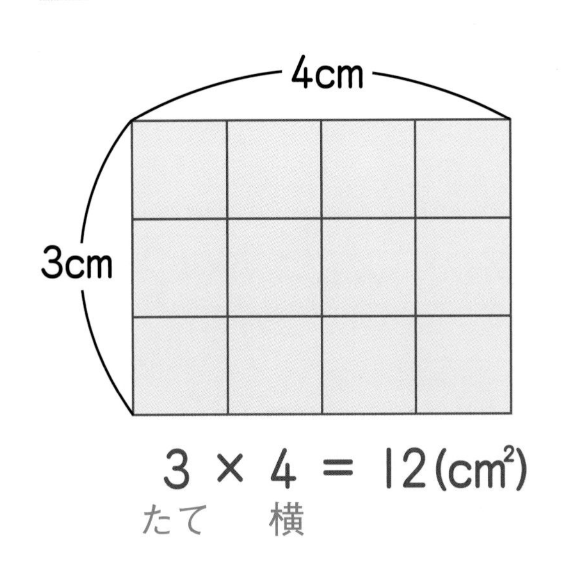

3 × 4 ＝ 12(cm²)
たて　横

面積の単位

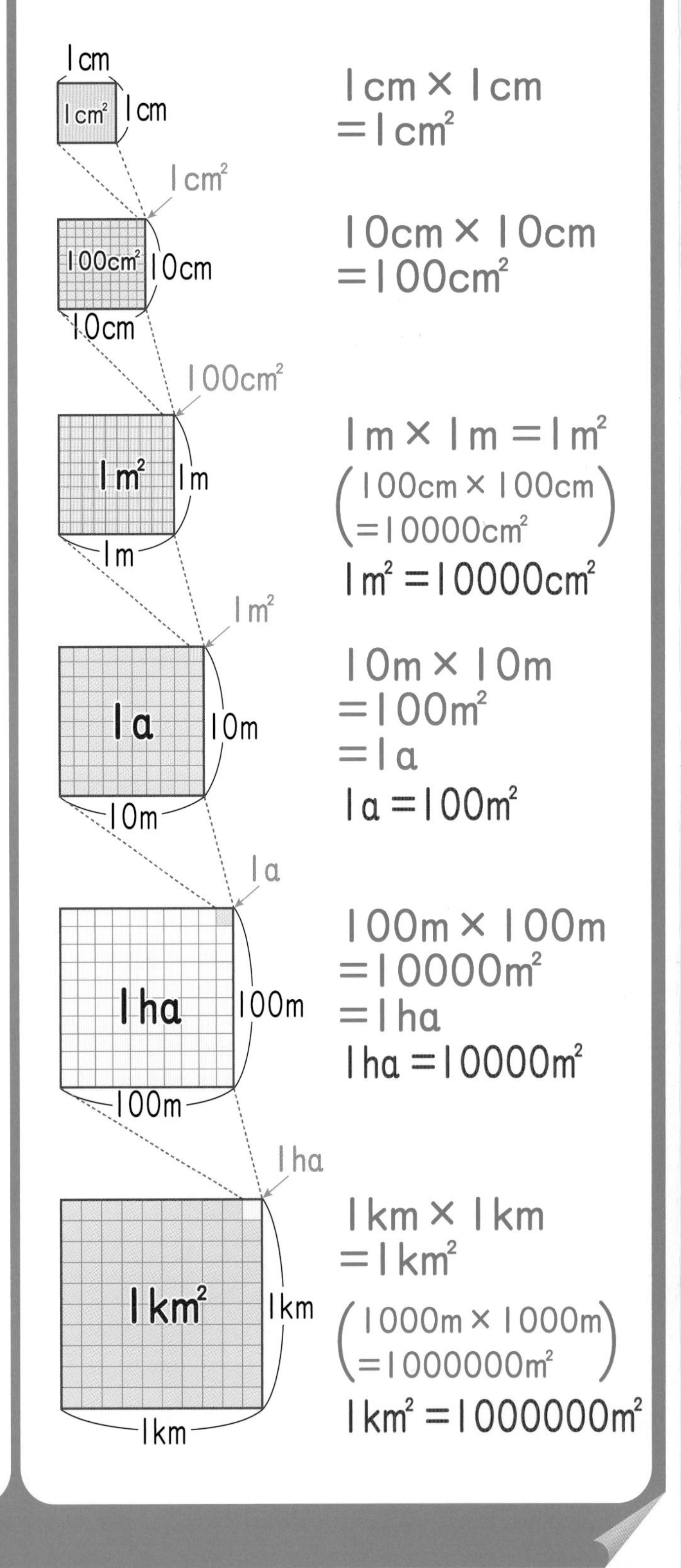

1cm × 1cm ＝1cm²

10cm × 10cm ＝100cm²

1m × 1m ＝1m²
(100cm × 100cm ＝10000cm²)
1m² ＝10000cm²

10m × 10m ＝100m² ＝1a
1a ＝100m²

100m × 100m ＝10000m² ＝1ha
1ha ＝10000m²

1km × 1km ＝1km²
(1000m × 1000m ＝1000000m²)
1km² ＝1000000m²

分数の大きさ

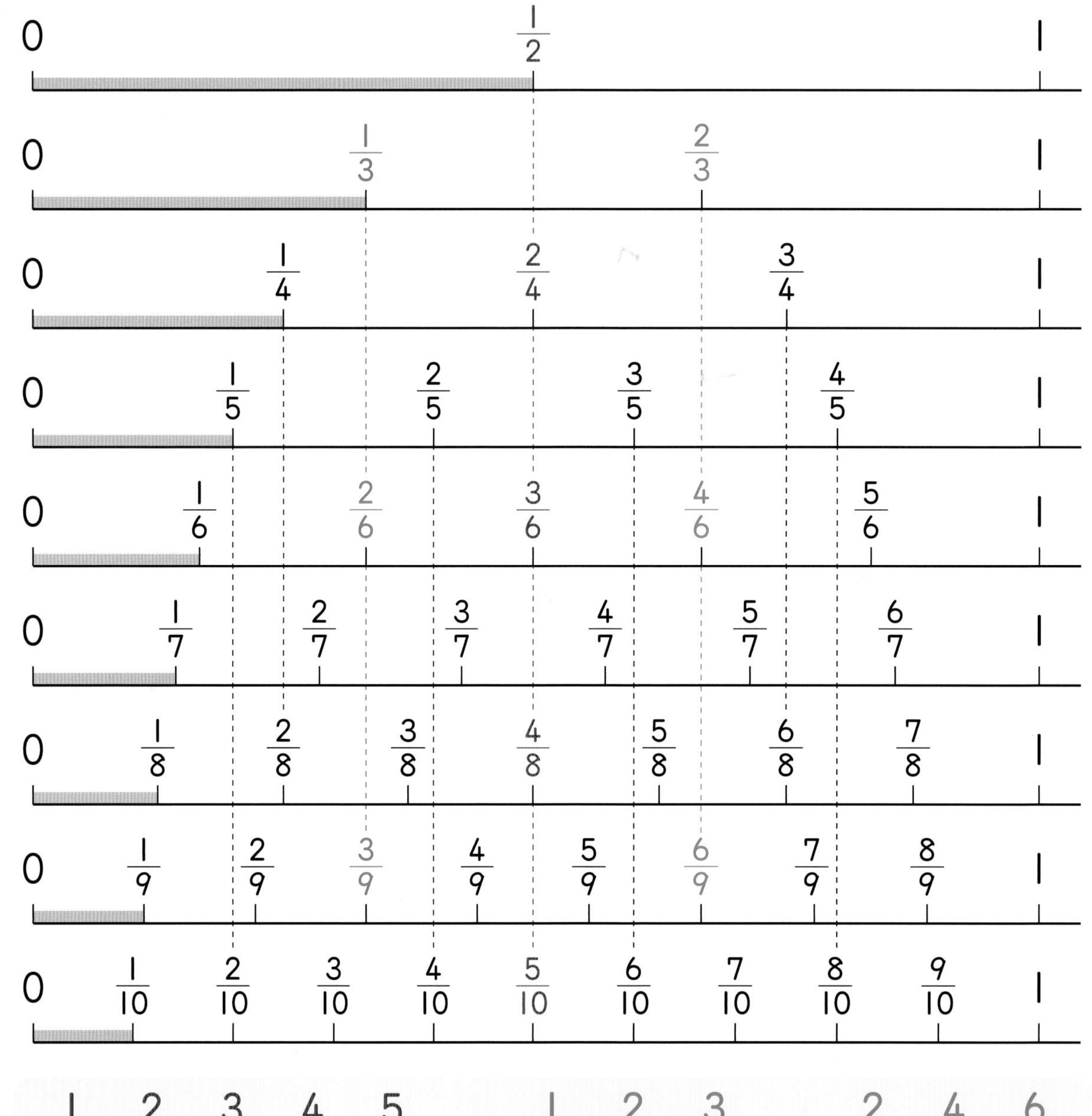

$\frac{1}{2}=\frac{2}{4}=\frac{3}{6}=\frac{4}{8}=\frac{5}{10}$　$\frac{1}{3}=\frac{2}{6}=\frac{3}{9}$　$\frac{2}{3}=\frac{4}{6}=\frac{6}{9}$

$\frac{1}{4}=\frac{2}{8}$　$\frac{3}{4}=\frac{6}{8}$　$\frac{1}{5}=\frac{2}{10}$　$\frac{2}{5}=\frac{4}{10}$　$\frac{3}{5}=\frac{6}{10}$　$\frac{4}{5}=\frac{8}{10}$

分子が同じ分数は、分母が大きいほど小さい！

$\frac{1}{2}>\frac{1}{3}>\frac{1}{4}>\frac{1}{5}>\frac{1}{6}>\frac{1}{7}>\frac{1}{8}>\frac{1}{9}>\frac{1}{10}$

東京書籍版 **算数4年**

動画 コードを読みとって、下の番号の動画を見てみよう。

勉強した日　月　日

1 大きい数のしくみ

きほんのワーク

学習の目標
Ⅰ億より大きい数の読み方や表し方を覚え、しくみを考えよう。

おわったらシールをはろう

教科書 上 8〜13ページ　答え 1ページ

きほん1 Ⅰ億より大きい数の読み方がわかりますか。

☆126533400 の読み方を漢字で書きましょう。

とき方 千万の位(くらい)の左の位を、一億(いちおく)の位といい、100000000（0が8こ）と書きます。

読むときは、一、十、百、千をそのまま使い、4けたごとに「万」、「億」を入れます。

上の数の、Ⅰは□億の位、2は□万の位にあります。　**答え**（　　　）

右から4けたごとに区切ると読みやすいね。

1000万		1	0	0	0	0	0	0	0
1億	1	0	0	0	0	0	0	0	0

10倍

一億の位	千万の位	百万の位	十万の位	一万の位	千の位	百の位	十の位	一の位
1	2	6	5	3	3	4	0	0

1 次の数の読み方を漢字で書きましょう。　教科書 9ページ1 10ページ2

❶ 431815176（　　　）

❷ 826543007000（　　　）

❸ 999900000009（　　　）

きほん2 千億より大きい数の読み方がわかりますか。

☆5308400000000 の読み方を漢字で書きましょう。

とき方 千億の位の左の位を、一兆(いっちょう)の位といいます。

一兆は千億の10倍で、1000000000000（0が12こ）と書きます。上の数は、一兆を□こ、一億を□こあわせた数です。　**答え**（　　　）

1000億		1	0	0	0	0	0	0	0	0	0	0	0
1兆	1	0	0	0	0	0	0	0	0	0	0	0	0

10倍

一兆の位	千億の位	百億の位	十億の位	一億の位	千万の位	百万の位	十万の位	一万の位	千の位	百の位	十の位	一の位
5	3	0	8	4	0	0	0	0	0	0	0	0

英語(えいご)では、3けたごとに数の位の読み方がつけられているので、身のまわりの大きい数は、3けたごとに「,」で区切られているものが多くあるよ。

2 次の数の読み方を漢字で書きましょう。

教科書 11ページ 3

❶ 6413000520000 (　　　　　　　　　　)

❷ 1542380006022 (　　　　　　　　　　)

きほん 3 一兆の 10 倍、100 倍の数がわかりますか。

☆529000000000000 の読み方を漢字で書きましょう。

とき方 一兆の10倍を十兆、十兆の□倍を百兆、百兆の□倍を千兆といいます。問題の数は、一兆を□こ集めた数です。

	千兆の位	百兆の位	十兆の位	一兆の位	千億の位	百億の位	十億の位	一億の位	千万の位	百万の位	十万の位	一万の位	千の位	百の位	十の位	一の位
1兆				1	0	0	0	0	0	0	0	0	0	0	0	0
10兆			1	0	0	0	0	0	0	0	0	0	0	0	0	0
100兆		1	0	0	0	0	0	0	0	0	0	0	0	0	0	0
1000兆	1	0	0	0	0	0	0	0	0	0	0	0	0	0	0	0
		5	2	9	0	0	0	0	0	0	0	0	0	0	0	0

10倍　10倍　10倍　1000倍

答え □

たいせつ
整数は、位が 1 つ左へ進むごとに、10 倍になるしくみになっています。

3 次の数を数字で書きましょう。

教科書 12ページ 4 13ページ 5 6

❶ 十二兆三千三十九億 (　　　　　　　　　　)

❷ 10 億を 260 こ集めた数 (　　　　　　　　　　)

❸ 1 兆を 5 こ、1 億を 2 こ、1 万を 4 こあわせた数
(　　　　　　　　　　)

❹ 100 億を 100 こ集めた数 (　　　　　　　　　　)

❺ 1 兆を 10 こ、1 億を 1000 こあわせた数
(　　　　　　　　　　)

4 下の数直線で、□にあてはまる数を書きましょう。

教科書 13ページ 7

0　　㋐□　　8000億　　㋑□

数直線のいちばん小さい1めもりの大きさを考えよう。

ポイント 日本では、一、十、百、千をそのままくり返して使い、4 けたごとに万、億、兆という新しい単位(たんい)をつけているので、4 けたごとに区切ると読みやすくなります。

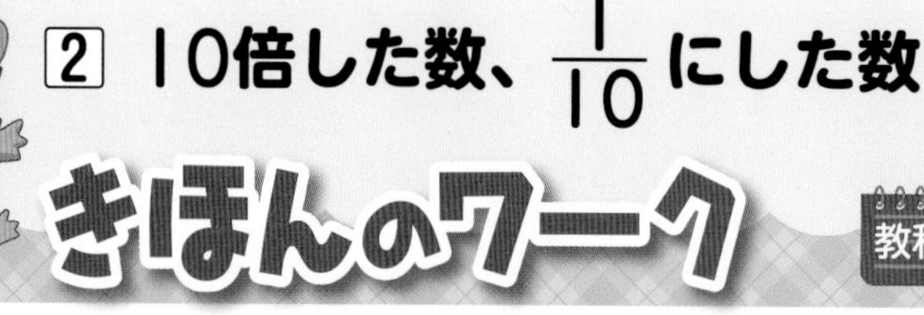

2 10倍した数、$\frac{1}{10}$にした数

きほんのワーク

学習の目標
整数を10倍したり、$\frac{1}{10}$にしたときの位の変わり方を覚えよう。

おわったらシールをはろう

教科書 上 14〜15ページ　答え 2ページ

きほん1 大きい数のしくみがわかりますか。

☆4600億を10倍した数、$\frac{1}{10}$にした数はいくつですか。

とき方 整数を10倍すると、位は1けたずつ上がります。また、$\frac{1}{10}$にすると、位は1けたずつ下がります。

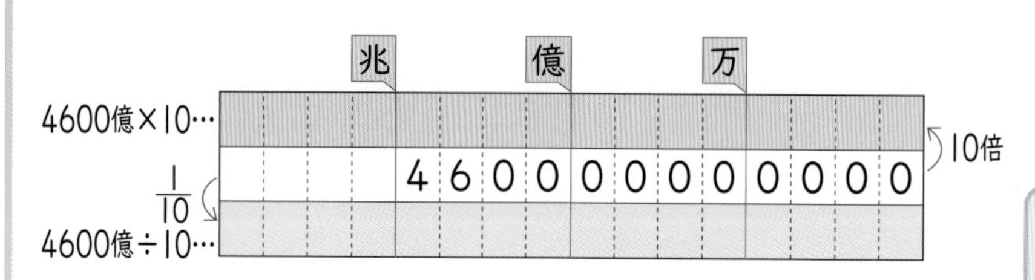

答え 10倍した数 [　　] 兆 [　　] 億

$\frac{1}{10}$にした数 [　　] 億

たいせつ
整数を10倍すると位は1けたずつ上がるので、右はしに0が1つつきます。$\frac{1}{10}$にすると位は1けたずつ下がるので、右はしの0が1つとれます。

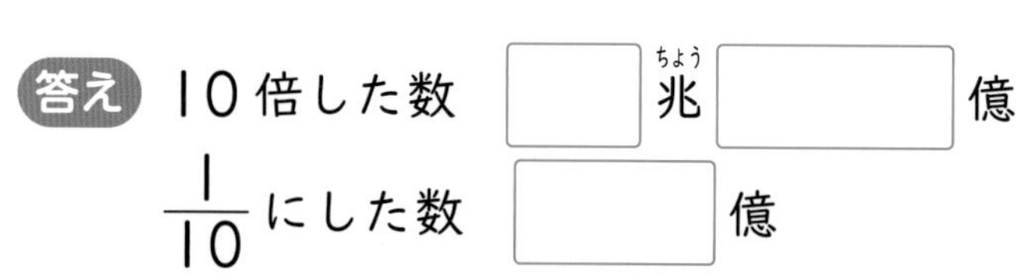

1 次の数を10倍した数、$\frac{1}{10}$にした数はいくつですか。　教科書 14ページ 1

❶ 30億
10倍した数（　　）
$\frac{1}{10}$にした数（　　）

❷ 500億
10倍した数（　　）
$\frac{1}{10}$にした数（　　）

❸ 2000億
10倍した数（　　）
$\frac{1}{10}$にした数（　　）

❹ 7300億
10倍した数（　　）
$\frac{1}{10}$にした数（　　）

❺ 4兆
10倍した数（　　）
$\frac{1}{10}$にした数（　　）

❻ 26兆3000億
10倍した数（　　）
$\frac{1}{10}$にした数（　　）

はってん さんすうはかせ　千兆の十倍を「一京(けい)」といい、そのあとも「垓(がい)、秭(し)、穣(じょう)、溝(こう)、澗(かん)、正(せい)、載(さい)、極(ごく)、恒河沙(ごうがしゃ)、阿僧祇(あそうぎ)、那由他(なゆた)、不可思議(ふかしぎ)、無量大数(むりょうたいすう)」と続(つづ)くんだ。

きほん 2　0から9までの10この数字を使って、数がつくれますか。

☆下の12まいのカードをどれも1回ずつ使ってできる12けたの整数のうち、いちばん大きい数といちばん小さい数をつくりましょう。

0 0 0 1 2 3 4 5 6 7 8 9

とき方 左の位の数字が大きいほうが大きい数になるので、いちばん大きい数をつくるときは、いちばん大きい数の 9 のカードから、順(じゅん)にならべます。

9 □ □ □ □ □ □ □ □ □ □ □

いちばん小さい数は、1をいちばん上の位にして、あとは小さい数字の順にならべます。

1 □ □ □ □ □ □ □ □ □ □ □

いちばん左の位を0からはじめることはできないね。

答え いちばん大きい数 □

いちばん小さい数 □

たいせつ
0から9の10この数字を使うと、どんな大きさの整数でも表すことができます。

2 0から9までの数字のカードが、1まいずつあります。このカードをどれも1回ずつ使って、10けたの整数をつくりましょう。 教科書 15ページ2

❶ できる30億より小さい整数のうち、いちばん大きい数はいくつですか。

(　　　　　　)

❷ できる30億より大きい整数のうち、いちばん小さい数はいくつですか。

(　　　　　　)

3 0、1、2、3の4この数字を4回ずつ使って、次のような16けたの整数をつくりましょう。 教科書 15ページ2

❶ 一兆の位が1になる整数のうち、いちばん大きい数

(　　　　　　)

❷ 一兆の位が0になる整数のうち、いちばん小さい数

(　　　　　　)

❸ 十兆の位が2で、十億の位が0になる整数のうち、いちばん大きい数

(　　　　　　)

ポイント どのような大きい整数でも、0、1、2、3、4、5、6、7、8、9の10この数字で表すことができますが、0ではじまる整数は考えません。

勉強した日　月　日

3 かけ算

きほんのワーク

学習の目標
数が大きくなっても正しくかけ算の筆算ができるようにしよう。

おわったらシールをはろう

教科書 上 16～17ページ　答え 2ページ

きほん1 大きい数のかけ算ができますか。

☆319×254 を筆算でしましょう。

とき方　2けたの数をかけるときの筆算と同じように考えます。筆算の1の行には、319×4 の計算の答えを書きます。2の行は、319×□の計算の答えを左に１けたずらして書きます。3の行は、319×2 の計算の答えを左に□けたずらして書きます。

		3	1	9
	×	2	5	4
1…	1	2	7	6
2…				0
3…			0	0

数が大きくなっても、筆算のしかたは同じだね。

たいせつ
かけ算の答えを積(せき)、たし算の答えを和(わ)、ひき算の答えを差(さ)、わり算の答えを商(しょう)といいます。

答え □

1 計算をしましょう。

教科書 16ページ1

❶
```
   2 1 6
 × 4 4 5
```

❷
```
   5 3 8
 × 1 5 6
```

❸
```
   4 2 7
 × 3 6 4
```

きほん2 筆算のしかたをくふうできますか。

☆469×504 の計算を筆算でしましょう。

とき方　かける数のとちゅうに0があるときは、0をかけても□になるので、筆算では十の位の0をかける計算を省(はぶ)くことができます。

```
   469          469
  ×504         ×504
  1876         1876
  000   ここを省く。→
2345         2345←★
□            □
```

0をかける計算を省いても★を左へ２けたずらして書くことは変(か)わりません。

答え □

古代エジプトでは、Ｉ（＝Ｉ）、（＝1000）、（＝10000）のような数字が使われていたよ。Ｉはぼう、はスイレンの花、は指を表しているといわれているんだ。

2 計算をしましょう。 教科書 17ページ2

❶ 365×509　❷ 763×203　❸ 506×307

3 1さつ195円のノートを208さつ買います。代金はいくらになりますか。 教科書 17ページ2

式

答え（　　　）

きほん3 計算のしかたのくふうができますか。

☆3700×540 をくふうして計算しましょう。

とき方 終わりに0のある数のかけ算は、0を省いて計算をし、その積の右に、省いた0の数だけ0をつけます。
3700は37の何倍か、540は54の何倍かを考えて式に表すと、

3700×540＝37×100×54×10
＝37×54×□×□
＝37×54×□
＝□

		3	7	0	0
	×	5	4	0	
	1	4	8		

0を省いた筆算を書く。→ 3700×540の積は、37×54の積の1000倍。

答え □

4 くふうして計算しましょう。 教科書 17ページ△2

❶ 4700×80　❷ 7800×90

❸ 320×5000　❹ 280×3600

❺ 1700×250　❻ 430×8300

❶は、4700＝47×100、80＝8×10だから、4700×80＝47×8×1000と考えるといいよ。

ポイント 10×100で1000、100×100や1000×10で10000になることを使って、大きな数のかけ算をくふうして計算できるようにしましょう。

勉強した日　月　日

練習のワーク

教科書 ㊤8～19ページ　答え 3ページ

できた数　/12問中

おわったらシールをはろう

1 大きい数のしくみ □にあてはまる数を書きましょう。

❶ 6000億（おく）の10倍の数は、□です。

❷ 28兆（ちょう）600億を$\frac{1}{10}$にした数は、□です。

❸ 100億を360こ集めた数は、□です。

❹ 1兆は10億の□倍の数です。

❺ 1230000000は、1000000を□こ集めた数です。

2 大きい数 次の数の読み方を漢字で書きましょう。

❶ 206850908000

（　　　）

❷ 7020995004700

（　　　）

3 大きい数のつくり方 0、1、3、6、7の5この数字を3回ずつ使って、15けたの整数をつくります。いちばん小さい数はいくつですか。

（　　　）

4 かけ算 計算をしましょう。

❶ 724×153　　❷ 206×804

5 かけ算のくふう くふうして計算しましょう。

❶ 630×720　　❷ 450×9000

てびき

1 大きい数のしくみ

整数は、位（くらい）が1けた上がるごとに、10倍になり、1万倍ごとに億→兆などいい方が変（か）わります。

10倍 10倍 10倍 10倍

十兆の位　一兆の位　千億の位　百億の位　十億の位

$\frac{1}{10}$ $\frac{1}{10}$ $\frac{1}{10}$ $\frac{1}{10}$

2 右から4けたごとに区切ると、読みやすくなります。

3 大きい数のつくり方

ちゅうい

いちばん左の位を0からはじめることはできません。

4 ❷かける数のとちゅうに0があるときは、筆算では0のかけ算は書かずに省（はぶ）くことができます。

5 かけ算のくふう

終わりに0のあるかけ算では、0を省いたかけ算をもとに計算します。

❶63×72を計算してから、100倍します。

できるナビ　数が大きくなっても正しく筆算ができるようにしましょう。

まとめのテスト

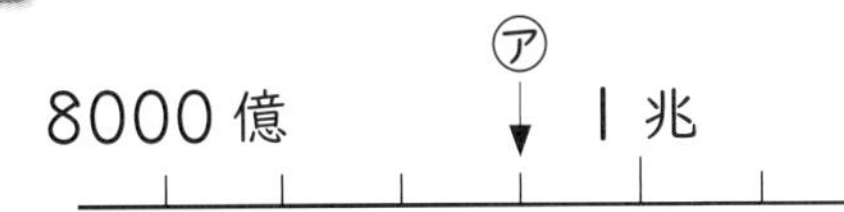

おわったら シールを はろう

1 下の数直線を見て、答えましょう。　1つ7〔21点〕

8000億　㋐　1兆　㋑

❶ この数直線の1めもりが表している数はいくつですか。（　　　）

❷ ㋐のめもりが表す数を書きましょう。（　　　）

❸ ㋑のめもりが表す数を書きましょう。（　　　）

2 次の問題に答えましょう。　1つ7〔21点〕

❶ 1億は、10万の何倍ですか。（　　　）

❷ 100億は、100万の何倍ですか。（　　　）

❸ 10兆は、1億の何倍ですか。（　　　）

3 よく出る 数字で書きましょう。　1つ6〔30点〕

❶ 二千五億七千五十万（　　　）

❷ 1億を8こ、100万を4こあわせた数（　　　）

❸ 1兆を2こ、1億を5こ、1万を8こあわせた数（　　　）

❹ 1兆を108こ集めた数（　　　）

❺ 3409億4千万を100倍した数（　　　）

チャレンジ! **4** 67×18＝1206を使って、次の積(せき)を求(もと)めましょう。　1つ7〔28点〕

❶ 6700×1800

❷ 67万×180

❸ 67万×18万

❹ 67億×18000

チェック
□大きい数のしくみが理かいできたかな？
□大きい数のかけ算ができたかな？

勉強した日　　月　　日

1 折れ線グラフ

きほんのワーク

学習の目標
変わり方のようすを、見やすくわかりやすく表せるようにしよう。

おわったらシールをはろう

教科書 ㊤20〜27ページ　答え 4ページ

きほん1 折れ線グラフのよみ方がわかりますか。

☆右の折れ線グラフを見て、答えましょう。

❶ 午前１１時の気温は、何度ですか。

❷ いちばん気温が高いのは何度で、それは何時ですか。

❸ 気温の変(か)わり方がいちばん大きいのは、何時から何時の間ですか。

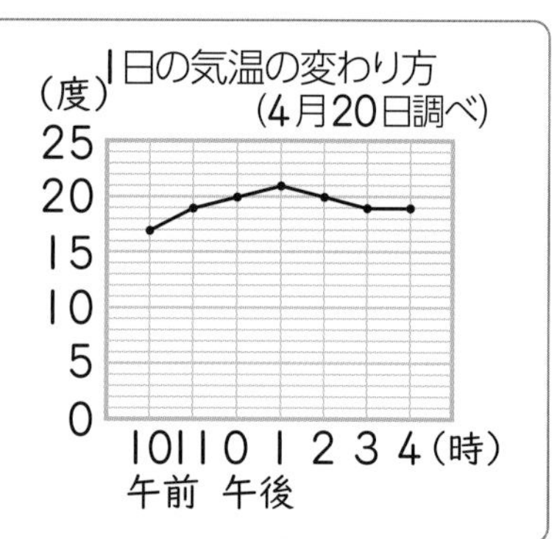

とき方 右上のようなグラフを折(お)れ線(せん)グラフといいます。たてのじくは［　　］を表し、１めもりは［　　］を表しています。

気温のように、変わっていくもののようすを表すときには、**折れ線グラフ**を使うといいんだね。

❶ 午前１１時の気温は、１１時のところの点を横に見て［　　］度です。

❷ いちばん高いところにある点を、横に見て［　　］度、たてに見て午後［　　］時です。

❸ 線のかたむきがいちばん急なところは、午前［　　］時と午前［　　］時の間です。

たいせつ
折れ線グラフでは、線のかたむきで変わり方がくわしくわかります。また、線のかたむきが急であるほど、変わり方が大きいことを表しています。
上がる(ふえる)　変わらない　下がる(へる)

答え
❶［　　］度
❷［　　］度　午後［　　］時
❸ 午前［　　］時と午前［　　］時の間

1 右のグラフを見て、答えましょう。

教科書 21ページ1 23ページ2

❶ 午前８時の気温は、何度ですか。

(　　　　)

❷ いちばん気温が高いのは何度で、それは何時ですか。

(　　　、　　　)

❸ 気温の下がり方がいちばん大きいのは、何時から何時の間ですか。(　　　　)

１日の気温の変わり方
(６月１日調べ)
(度)
30
25
20
15
10
5
0
8 10 0 2 4 6 (時)
午前 午後

２つのものの変わるようすをくらべるときは、１つのグラフ用紙に２つの折れ線グラフを重ねるとくらべやすいよ。

きほん 2　折れ線グラフのかき方がわかりますか。

☆下の表は、ある町の１年間の気温の変わり方を調べたものです。これを、右のグラフ用紙を使って折れ線グラフに表しましょう。

ある町の１年間の気温の変わり方

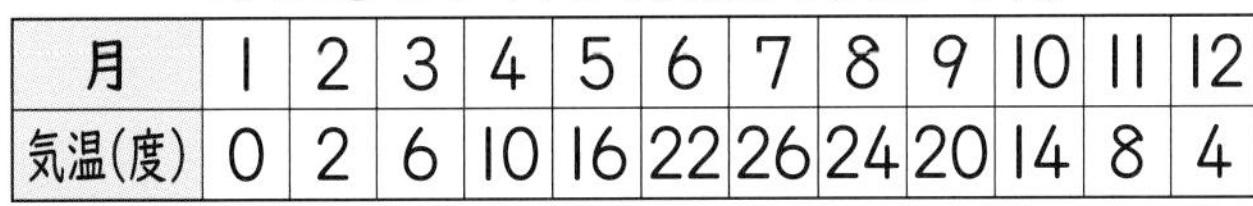

月	1	2	3	4	5	6	7	8	9	10	11	12
気温(度)	0	2	6	10	16	22	26	24	20	14	8	4

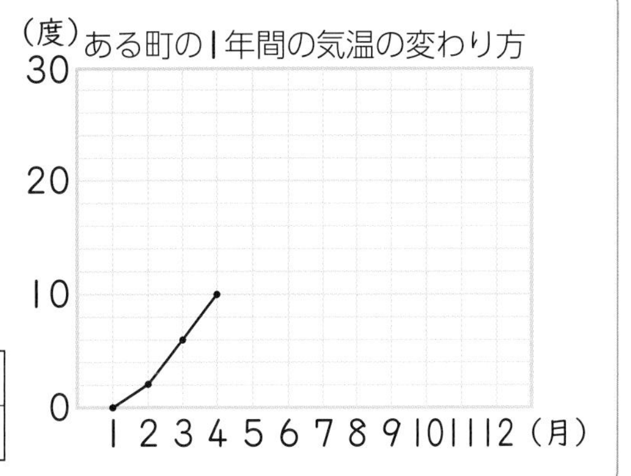

とき方　折れ線グラフは、次のようにかきます。

1. 横のじくに「月」をとり、同じ間をあけて書く。単位も書く。
2. たてのじくに「気温」をとり、いちばん高い［　　］が表せるようにめもりのつけ方を考え、めもりの表す数を書く。単位も書く。
3. それぞれの月の気温を表すところに点をうち、点を順に［　　］で結ぶ。
4. 表題を書く。
（表題は先に書いてもかまいません。）

上のグラフ用紙に記入

2　たけるさんは、午前８時から午後５時までの気温を調べました。

１日の気温の変わり方（４月８日調べ）

時こく(時)	午前 8	9	10	11	午後 0	1	2	3	4	5
気温　(度)	13	14	15	16	18	21	21	20	18	16

下のグラフ用紙を使って、１日の気温の変わり方を折れ線グラフに表しましょう。

教科書 24ページ3 26ページ4

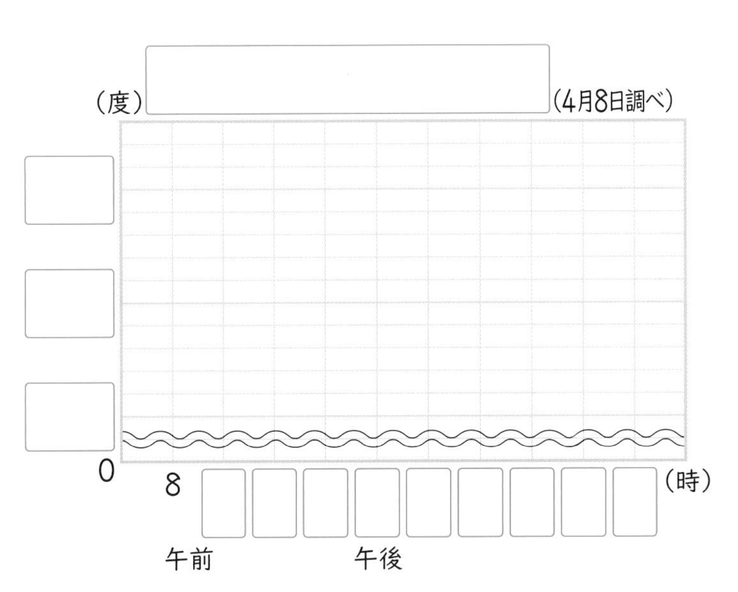

折れ線グラフでは、左のグラフのように、〜〜の印を使って、めもりのとちゅうを省けるよ。ここでは、10度より小さいめもりを省けるね。
１めもりの長さが大きくなるから、変わり方が大きく表せるよ。

ポイント　身のまわりにある、ともなって変わる２つの数量を見つけて、折れ線グラフに表したり、グラフから変わり方の特ちょうを読み取ったりできるようにしましょう。

勉強した日　月　日

2 整理のしかた

きほんのワーク

学習の目標
記録を見やすく表に整理するしかたを身につけよう。

おわったらシールをはろう

教科書 上 30〜33ページ　答え 4ページ

きほん1 2つのことがらを見やすく表にまとめることができますか。

☆右の表は、みさきさんの学校で、１か月にけがをした人を記録(きろく)したものです。けがの原いんと場所の２つに注目して、下の表に人数を書き、表を完成(かんせい)させましょう。

けが調べ（4月）

組	原いん	場所	組	原いん	場所
4	ひねる	校庭	2	ぶつかる	体育館
2	ぶつかる	校庭	1	ひねる	教室
2	ぶつかる	校庭	4	ぶつかる	体育館
3	転ぶ	教室	3	ひねる	ろう下
1	ぶつかる	体育館	1	転ぶ	教室
2	ひねる	校庭	4	転ぶ	校庭
4	転ぶ	校庭	2	転ぶ	校庭
3	ぶつかる	校庭	1	落ちる	ろう下
4	ひねる	教室	3	転ぶ	校庭
2	落ちる	体育館	4	ひねる	教室
3	転ぶ	教室	2	ぶつかる	校庭
4	ひねる	教室	2	転ぶ	教室
3	ひねる	ろう下	1	転ぶ	校庭
1	ひねる	教室	4	落ちる	体育館
1	ぶつかる	体育館	2	転ぶ	校庭
2	転ぶ	教室	1	ひねる	教室

けがの原いんとけがをした場所（4月）（人）

原いん＼場所	校庭	教室	ろう下	体育館	合計
転ぶ	正一				
ぶつかる	𠄌 4				
ひねる	T 2				
落ちる	0				
合計					

とき方　上の左の表は、どんな原いんのけがを、どんな場所でしたかを見やすく表しています。例(たと)えば、校庭で転んだ人は、それぞれのことがらを横とたてで見て、交わったところに書くので、その人数は□人です。また、ひねった人の人数の合計は□人です。

答え　上の表に記入

1 きほん1の右側(みぎがわ)の表を、けがをした場所と組の２つに注目して、右の表に人数を書きましょう。また、けがをした人がいちばん多いのは何組ですか。

教科書 30ページ1

（　　　　）

けがをした場所と組（4月）（人）

場所＼組	1	2	3	4	合計
校庭					
教室					
ろう下					
体育館					
合計					

日本では、数を数えるときに「正」の字を書くけど、アメリカでは「｜」を使って、１、２、３、４を数え、５つめが横線になるんだよ。だから、３→|||　５→卌　９→卌||||となるよ。

きほん2 なかまに分けて整理できますか。

☆まさるさんのはんの人たち8人の、さか上がりと足かけ上がりができるか、できないかを調べました。下のデータをわかりやすく表すために、右の表に人数を書きましょう。

さか上がり、足かけ上がり調べ

種目(しゅもく) ＼ 名前	まさる	つとむ	みなみ	さやか	ひろし	さとし	よしみ	ひかり
さか上がり	×	×	○	○	○	×	○	○
足かけ上がり	○	×	○	○	×	○	×	○

（○…できる、×…できない）

さか上がり、足かけ上がり調べ　（人）

		足かけ上がり		合計
		○	×	
さか上がり	○	あ	い	う
	×	え	お	か
合計		き	く	8

とき方 表は、たてと横の両方から見ていくので、
あはさか上がりと足かけ上がりのどちらも[　　]人、
いはさか上がりができて足かけ上がりが[　　]人、
えはさか上がりができなくて足かけ上がりのできる人が入ります。

答え 上の表に記入

2 4年1組の28人について、なわとび調べをしました。あやとびのできる人が全部で23人、二重とびのできる人が全部で19人いました。あやとびも二重とびもできない人は2人でした。

教科書 32ページ2

なわとび調べ　（人）

		二重とび		合計
		できる	できない	
あやとび	できる		あ	23
	できない			
合計				28

1 あやとびのできない人は何人ですか。

（　　　　）

2 二重とびのできない人は何人ですか。

（　　　　）

3 二重とびができてあやとびのできない人は何人ですか。

（　　　　）

4 二重とびとあやとびのどちらもできる人は何人ですか。

（　　　　）

5 あに入るのはどのような人で、それは何人いますか。

（　　　　　　　　、　　　　）

ポイント 集めた記録を、2つのことがらに注目して表に表すことがあります。表に表すことによって、整理され、読み取りやすくなります。

練習のワーク①

教科書 上 20～35ページ　答え 5ページ

できた数　/7問中

おわったらシールをはろう

1 折れ線グラフのかき方

右の表は、4月から10月までのハムスターの体重の変わり方を調べたものです。

ハムスターの体重の変わり方

月	4	5	6	7	8	9	10
体重(g)	6	9	11	14	13	15	16

❶ 折れ線グラフに表すとき、横のじくとたてのじくには、それぞれ何をとればよいですか。

横（　　　　）

たて（　　　　）

❷ 右のグラフ用紙を使って、体重の変わり方を、折れ線グラフに表しましょう。

(g)

0

4 5 6 7 8 9 10 (月)

2 整理のしかた

右の表は、たけしさんのクラスの1ぱんと2はんの書き取りテストの点数を表したものです。

書き取りテストの点数　(点)

1ぱん	8	7	6	10	8	8	7	8
2はん	7	7	10	10	8	9	9	

❶ 1ぱんと2はんの人数はそれぞれ何人ですか。

1ぱん（　　　　）　2はん（　　　　）

❷ 1ぱんと2はん、点数の2つに注目して、人数を表にまとめましょう。

書き取りテストの点数　(人)

はん＼点数	10点	9点	8点	7点	6点	合計
1ぱん						
2はん						
合計						

❸ 1ぱんで人数がいちばん多かった点数は、何点ですか。

（　　　　）

てびき

1 折れ線グラフのかき方

1 横とたてのじくに、それぞれ何をとるか決めて、めもりをつけ、単位も書く。このとき、めもりのつけ方を考える。
2 記録を表すところに点をうち、点を直線で結ぶ。
3 **表題**を書く。

2 整理のしかた

データを2つのことがらに注目して整理し、表に整理します。
表に表すときは、もれや重なりがないように気をつけながら、じゅんじょよく数えていきます。
数えたものに印をつけるなどのくふうをしてみましょう。

ちゅうい

たて方向や横方向に合計した数は同じになります。

できるナビ　折れ線グラフのめもりのよみまちがえに注意して考えていきましょう。

勉強した日　月　日

練習のワーク②

教科書 ㊤20～35ページ　答え 5ページ

おわったらシールをはろう

1 折れ線グラフとぼうグラフ

右のグラフは、ある市の月ごとの最高気温を折れ線グラフに、こう水量をぼうグラフに表したものです。

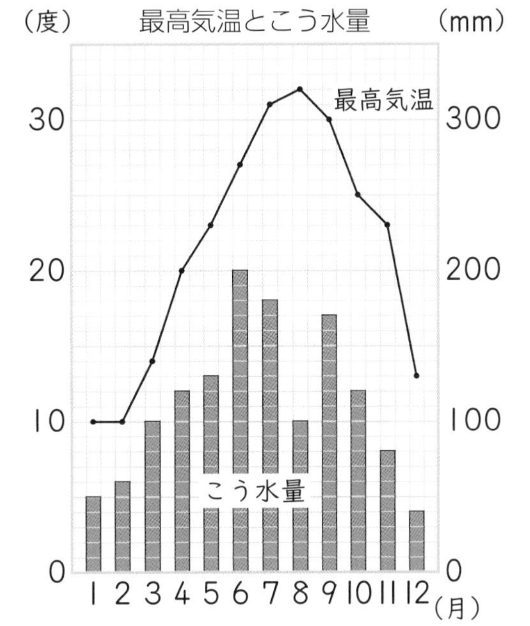

❶ 最高気温がいちばん高いのは何度で、それは何月ですか。

気温（　　　　）

月（　　　　）

❷ こう水量がいちばん少ないのは何mmで、それは何月ですか。

こう水量（　　　　）　月（　　　　）

❸ 6月の最高気温は何度ですか。また、その月のこう水量は何mmですか。

気温（　　　　）　こう水量（　　　　）

❹ 「気温が高くなるほどこう水量がふえる」ということは正しいですか、正しくないですか。

（　　　　）

2 整理のしかた

下の表は、左の図を見て、大きさ(大・小)と形(□・○・△)の2つに注目して、整理したものです。㋐～㋛に形やことば、数をかいて、表を完成させましょう。

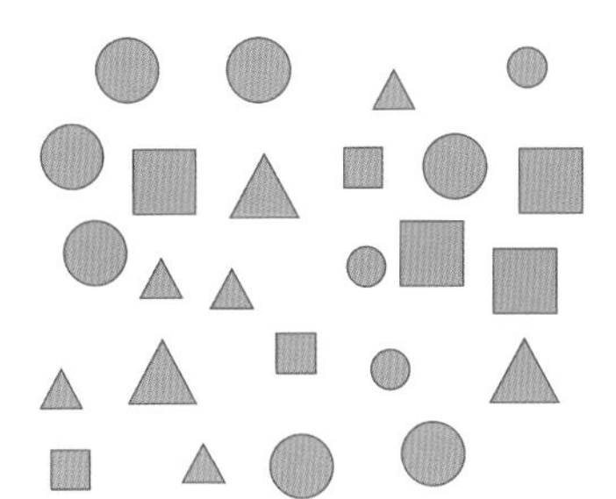

大きさ＼形	㋐	㋑	㋒	合計
㋓	4	㋔	㋕	㋖
小	3	㋗	5	㋘
合計	7	㋙	㋚	㋛

てびき

1 折れ線グラフとぼうグラフ
1つのグラフ用紙に折れ線グラフとぼうグラフをいっしょにかいて、2つのことがらの変わり方をくらべることがあります。**たてのじくの左(気温を表すめもり)と右(こう水量を表すめもり)でめもりを使い分けていること**に注意しましょう。

2 横とたてを見て、交わったところが2つのことがらにあてはまります。
まず、合計7こある形は何かを考えると、㋐に入る形が□とわかります。
㋘は大きさが小の数の合計が入ります。
㋛はたて方向と横方向のどちらから計算しても同じ数になります。

できるナビ　あたえられたものを整理するときは、数え落としがないようにチェックしながら数えていきましょう。

勉強した日 月 日

まとめのテスト①

教科書 上 20~35ページ 答え 6ページ

時間20分 とく点 /100点 おわったらシールをはろう

1 まもるさんは、児童館にいた人たちに、住んでいる町と生まれた月を書いてもらいました。 1つ25〔50点〕

こうじ	南町	3月	りかこ	北町	8月	けんじ	南町	2月	れいな	南町	6月
さゆり	北町	12月	みきこ	南町	5月	さやか	南町	9月	ゆうか	北町	12月
まなぶ	北町	1月	たかし	北町	7月	のぼる	南町	1月	まもる	北町	4月
るりこ	南町	4月	ゆきこ	北町	3月	ひろと	南町	10月	ななこ	北町	6月
えみこ	北町	11月	せいじ	南町	10月	さとし	北町	8月	ともや	南町	5月

❶ このデータを、住んでいる町別と生まれた月別に整理して、人数を下の表にまとめましょう。

住んでいる町別の生まれた月調べ (人)

住んでいる町＼月	4~6月	7~9月	10~12月	1~3月	合計
南町					
北町					
合計					20

❷ ❶の表を見て、人数がいちばん少ないのは、どの町に住んでいるどの月に生まれた人か答えましょう。

(　　　　　　　　　　)

2 よく出る 下の表は、1日の気温の変わり方を調べたものです。 1つ25〔50点〕

1日の気温の変わり方(5月29日調べ)

時こく(時)	午前 4	6	8	10	午後 0	2	4	6	8
気温 (度)	16	16	18	19	23	24	22	19	18

❶ 右のグラフ用紙に、1日の気温の変わり方を表す折れ線グラフを、かきましょう。

❷ 気温が変わっていないのは、何時から何時の間ですか。

(　　　　　　　　　　)

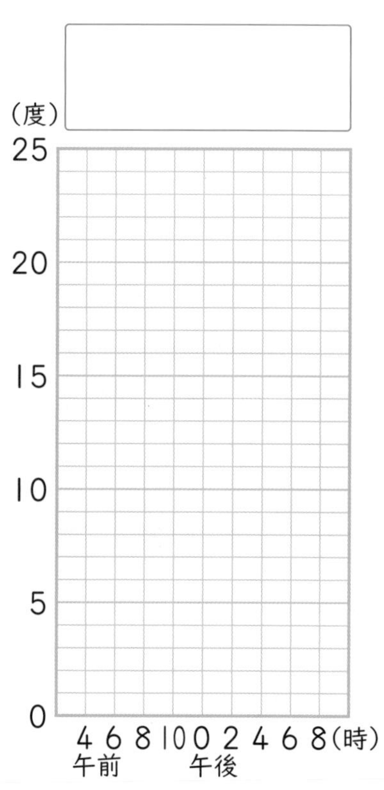

□ データを正しく表に整理できたかな？
□ 折れ線グラフを正しくかくことができたかな？

時間20分　とく点　/100点　おわったらシールをはろう

1 次の㋐～㋔の中で、折れ線グラフに表すとよいのはどれですか。すべて選びましょう。 〔25点〕

㋐ 毎月１日にはかった自分の体重
㋑ 好きなくだものの種類調べの結果
㋒ １時間ごとに調べた校庭の気温の変わり方
㋓ 同じ時こくに調べたいろいろな場所の気温
㋔ ４年生のクラスごとの虫歯のある人の数

（　　　）

2 よく出る 下の表は、さとみさんのはんの10人に科学読み物と伝記について好きかどうかを聞いたものです。 1つ5〔45点〕

本の好ききらい調べ

	1	2	3	4	5	6	7	8	9	10
科学読み物	○	○	△	△	○	○	○	△	△	△
伝記	○	△	○	○	△	○	○	○	△	○

（○…好き、△…きらい）

本の好ききらい調べ （人）

		伝記		合計
		好き	きらい	
科学読み物	好き	㋐	㋑	㋒
	きらい	㋓	㋔	㋕
合計		㋖	㋗	10

❶ 右の表は、上のデータをわかりやすく整理したものです。表のあいているところに、人数を書きましょう。

❷ たけるさんは右の表の㋐に、ゆりさんは㋓に、ふみやさんは㋔に入るそうです。上の表の９の人は、たけるさん、ゆりさん、ふみやさんのうちだれですか。

（　　　）

3 チャレンジ! 右の折れ線グラフは、ある市の月ごとの最高気温と最低気温を表したものです。 1つ10〔30点〕

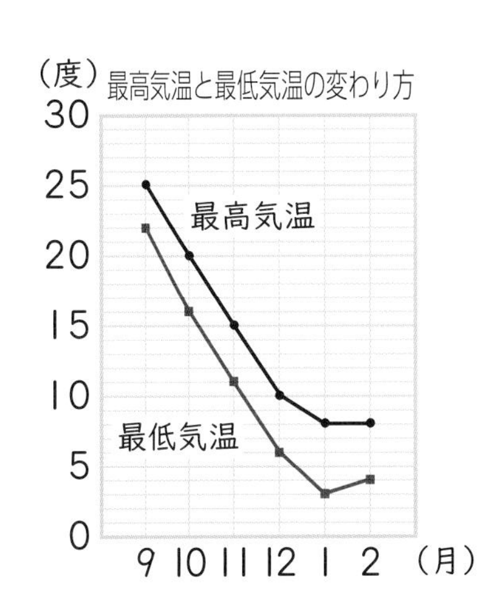

❶ 最高気温と最低気温の差がいちばん大きいのは何月で、それは何度ですか。

月（　　　）

気温の差（　　　）

❷ 最高気温と最低気温では、どちらの変わり方が大きいといえますか。

（　　　）

□ 表のそれぞれのらんに入る数が何を表しているかわかったかな？
□ 折れ線グラフから変わり方を読み取ることができたかな？

勉強した日　月　日

1 何十、何百のわり算

きほんのワーク

学習の目標

整数を10や100のまとまりと考えるわり算のしかたをおぼえよう。

おわったらシールをはろう

教科書 上 36～38ページ　答え 6ページ

ふくしゅう　できるかな？

例　おはじきが21こあります。7人で同じ数ずつ分けると、1人分は何こになりますか。

問題　36本のえん筆を、4人で同じ数ずつ分けます。1人分は何本になりますか。

考え方　1人分のこ数×分ける人数＝全部のこ数 より、1人分のこ数を求める(もと)には、全部のこ数を分ける人数でわって求めます。また、21÷7の答えは、7のだんの九九で見つけられるので、21÷7＝3より、答えは 3こ

きほん1　答えが何十になる計算ができますか。

☆60このクッキーを、3人で同じ数ずつ分けます。1人分は何こになりますか。

とき方　60このクッキーを同じ数ずつ分けるときの1人分のこ数を求める計算は、□算です。式は60÷3です。

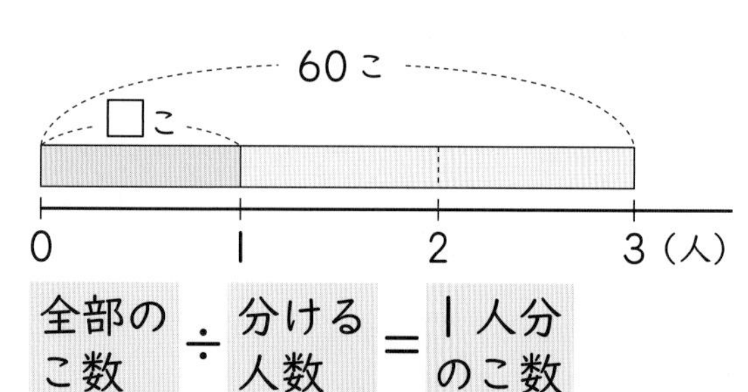

計算のしかたは、60を10の□こ分と考えて、それを3人で同じ数ずつ分ければよいから、

6÷3＝□ より、60÷3＝□

答え □こ

1　90まいの色紙を、3人で同じ数ずつ分けます。1人分は何まいになりますか。　教科書 37ページ1

式

9÷3＝3
90÷3＝□

答え（　　　）

1、2、3、4、5、6、7、8、9、10のすべての数でわりきれるいちばん小さな数は2520だよ。実さいに計算してたしかめてみよう。

2 100 このおはじきを、5 人で同じ数ずつ分けます。1 人分は何こになりますか。 教科書 37ページ1

10	10	10	10	10
10	10	10	10	10

式

答え（　　　　　）

3 計算をしましょう。 教科書 38ページ △1

❶ 50÷5　❷ 60÷2　❸ 80÷2

❹ 180÷3　❺ 210÷7　❻ 250÷5

❼ 360÷6　❽ 420÷6　❾ 400÷5

きほん 2 答えが何百になる計算ができますか。

☆900÷3 の計算をしましょう。

100	100	100
100	100	100
100	100	100

とき方 900 を 100 の □ こ分と考えて、それを 3 つに同じこ数ずつ分ければよいから、

9　÷3＝□

900÷3＝□

答え □

900 は 100 のかたまり 9 こ分だから、それを 3 つに分けるんだ。

4 計算をしましょう。 教科書 38ページ △2

❶ 600÷6　❷ 300÷3　❸ 600÷2

❹ 1200÷6　❺ 1400÷7　❻ 3600÷9

❼ 4900÷7　❽ 2000÷5　❾ 4000÷8

ポイント 10 や 100 をもとにして考えると、何十や何百のわり算ができます。
10 の何こ分、100 の何こ分になっているか考えましょう。

勉強した日　月　日

２ わり算の筆算(1)［その1］

きほんのワーク

学習の目標
整数のわり算の計算を筆算でするしかたを身につけよう。

おわったら シールを はろう

教科書 上 39〜44ページ　答え 7ページ

きほん1 (2けた)÷(1けた)の筆算のしかたがわかりますか。

☆78このあめを、3人で同じ数ずつ分けます。1人分は何こになりますか。

とき方 同じ数ずつに分けるので、式は 78 □ 3 になります。計算は)‾ を使って、大きい位から、次のように筆算することができます。

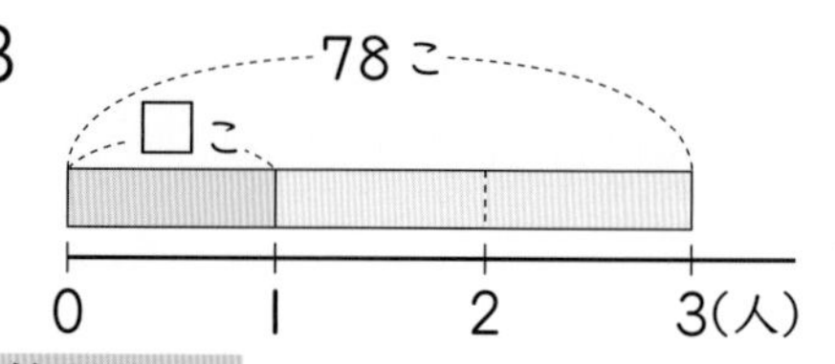

十の位の計算

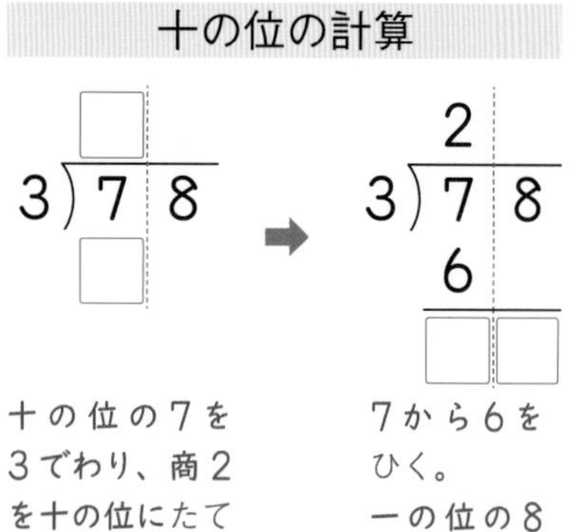

十の位の7を3でわり、商2を十の位にたてる。
3と2をかける。

7から6をひく。
一の位の8をおろす。

一の位の計算

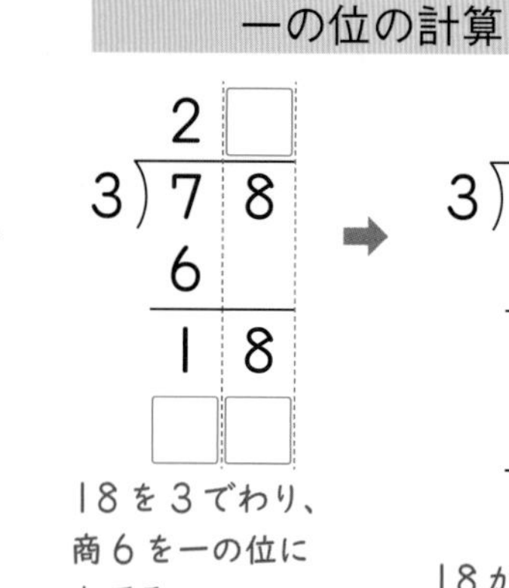

18を3でわり、商6を一の位にたてる。
3と6をかける。

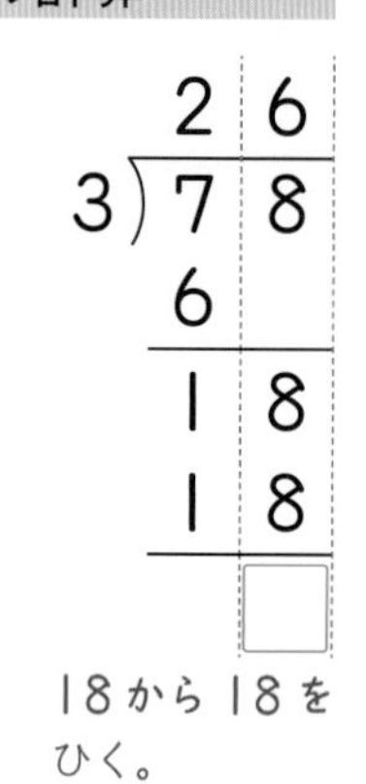

18から18をひく。

同じ位がたてにならぶように、書いていくよ。

〔別のとき方〕 78を60と18に分けて考えて、
60÷3＝20、18÷3＝6より、20＋6＝26
と求めることもできます。

答え □ こ

1 計算をしましょう。　教科書 41ページ ⚠1

❶ 4)72　❷ 2)54　❸ 3)84　❹ 6)78

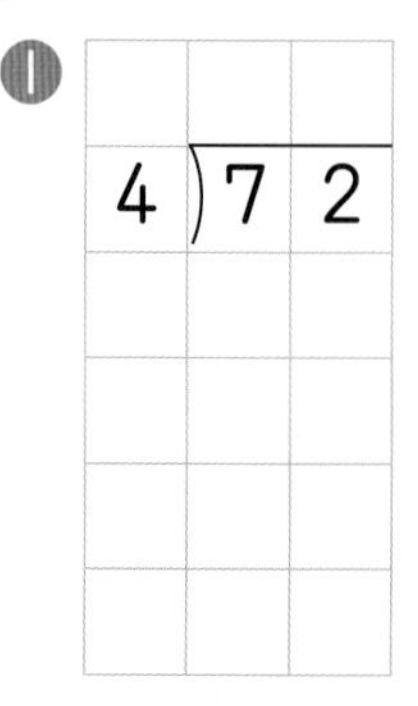

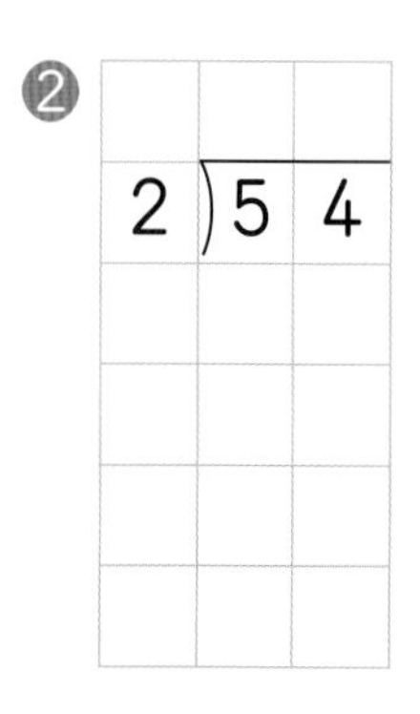

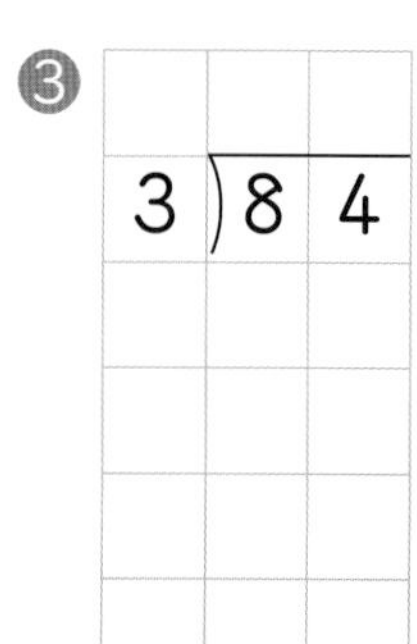

❺ 90÷5　❻ 96÷8

わり算の筆算
大きい位から順に、九九を使って計算をします。

さんすうはかせ　わり算の筆算では、たし算・ひき算・かけ算とはちがって、÷の記号は使わずに)‾ を使って大きい位から計算するよ。

きほん2 あまりのあるわり算の筆算ができますか。

☆95cm のはり金を、4cm ずつに切ります。4cm のはり金は何本できて、何 cm あまりますか。

とき方 95 から 4 が何ことれるか考えるので、式は 95 □ 4 になります。

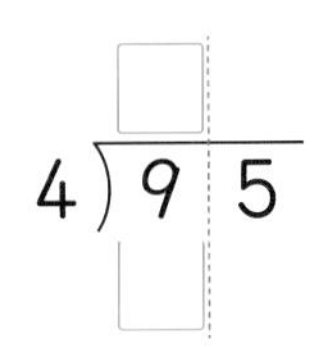

十の位の 9 を 4 でわり、商 2 を十の位にたてる。4 と 2 をかける。

➡

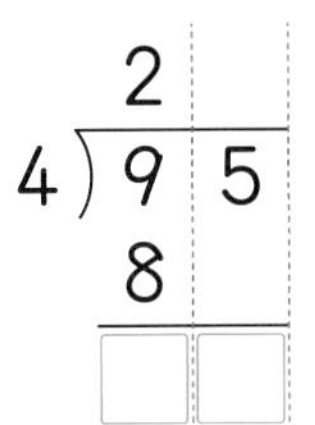

9 から 8 をひく。一の位の 5 をおろす。

➡

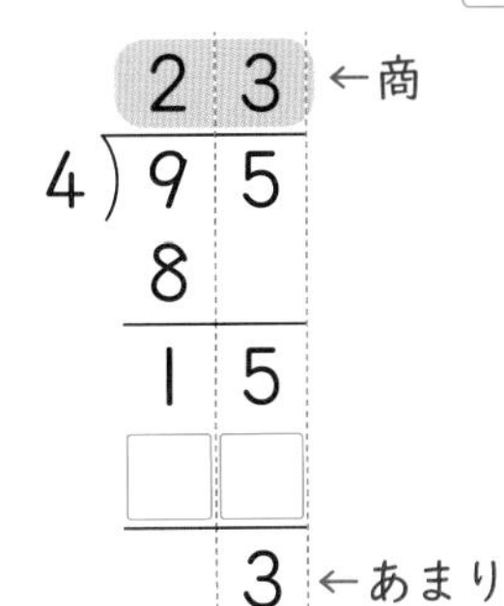

15 を 4 でわり、商 3 を一の位にたてる。4 と 3 をかける。15 から 12 をひく。

あまりは、必(かなら)ずわる数より小さくなるよ。

たいせつ
わる数 × 商 ＋ あまり ＝ わられる数 にあてはめて、$4 \times 23 + 3$ が 95 になるか、たしかめます。

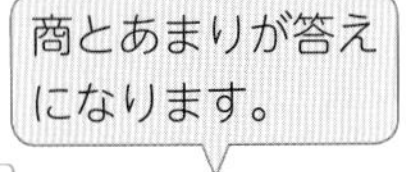

答え □ 本できて、□ cm あまる。

2 次のわり算をして、けん算もしましょう。 📖教科書 43ページ 3

 2)59

 5)93

 3)80

けん算（　　　）　けん算（　　　）　けん算（　　　）

3 計算をしましょう。 📖教科書 44ページ 3

❶ 85÷4

❷ 72÷7

❷の商の一の位には、1 から 9 までの数がたたないので、0 をたてるよ。

4 58 本のカーネーションを、1 人に 5 本ずつ分けると、何人に分けられて、何本あまりますか。 📖教科書 44ページ 9

答え（　　　　　　）

ポイント 答えをたしかめる計算を「けん算」といいます。あまりのあるわり算は、わる数 × 商 ＋ あまり ＝ わられる数 でけん算をします。

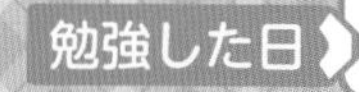

勉強した日　月　日

２ わり算の筆算(1) [その2]

きほんのワーク

学習の目標
3けたの数を１けたの数でわる筆算のしかたを身につけよう。

おわったらシールをはろう

教科書 上45～46ページ　答え 7ページ

きほん1 (3けた)÷(1けた)の筆算のしかたがわかりますか。

☆743÷5 の計算をしましょう。

とき方　わられる数が3けたのときも、大きい位(くらい)から計算します。

百の位の計算

```
   □
5)7 4 3
  5
  2
```

7÷5で、百の位に商１をたてる。
7÷5=１あまり２

十の位の計算

```
   1 □
5)7 4 3
  5
  2 4
  2 0
    4
```

４をおろす。
24÷5で、十の位に商４をたてる。
24÷5=4あまり4

一の位の計算

```
   1 4 □
5)7 4 3
  5
  2 4
  2 0
    4 3
    4 0
      □
```

3をおろす。
43÷5で一の位に商８をたてる。
43÷5=8あまり3

位ごとに、**たてて→かけて→ひいて→おろす**をくり返すよ。

答え

1 計算をしましょう。　教科書 45ページ 11　46ページ 12

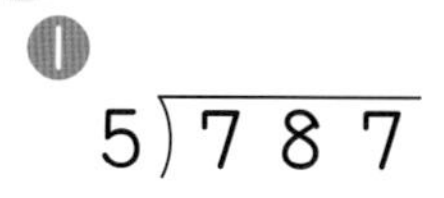

❶ 5)787

❷ 6)679

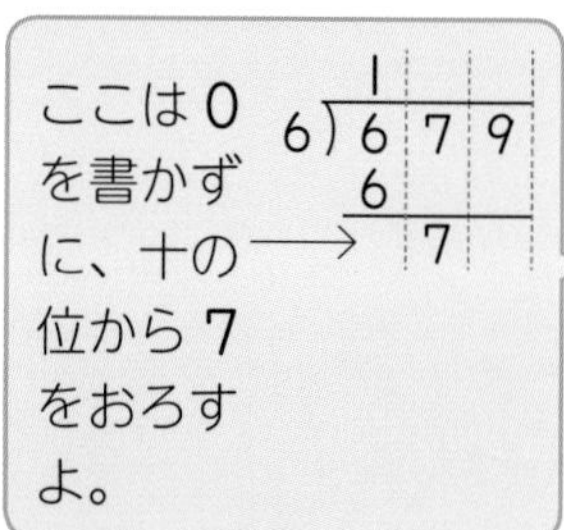

❸ 8)968

❹ 4)856

❺ 5)570

❻ 2)939

さんすうはかせ　わられる数が3けたになっても大きい位から計算し、たてて→かけて→ひいて→おろすをくり返す筆算のしかたは変(か)わらないよ。

きほん2 商のとちゅうに0がたつ筆算のしかたがわかりますか。

☆429÷4 の計算をしましょう。

とき方 商のとちゅうに0がたったときは、となりの数をおろして、わり算を続(つづ)けます。

```
      □            1 □           1 0 □
4)4 2 9  ➡  4)4 2 9  ➡  4)4 2 9
             4               4
             ─────           ─────
               2               2
               □               0
                               ─────
                               2 9
                               2 8
                               ─────
                                 □
```

2÷4 はできないので十の位に商0をたてる。

この部分の計算は、書かずに省(はぶ)くことができる。

答え □

2 計算をしましょう。 教科書 46ページ 13

❶ 774÷7　❷ 927÷3　❸ 816÷4

3 312まいの折(お)り紙(がみ)を、1人に3まいずつ配ると、何人に分けられますか。 教科書 46ページ 13

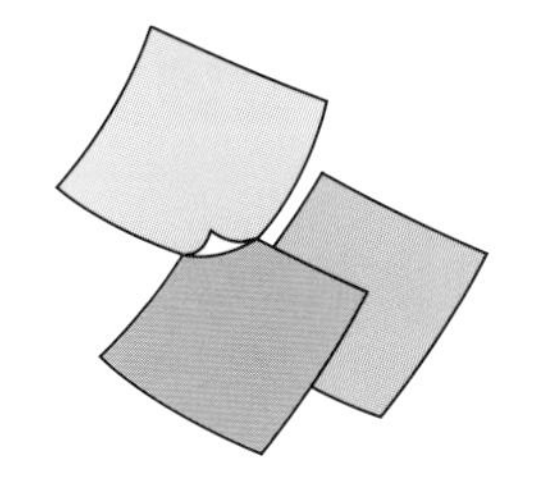

答え（　　　）

4 856このみかんを、1つのふくろに8こずつ入れていくと、みかんが入ったふくろは何ふくろできますか。 教科書 46ページ 13

式

答え（　　　）

ポイント わり算の筆算で商の十の位に0がたつときは、十の位と一の位の数字をおろして、わり算を続けます。

勉強した日　月　日

③ わり算の筆算(2)
④ 暗算

きほんのワーク

学習の目標
筆算を使わずに頭の中で計算する「暗算」ができるようになろう。

おわったらシールをはろう

教科書 上 47～50ページ　答え 8ページ

きほん1 百の位に商がたたないわり算の筆算ができますか。

☆344 このビーズを、8 人で同じ数ずつ分けます。１人分は何こになりますか。

とき方 同じ数ずつ分けるときの１人分のこ数はわり算で求(もと)めるので、式は 344÷□ です。筆算では、わられる数のいちばん大きい位の数が、わる数より小さいので、次の位の数までふくめた数で計算を始めます。

0 □　344(こ)
0 1 2 3 4 5 6 7 8 (人)

8)344（百の位に×）
3÷8 だから、百の位に商はたたない。

→ 8)344、32、2（十の位に□）
34÷8 で十の位に商 4 をたてる。
34÷8＝4 あまり 2

→ 8)344、商 4□、32、24、24、□
4 をおろす。
24÷8 で一の位に商 3 をたてる。
24÷8＝3

十の位までふくめて、34÷8 の計算から始めるんだね。

答え □ こ

1 計算をしましょう。　教科書 49ページ △2

❶ 134÷2　❷ 310÷4　❸ 378÷7

きほん2 暗算で計算ができますか。

☆87 このクッキーを、3 人で同じ数ずつ分けます。１人分は何こになりますか。暗算で計算をしましょう。

とき方 同じ数ずつに分けるので、式は 87□3 です。87÷3 の暗算のしかたを考えます。

87÷3
60 27
① ②

① 60÷3＝□
② 27÷3＝□
あわせて □

この問題では、3 でわり算しやすい 60 と 27 に分けて暗算しているね。

答え □ こ

さんすうはかせ　暗算をするときは、わられる数をわり算がかんたんになるような 2 つの数に分けてみるといいね。

2 暗算で計算をしましょう。 教科書 50ページ 1

❶ 98÷2　❷ 57÷3　❸ 65÷5

❹ 69÷3　❺ 72÷6

3 80人の4年生を、5人ずつのグループに分けます。
できるグループの数を、暗算で計算をしましょう。
教科書 50ページ 1

(　　　　)

きほん3 いろいろな暗算ができますか。

☆850円を、5人で同じ金がくずつ分けます。1人分はいくらになりますか。
暗算で計算しましょう。

とき方 85÷5の商を利用(りよう)することができます。

85÷5
50　35
①　②

① 50÷5=□
② 35÷5=□
あわせて □

➡ 85÷5=□
↓10倍　↓10倍
850÷5=□

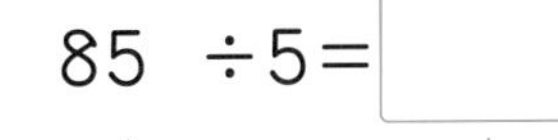

答え □円

4 暗算で計算しましょう。 教科書 50ページ 2

❶ 360÷4　❷ 640÷8　❸ 720÷3

❹ 420÷7　❺ 810÷9　❻ 540÷6

ポイント かんたんなわり算の暗算ができれば、実さいの生活で役立ちます。「わられる数をわり算しやすい数に分ける」ことがポイントです。

勉強した日　月　日

教科書 上 36～53ページ　答え 8ページ

できた数　/12問中

おわったらシールをはろう

1 わり算の筆算　計算をしましょう。

❶ 79÷5　❷ 84÷6　❸ 61÷3

❹ 932÷7　❺ 248÷6　❻ 820÷4

2 わり算　542まいのカードを、6人で同じ数ずつ分けます。1人分は何まいになって、何まいあまりますか。

式

答え（　　　　）

3 わり算　238このクッキーを、7こずつふくろに入れます。クッキーが7こ入ったふくろは何ふくろできますか。

式

答え（　　　　）

4 わり算　960このビーズを、8人で同じ数ずつ分けます。1人分は何こになりますか。

式

答え（　　　　）

5 暗算　暗算で計算をしましょう。

❶ 39÷3　❷ 70÷5　❸ 1200÷5

てびき

1 わり算の筆算
何の位から商がたつかに注意しながら、わり算をしましょう。答えを求めたら、けん算もしておきましょう。

わり算のけん算
●÷■＝▲あまり★
わられる数　わる数　商　あまり
わる数×商＋あまり
→わられる数

2 何の位から商がたつかを考え、筆算をしましょう。また、けん算もしましょう。

5 わられる数を2つに分けて、2つのわり算の商をあわせます。

できるナビ　あまりのあるわり算では、けん算を必ずするようにすると、計算のまちがいに気づくことができます。

まとめのテスト

教科書 ㊤36～53ページ　答え 8ページ

時間 20分　とく点 /100点　おわったらシールをはろう

1 よく出る 計算をしましょう。　1つ8〔24点〕

❶ $66 \div 3$　❷ $5400 \div 9$　❸ $535 \div 5$

2 よく出る $875 \div 4$ の計算をして、答えのけん算もしましょう。　1つ7〔14点〕

答え（　　　）　けん算（　　　）

3 4年生 144 人が遠足に行きます。同じ人数ずつ 3 台のバスに乗るには、1 台に何人ずつ乗ればよいですか。　1つ7〔14点〕

式

答え（　　　）

4 185cm のはり金を、9cm ずつに切(き)ると、9cm のはり金は何本できて、何 cm あまりますか。　1つ8〔16点〕

式

答え（　　　）

5 4年生は 113 人います。5 人ずつ長いすにすわっていくと、全員がすわるには、長いすは何こいりますか。　1つ8〔16点〕

式

答え（　　　）

6 あきらさんはシールを 65 まい、弟は 5 まい持っています。あきらさんのシールのまい数は、弟のまい数の何倍ですか。　1つ8〔16点〕

式

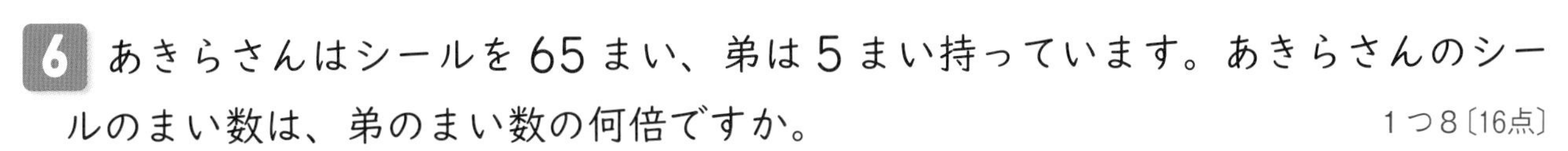

答え（　　　）

ふろくの「計算練習ノート」4～7ページをやろう！

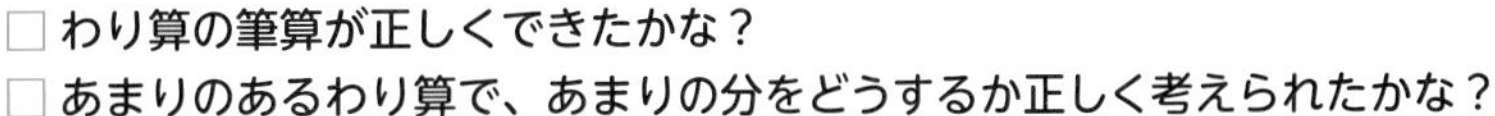

勉強した日　　月　　日

角の大きさの表し方を調べよう
[その1]

学習の目標
角の大きさの単位を知り、はかり方を身につけよう。

おわったらシールをはろう

教科書 上 54～60ページ　答え 9ページ

きほん1 いろいろな大きさの角がわかりますか。

☆㋐～㋕の中で、直角になっているのはどれですか。

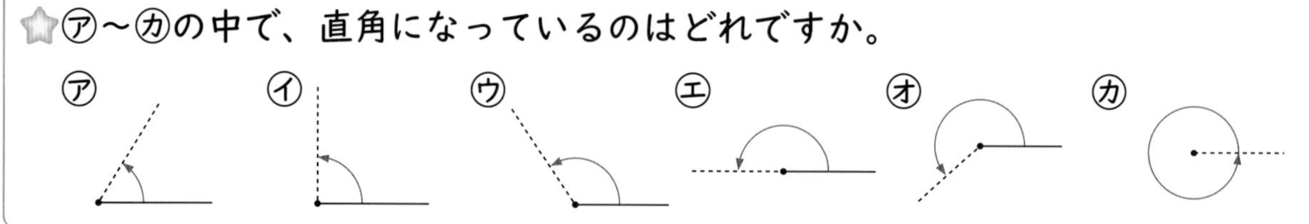

とき方 １つの頂点からでている２つの辺がつくる形を□といい、辺の開きぐあいだけで、角の大きさは決まります。㋑の角の大きさが直角で、㋓のように、半回転したときの角の大きさは□直角、㋕のように１回転したときの角の大きさは□直角です。

たいせつ

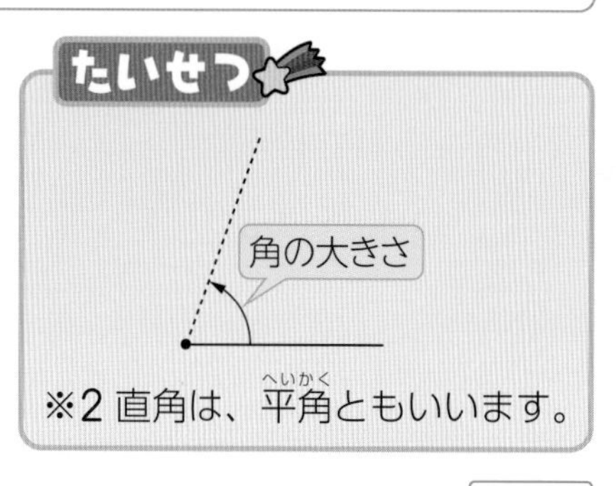

※2 直角は、平角ともいいます。

答え □

1 下の図で、直角より小さい角をすべて選びましょう。

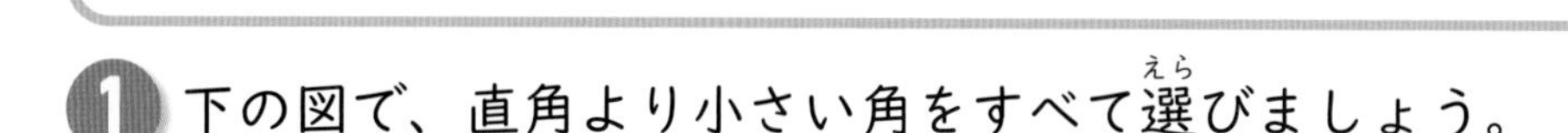

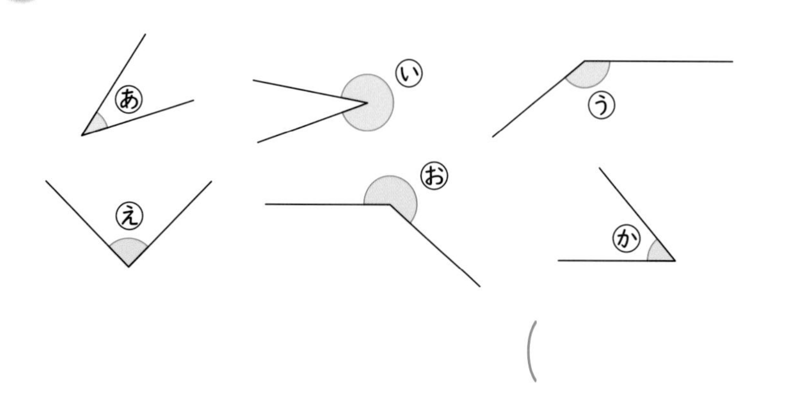

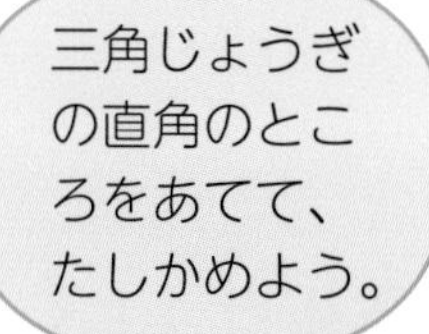

(　　　　　　　　)

2 次の角を、大きい順に記号で答えましょう。

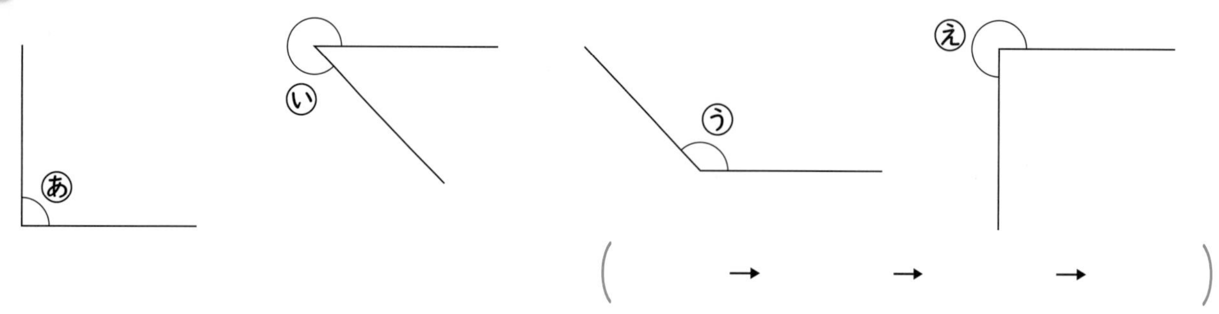

(　　　→　　　→　　　→　　　)

さんすうはかせ 直角よりも小さい角を「鋭角」というよ。また、直角よりも大きく 180°より小さい角を「鈍角」というんだよ。

3 下の図のように、回転したときの角の大きさは何直角ですか。 教科書 55ページ**1**

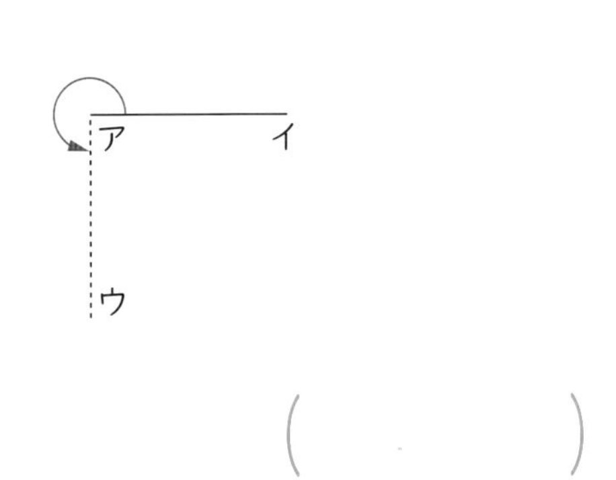

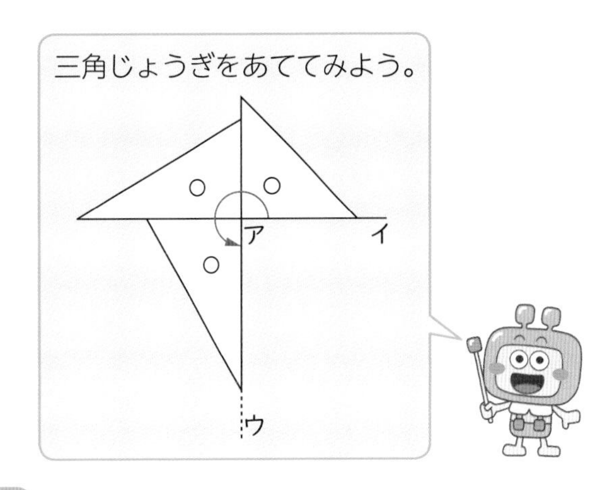

（　　）

きほん 2 角度のはかり方がわかりますか。

☆あの角度は何度ですか。

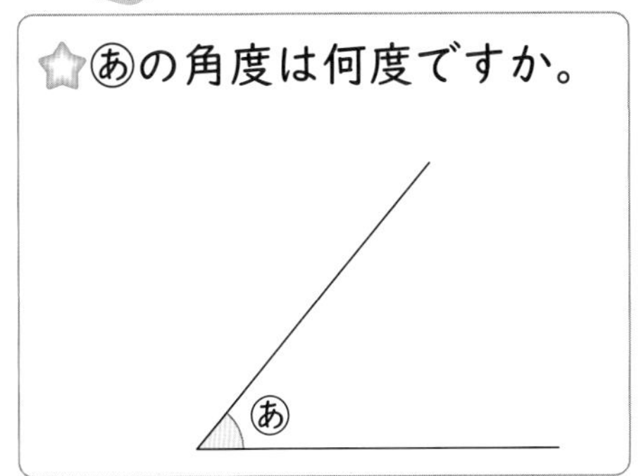

とき方 角度をはかるには、分度器（ぶんどき）を使います。

1 分度器の中心を、角の頂点アに合わせる。

2 0°の線を、辺アイに合わせる。

3 辺アウと重なっているめもりをよむ。（辺が短ければ、のばしておく。）

直角を**90**に等分した**1**こ分の角の大きさを**1度**といい、**1°**と書きます。度は、角の大きさを表す単位（たんい）で、**1直角＝90°**になっています。また、角の大きさのことを、角度ともいいます。

答え　　°

4 分度器を使って、あ、い、う、えの角度をはかりましょう。 教科書 58ページ**3**

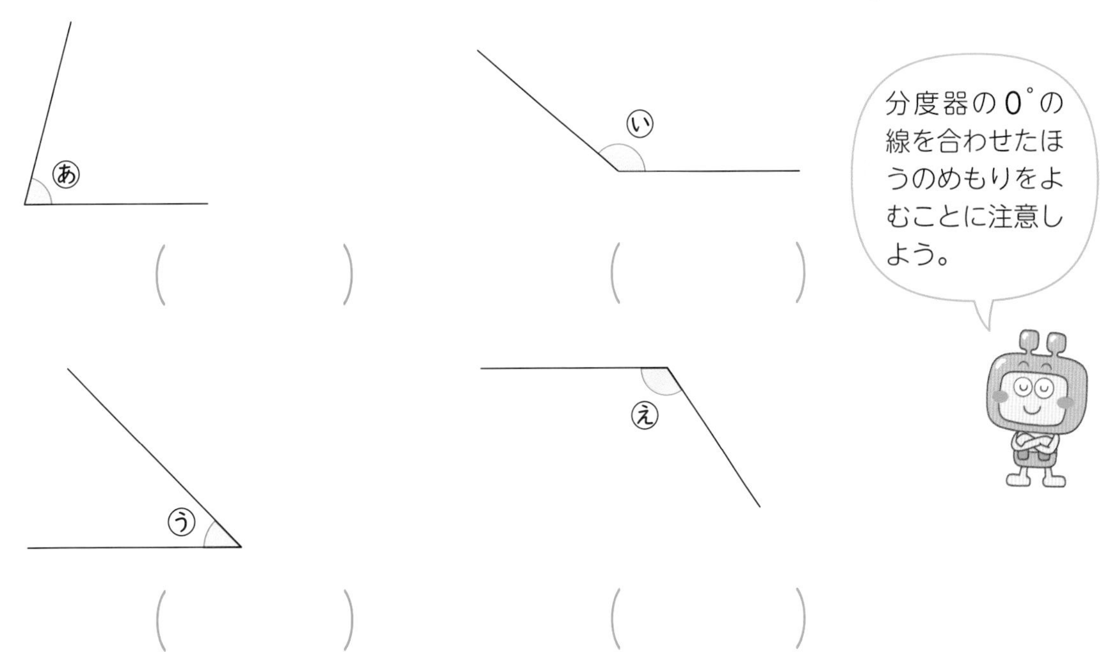

（　　）（　　）

（　　）（　　）

ポイント 分度器を使って角度をはかるときは、内側（うちがわ）と外側のどちらのめもりをよむか気をつけましょう。

勉強した日　月　日

角の大きさの表し方を調べよう ［その2］

きほんのワーク

学習の目標
180°より大きい角をくふうしてはかったり、かいたりしよう。

おわったらシールをはろう

教科書 ㊤60～67ページ　答え 9ページ

きほん1 向かい合った角の大きさがわかりますか。

☆あの角度は何度ですか。

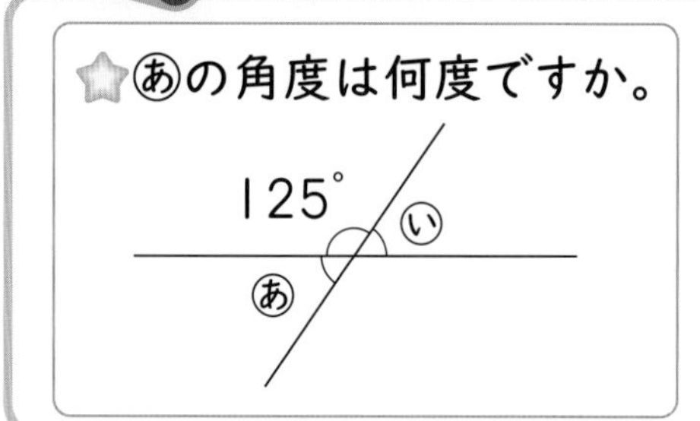

とき方 分度器(ぶんどき)を使ってはかることもできますが、一直線の角度(180°)からひいて、計算で求(もと)めることもできます。あの角度は、

180－□＝□　答え □°

1 きほん1の図で、いの角度は何度ですか。　教科書 60ページ 5

（　　）

2 あといの角度を、計算で求めましょう。　教科書 60ページ 5

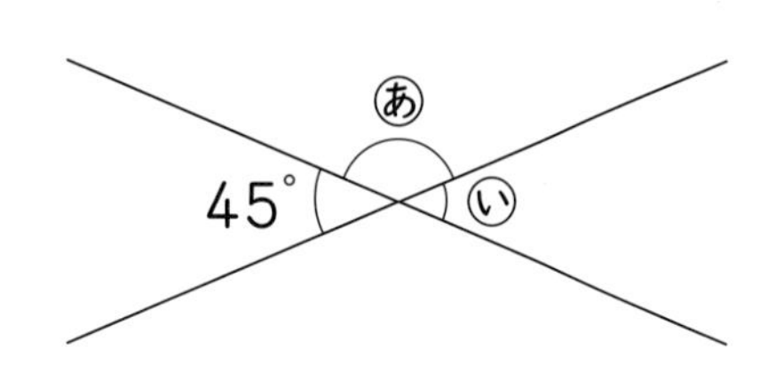

あ＋45＝180になるね。

あ（　　）

い（　　）

きほん2 180°より大きい角度のはかり方がわかりますか。

☆あの角度は何度ですか。

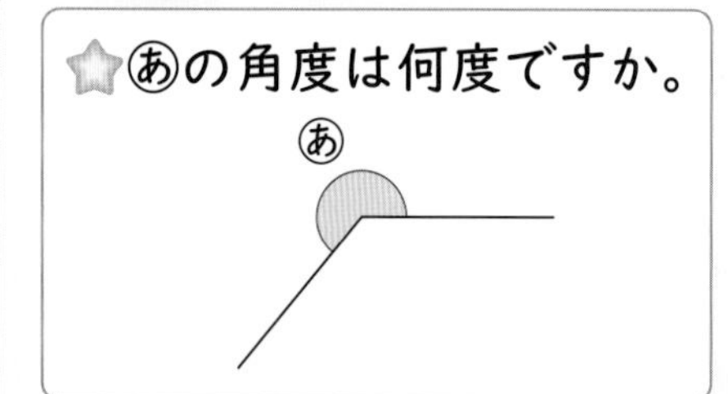

とき方 180°より大きい角度をはかるには、右の図のいやうの角度をはかってから、計算で求めます。

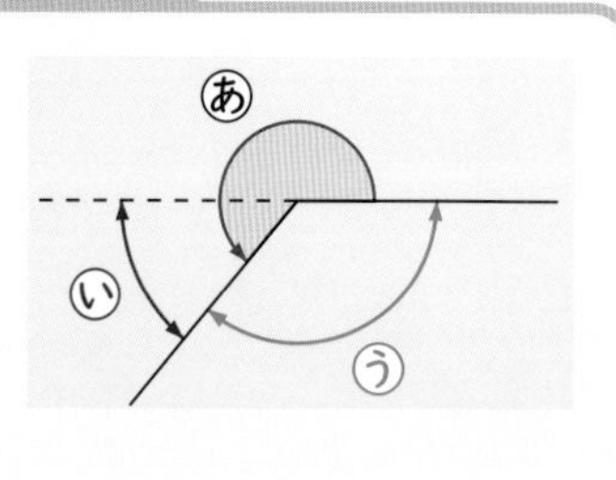

《1》180°とあと何度かを分度器ではかると、いの角度は□°だから、あの角度は、180＋いで求めます。

➡ 180＋□＝□

《2》180°より小さいうの角度を分度器ではかると、うの角度は□°だから、あの角度は、360－うで求めます。

➡ 360－□＝□　答え □°

さんすうはかせ　0°～180°のめもりのついたよく使われる分度器のほかに「全円(ぜんえん)分度器」もあって、360°の角まではかることができるよ。

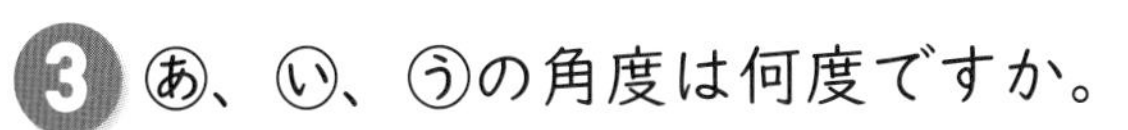

3 Ⓐあ、Ⓘい、Ⓤうの角度は何度ですか。

教科書 61ページ 4

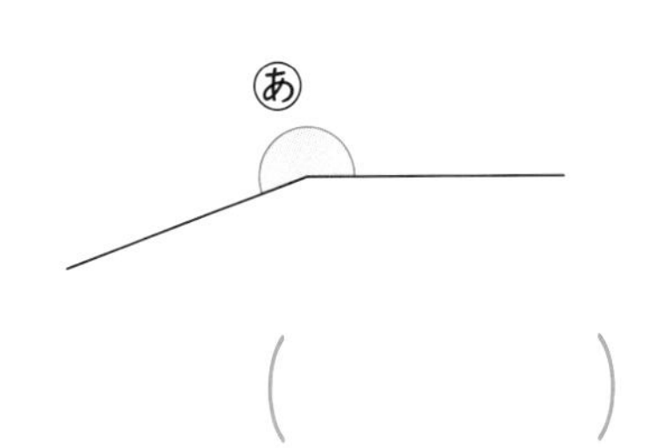

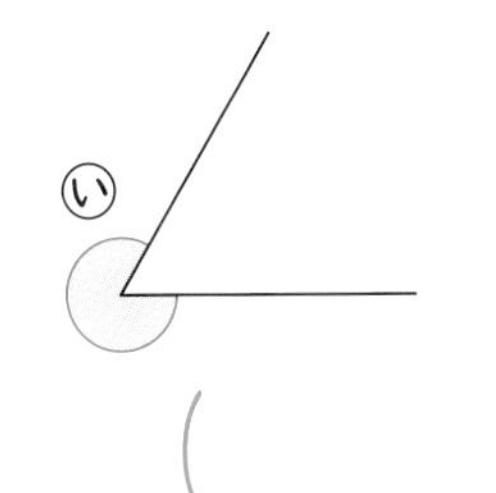

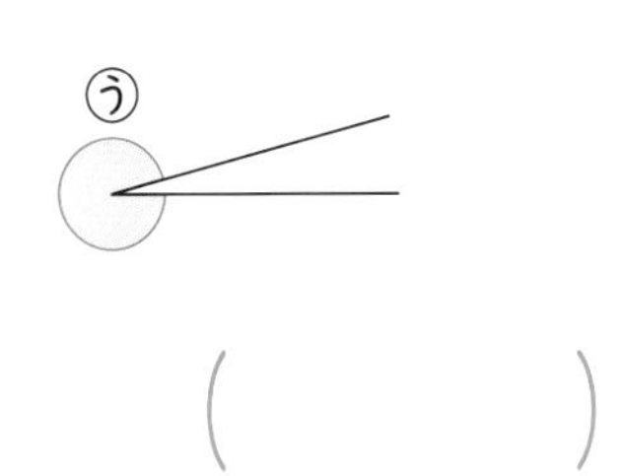

(　　　)　(　　　)　(　　　)

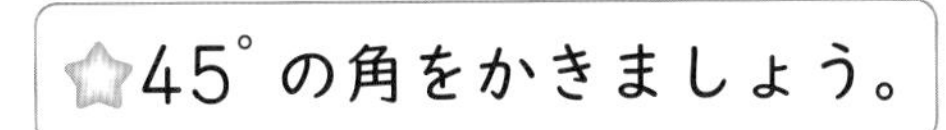

きほん 3 角をかくことができますか。

☆45°の角をかきましょう。

答え

ア　イ

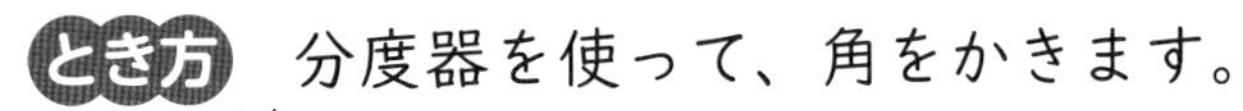

とき方 分度器を使って、角をかきます。

1. 辺(へん)アイをひく。
2. 分度器の中心を点アに合わせる。
3. 0°の線を辺アイに合わせる。
4. 45°のめもりのところに点ウをうつ。
5. 点アと点ウを通る直線をひく。

4 次の角を□にかきましょう。

教科書 66ページ 5

❶ 40°　❷ 95°　❸ 150°

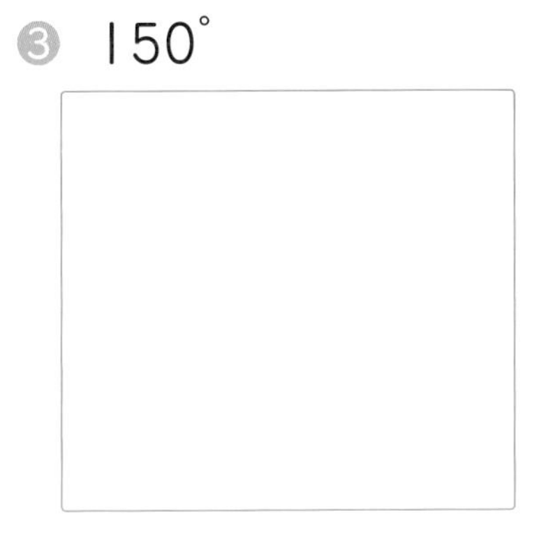

5 点アを頂点(ちょうてん)として、次の角をくふうしてかきましょう。

教科書 67ページ 7

❶ 250°

ア ――――― イ

❷ 300°

ア ――――― イ

250は、180+70と考えるか
360−110と考えればいいね。

300は、180+120と考えるか
360−60と考えればいいね。

ポイント 分度器を使って、角度をはかったり、かいたりします。180°より大きい角もくふうしてはかったり、かいたりできるようになりましょう。

勉強した日　月　日

角の大きさの表し方を調べよう ［その3］

きほんのワーク

学習の目標
じょうぎと分度器を使った三角形のかき方を覚えよう。

おわったらシールをはろう

教科書 ㊤66～68、70ページ　答え 10ページ

きほん1 三角形がかけますか。

☆下の図のような三角形をかきましょう。

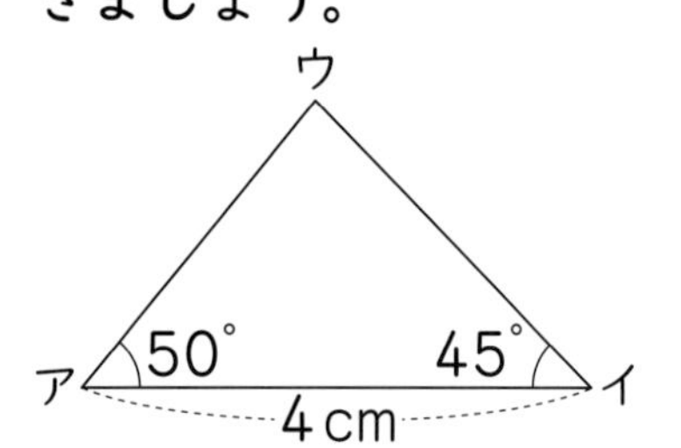

とき方　次のようにして、三角形をかきます。

1　じょうぎで長さ4cmの辺（へん）アイをひく。
2　点アを頂点（ちょうてん）として、50°の角をかく。
3　点イを頂点として、45°の角をかく。
4　交わった点を点ウとする。

答え

じょうぎを使って辺をひいて、分度器（ぶんどき）を使って角をはかればいいね。

1 下の図のような三角形を□にかきましょう。　教科書 67ページ 8

❶

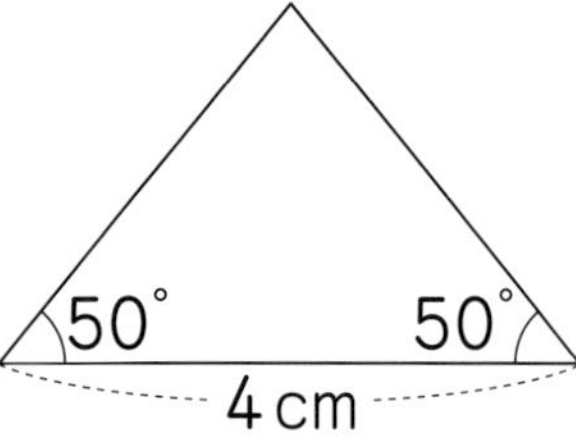

❷

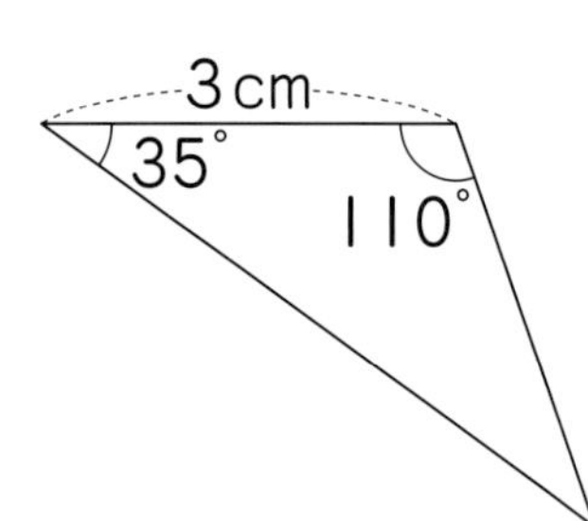

❸

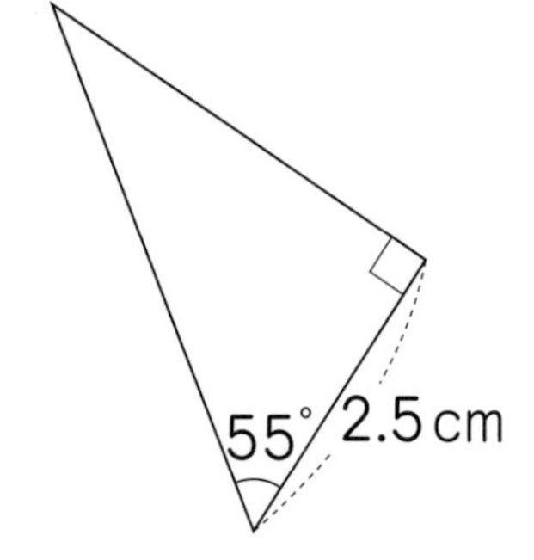

さんすうはかせ　1度よりも小さい角を表すときは、1度の60分の1の角「1分（′）」を使うよ。さらに、1分の60分の1の角が「1秒（″）」なんだ。

2 |辺(ぺん)の長さが3cmの正三角形をコンパスを使って、□にかきましょう。また、かいた正三角形の3つの角の大きさをはかりましょう。　教科書 70ページ 3

角の大きさ（　　　　）

きほん2 三角じょうぎを組み合わせてできる角度がわかりますか。

☆下の図は、|組の三角じょうぎを組み合わせてできる形です。
Ⓐ～Ⓞの角度は何度ですか。

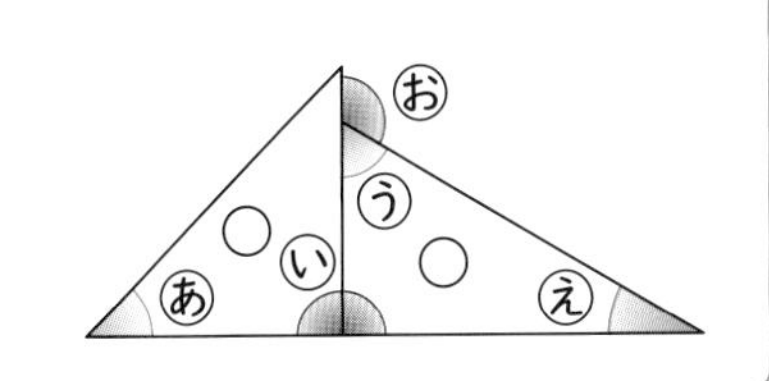

とき方 三角じょうぎの角度は下のようになっています。分度器ではかってたしかめましょう。

Ⓘの角度は90°の2こ分の大きさで、Ⓞの角度は180°からⓊの角度をひいて求(もと)めます。

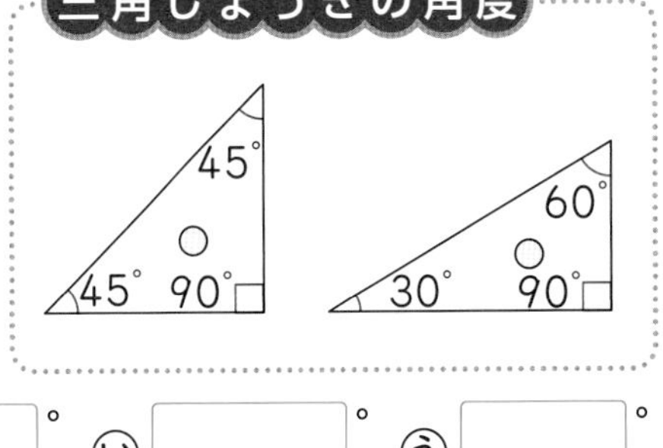

答え Ⓐ□°　Ⓘ□°　Ⓤ□°
Ⓔ□°　Ⓞ□°

3 下の図は、|組の三角じょうぎを組み合わせてできる形です。Ⓐ～Ⓚの角度は何度ですか。　教科書 68ページ 6

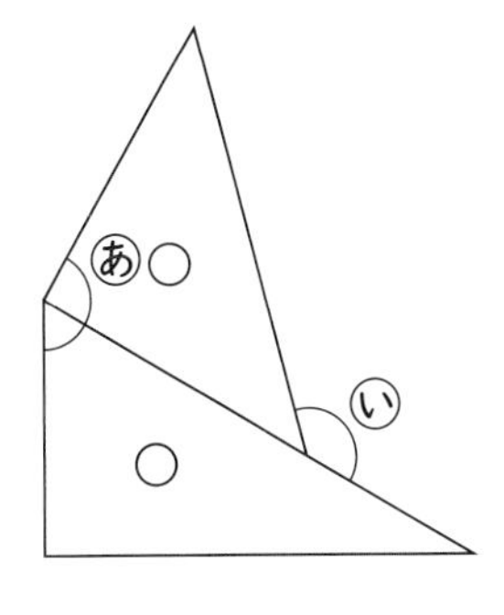

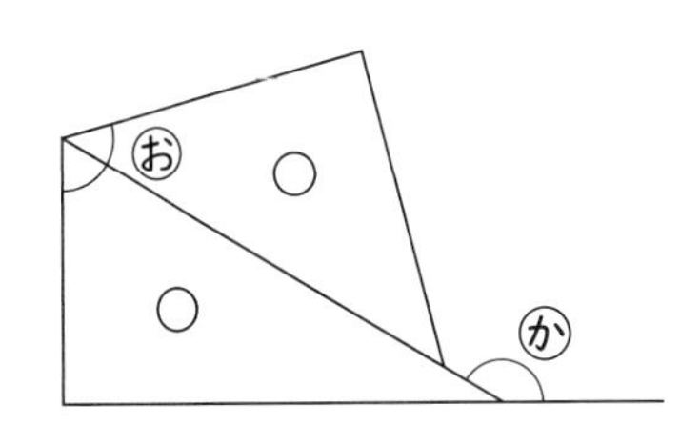

Ⓐ（　　　）　Ⓤ（　　　）　Ⓞ（　　　）
Ⓘ（　　　）　Ⓔ（　　　）　Ⓚ（　　　）

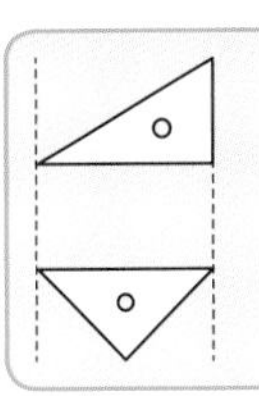

|組の三角じょうぎでは、辺の長さが等しいところがあることも覚(おぼ)えておくといいね。

ポイント 三角形をかくときなどは、分度器を使って、角をかきます。三角じょうぎの角度（90°、60°、30°と90°、45°、45°）は覚えておきましょう。

勉強した日　　月　　日

練習のワーク

教科書 ㊤ 54〜71ページ　答え 10ページ

できた数　　/12問中

おわったら シールを はろう

1 角の大きさ　□にあてはまる数を書きましょう。

❶ 90°は □ 直角です。

❷ 3 直角は □° です。

❸ 1 回転の角度は □° で □ 直角です。

❹ 半回転の角度は □° で □ 直角です。

2 角のかき方　次の角をかきましょう。

❶ 25°

❷ 315°

3 角の大きさ　㋐、㋑、㋒の角度は、それぞれ何度ですか。

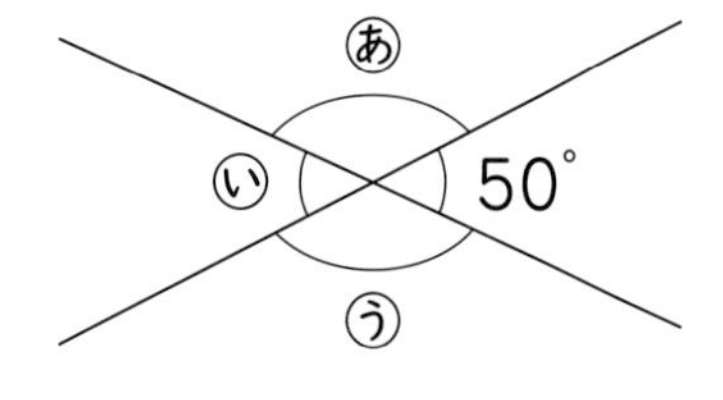

㋐（　　　）

㋑（　　　）

㋒（　　　）

4 三角形のかき方　下の図のような三角形をかきましょう。

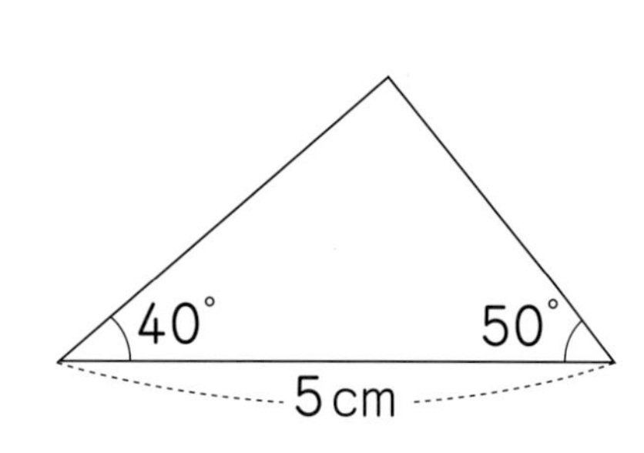

1 角の大きさ

たいせつ

1 直角は 90°
2 直角は 180°
3 直角は 270°
4 直角は 360°

2 ❷180°より大きい角なので、次の 2 つのかき方があります。

《1》315−180 ＝135 だから、180°より 135°大きい角と考えます。

《2》360−315 ＝45 だから、360°より 45°小さい角と考えます。

3 向かい合った角

計算で求めることができます。

㋐と㋒の角…2 直角（一直線の角）は 180°だから、180−50 で求められます。

このように、**向かい合った角（㋐と㋒、㋑と 50°）の大きさは等しく**なっています。

4 三角形のかき方

① 5cm の辺をひく。

② 両はしの点を頂点とする角をかく。

できるナビ　分度器を使うときは、内側と外側のどちらのめもりをよむのかに気をつけましょう。

まとめのテスト

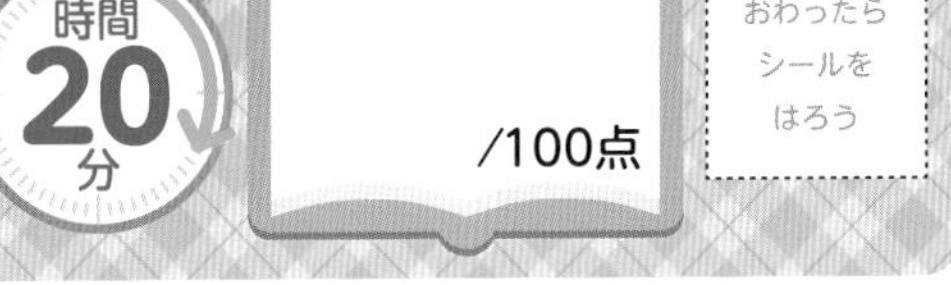

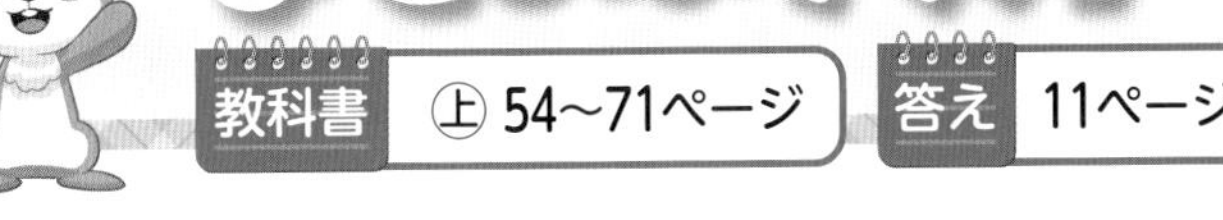

教科書 上 54～71ページ　答え 11ページ

1 よく出る あ、い、うの角度は何度ですか。

1つ10〔30点〕

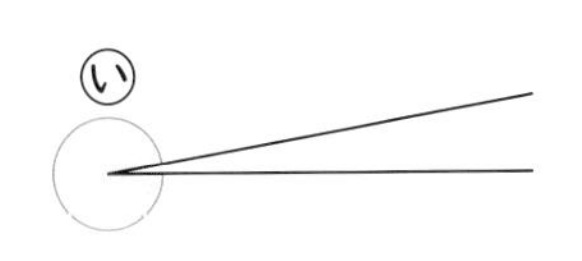

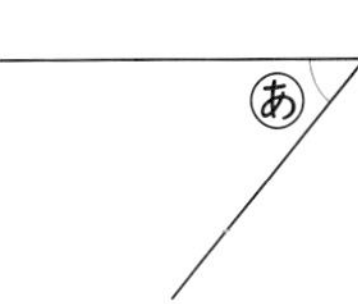

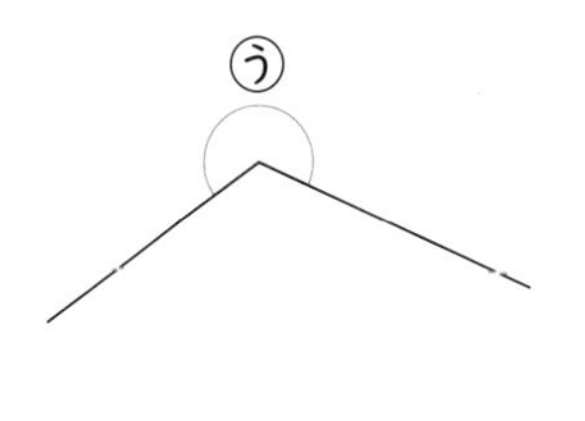

(　　　)　(　　　)　(　　　)

2 次の角をかきましょう。

1つ15〔30点〕

❶ 160°

❷ 3直角

3 1組の三角じょうぎを組み合わせてできる、あ、いの角度は何度ですか。

1つ10〔20点〕

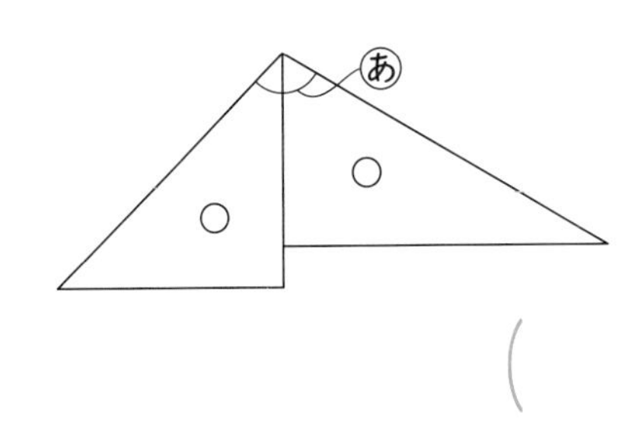

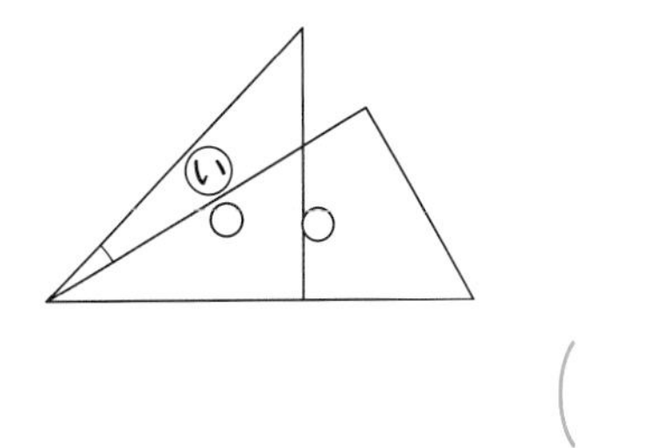

(　　　)　(　　　)

4 下の図のような三角形をかきましょう。

〔20点〕

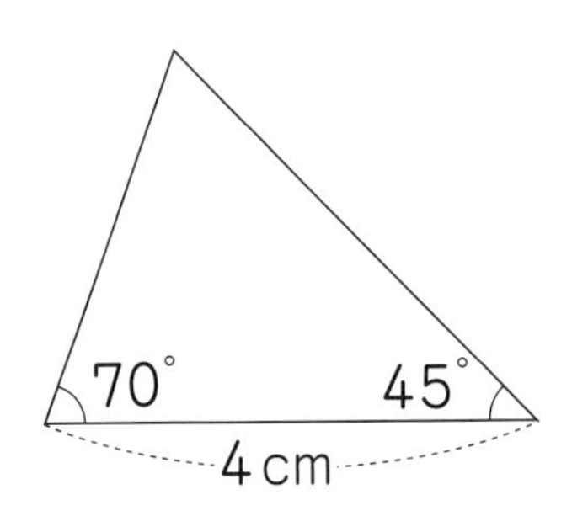

チェック
□ 分度器を正しく使って、角度をはかれたかな？
□ 分度器を正しく使って、いろいろな角をかけたかな？

勉強した日 月 日

1 小数の表し方

きほんのワーク

学習の目標 0.1 より小さい数を使って、かさや長さ・重さを表そう。

おわったらシールをはろう

教科書 上 72~76ページ 答え 11ページ

きほん1 0.1 より小さい数の表し方がわかりますか。

☆下の図の水のかさは何 L ですか。

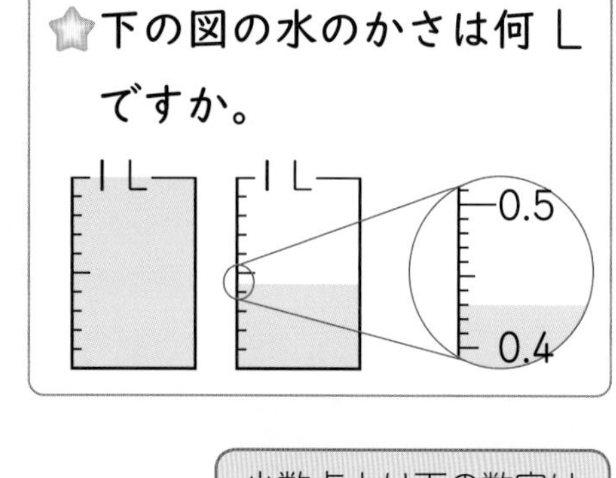

小数点より下の数字は、位をつけずにそのまま読むよ。1.43 は、「一点四三」だね。

とき方 1 L の $\frac{1}{10}$ は 0.1 L です。

0.1 L の $\frac{1}{10}$ は 0.1 L を 10 等分したかさで、0.01 L と書き、「れい点れいーリットル」と読みます。

左の図の水のかさは、1.4 L とあと 0.01 L が □ こ分の □ L をあわせた □ L です。

答え □ L

1 次のかさになるように色をぬりましょう。 教科書 73ページ1

❶ 2.35 L ❷ 1.08 L

2 次の図の水のかさは何 L ですか。 教科書 73ページ1

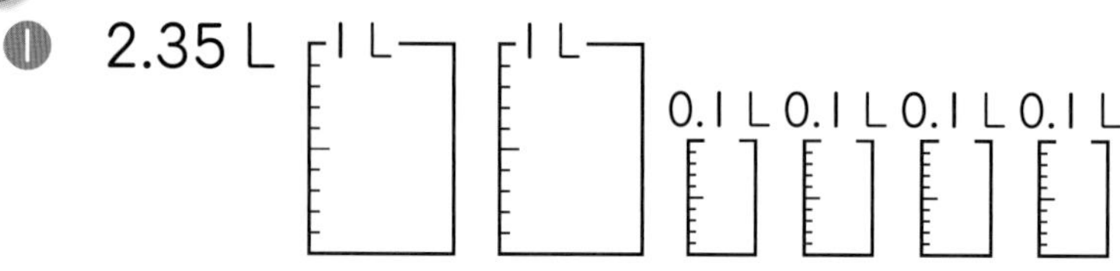

(　　　　)

3 次の水のかさは、それぞれ 0.01 L を何こ集めたかさですか。 教科書 74ページ △1

❶ 0.07 L (　　　　) ❷ 0.2 L (　　　　)

4 下の数直線で㋐、㋑のめもりが表す長さは何 m ですか。 教科書 74ページ △2

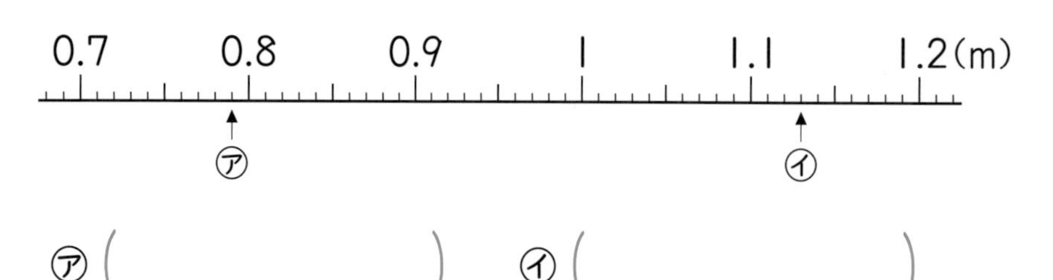

いちばん小さい1めもりは、0.01 m を表しているよ。

㋐ (　　　　) ㋑ (　　　　)

さんすうはかせ 整数や小数は、0、1、2、3、4、5、6、7、8、9 の 10 この数字と小数点を使うと、どんなに大きい数でも、どんなに小さい数でも表すことができるんだ。

きほん2 0.01 より小さい数の表し方がわかりますか。

☆次の長さは、それぞれ 0.001 m を何こ集めた長さですか。

❶ 0.012m　　❷ 0.03m

とき方 0.01 m の $\frac{1}{10}$ を ［　　］ m と書き、「れい点れいれいーメートル」と読みます。

0.01 m を 10 等分した長さが 0.001 m だね。

❶ 0.012m は 0.001 m の ［　　］ こ分の長さです。

❷ 0.03 は 0.030 と考えます。

たいせつ

0.1 m の $\frac{1}{10}$ …0.01 m　　0.01 m の $\frac{1}{10}$ …0.001 m

答え ❶ ［　　］ こ　❷ ［　　］ こ

5 下の数直線で㋐、㋑のめもりが表す長さは何 m ですか。 教科書 76ページ 4

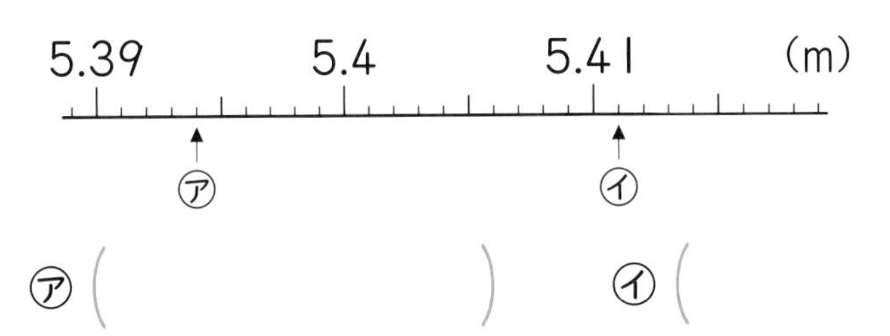

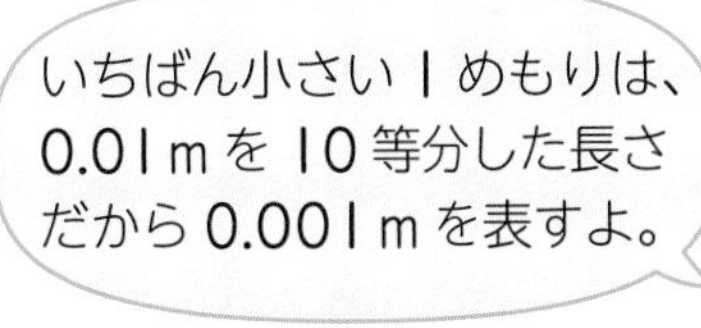

㋐（　　　　）　㋑（　　　　）

きほん3 2 つの単位で表された長さを 1 つの単位で表せますか。

☆3km 426m を、km 単位(たんい)で表しましょう。

とき方 3km426m を分けて考えます。

3km	3	km
400m	0.4	km
20m	［　　］	km
6m	［　　］	km
あわせて 3km426m	［　　］	km

たいせつ

1 km＝1000 m だから

100 m…（1 km の $\frac{1}{10}$）………0.1 km

10 m…（0.1 km の $\frac{1}{10}$）……0.01 km

1 m…（0.01 km の $\frac{1}{10}$）…0.001 km

答え ［　　］ km

6 次の長さを、（　）の中の単位で表しましょう。 教科書 76ページ 5

❶ 3m 58cm（m）（　　　　）

❷ 4km 34m（km）（　　　　）

7 次の重さを、kg 単位で表しましょう。 教科書 76ページ 6

❶ 1kg 782g（　　　　）

❷ 873g（　　　　）

ポイント km と m、kg と g のように 2 つの単位で表された長さや重さは、小数を使うと大きいほうの単位 1 つで表すことができます。

勉強した日　月　日

2 小数のしくみ

きほんのワーク

学習の目標
小数も整数と同じようなしくみであることを理かいしよう。

おわったらシールをはろう

教科書 上 77~81ページ　答え 12ページ

きほん1 小数のしくみがわかりますか。

☆6.376 は 1、0.1、0.01、0.001 をそれぞれ何こあわせた数ですか。

とき方 小数の位(くらい)取りは、右のようになっています。
6.376 は、6 と 0.3 と 0.07 と 0.006 をあわせた数で、6 は 1 を □ こ、0.3 は 0.1 を □ こ、0.07 は 0.01 を □ こ、0.006 は 0.001 を □ こ集めた数です。

答え　1 □ こ　0.1 □ こ
0.01 □ こ　0.001 □ こ

小数のしくみ
6…一の位
.…小数点
3…$\frac{1}{10}$の位(小数第一位(しょうすうだいいちい))
7…$\frac{1}{100}$の位(小数第二位)
6…$\frac{1}{1000}$の位(小数第三位)

ちゅうい
一の位の 6 は 1 が 6 こあることを、$\frac{1}{1000}$の位の 6 は 0.001 が 6 こあることを、それぞれ表しています。

1 □にあてはまる数を書きましょう。　教科書 77ページ 1　78ページ △1

❶ 0.01 は 0.1 の □ の数です。

❷ 0.001 を □ 倍すると、1 になります。

❸ 7.493 は、1 を □ こ、0.1 を □ こ、0.01 を □ こ、0.001 を □ こあわせた数です。

❹ 8.023 の $\frac{1}{100}$ の位の数字は □ です。

❺ 6.927 の 7 は □ の位の数字で、□ が 7 こあることを表しています。

小数も整数と同じように、10 倍または、$\frac{1}{10}$ ごとに位をつくって表すよ。

2 □にあてはまる不等号(ふとうごう)を書きましょう。　教科書 79ページ △2

❶ 2.75 □ 2.705　❷ 12.09 □ 12.101

❸ 0.008 □ 0.01　❹ 3.567 □ 3.6

何の位の数字をくらべればいいか考えよう。

さんすうはかせ　$0.1=\frac{1}{10}$、$0.01=\frac{1}{100}$、$0.001=\frac{1}{1000}$ だよ。

きほん2 小数の位の変わり方がわかりますか。

☆4.8 を 10 倍、100 倍した数はいくつですか。また、$\frac{1}{10}$、$\frac{1}{100}$ にした数はいくつですか。

とき方 小数も整数と同じように、10 倍すると、位は □ けたずつ、100 倍すると、位は □ けたずつ上がります。また、$\frac{1}{10}$ にすると、位は □ けたずつ、$\frac{1}{100}$ にすると、位は □ けたずつ下がります。

百の位	十の位	一の位	$\frac{1}{10}$の位	$\frac{1}{100}$の位	$\frac{1}{1000}$の位
4	8	0			
	4	8			
		4.	8		
		0.	4	8	
		0.	0	4	8

（10倍 ↑、$\frac{1}{10}$ ↓）

答え 10 倍 □　100 倍 □　$\frac{1}{10}$ □　$\frac{1}{100}$ □

小数もとなりの位との間は 10 倍、$\frac{1}{10}$ の関係(かんけい)だね。

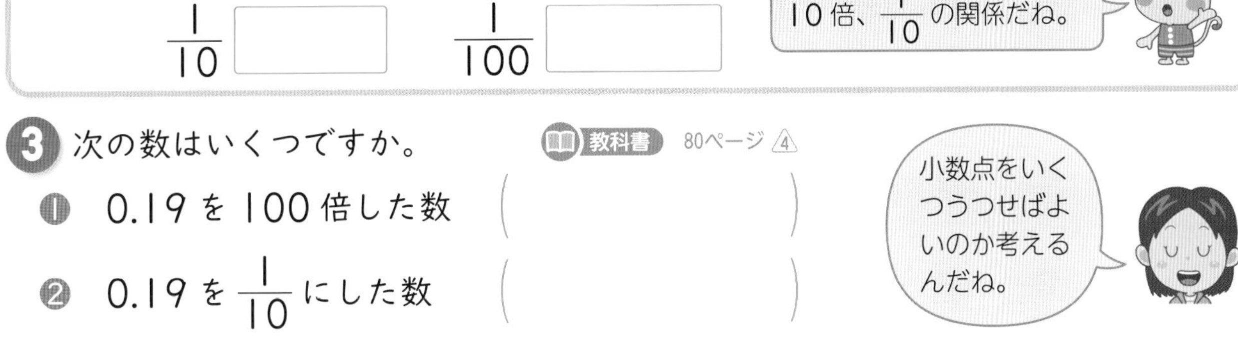

3 次の数はいくつですか。 教科書 80ページ 4

❶ 0.19 を 100 倍した数 （　　　）

❷ 0.19 を $\frac{1}{10}$ にした数 （　　　）

小数点をいくつうつせばよいのか考えるんだね。

きほん3 小数のしくみがわかりますか。

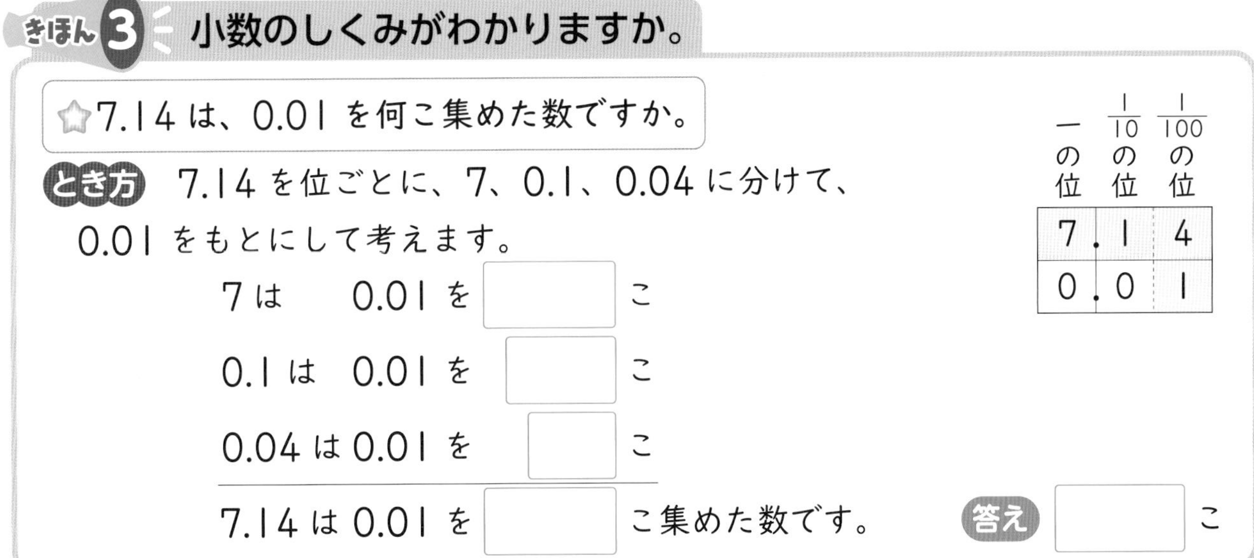

☆7.14 は、0.01 を何こ集めた数ですか。

とき方 7.14 を位ごとに、7、0.1、0.04 に分けて、0.01 をもとにして考えます。

一の位	$\frac{1}{10}$の位	$\frac{1}{100}$の位
7.	1	4
0.	0	1

7 は　0.01 を □ こ

0.1 は　0.01 を □ こ

0.04 は 0.01 を □ こ

7.14 は 0.01 を □ こ集めた数です。

答え □ こ

4 次の数は、0.01 を何こ集めた数ですか。 教科書 81ページ 4

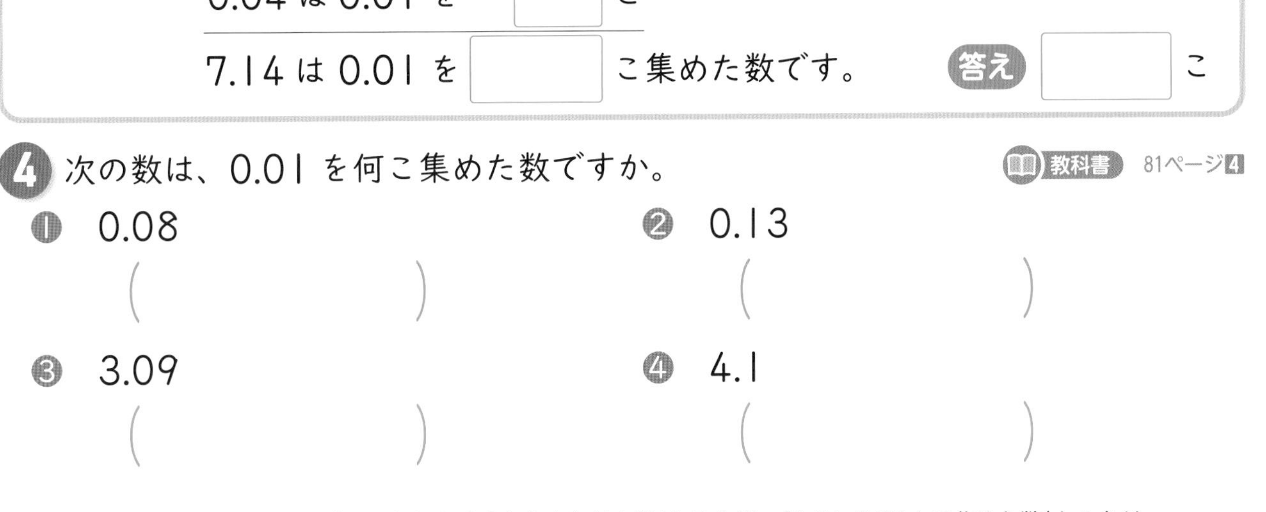

❶ 0.08 （　　　）　❷ 0.13 （　　　）

❸ 3.09 （　　　）　❹ 4.1 （　　　）

ポイント 7.14 を「7 と 0.1 と 0.04 をあわせた数」とみたり、「0.01 を 714 こ集めた数」とみたりの両方ができるようにしましょう。

勉強した日　月　日

③ 小数のたし算とひき算

きほんのワーク

学習の目標
$\frac{1}{100}$の位まではんいを広げてたし算やひき算ができるようにしよう。

おわったらシールをはろう

教科書 ㊤82〜86ページ　答え 12ページ

ふくしゅう　できるかな？

例 計算をしましょう。

❶ 0.3＋0.4　❷ 1.2－0.5

考え方 小数のたし算・ひき算は、0.1が何こ分かを考えると、整数のたし算・ひき算と同じように計算できます。

❶ 0.3は0.1が3こ、0.4は0.1が4こ、あわせて0.1が7こだから、
0.3＋0.4＝0.7

❷ 1.2は0.1が12こ、0.5は0.1が5こ、ちがいは0.1が7こだから、
1.2－0.5＝0.7

問題 計算をしましょう。

❶ 0.5＋0.4　❷ 1.8＋0.5

❸ 0.9－0.2　❹ 1.3－0.7

きほん1　小数のたし算ができますか。

☆重さ0.35kgのかごに、みかんを2.86kg入れます。全体の重さは何kgになりますか。

とき方 式は0.35＋□です。計算は、次のようにします。

《1》位（くらい）ごとに分けて考えると、

0.35は0と　0.3　と　0.05
2.86は2と　0.8　と　0.06
あわせて2と□と□

《2》0.01をもとにして考えると、

0.35は0.01が□こ
2.86は0.01が□こ
あわせて0.01が□こ

答え □kg

1 麦茶がペットボトルに1.46L、ポットに2.66L入っています。麦茶は、あわせて何Lありますか。

教科書 82ページ1

式

答え（　　　）

さんすうはかせ　小数はいくらでも細かく分けられる量（りょう）である長さや重さなどを表すのによく使われるよ。例（たと）えば、五円玉のあつさは1.5mm、重さは3.75gなんだ。

きほん2 小数のたし算を筆算でできますか。

☆2.73＋1.52 の計算をしましょう。

1	0.1	0.01
1 1	0.1 0.1 0.1 0.1 0.1 0.1 0.1	0.01 0.01 0.01
1	0.1 0.1 0.1 0.1 0.1	0.01 0.01

位ごとに考えればいいんだ。

とき方 小数のたし算の筆算は、位をそろえて書いて、右の位から計算します。

1 位をそろえて書く。
2 整数のたし算と同じように計算する。
3 上の小数点にそろえて、和の小数点をうつ。

$$\begin{array}{r} 2.73 \\ +\ 1.52 \\ \hline \square.\square\square \end{array}$$

2 計算をしましょう。 教科書 82ページ1 83ページ2

❶ 5.04＋2.16　　❷ 2＋13.51

❸ 0.16＋36.84　　❹ 7.302＋2.978

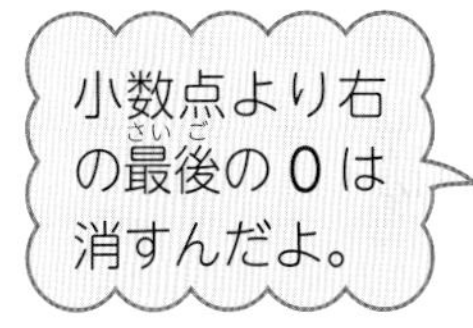

きほん3 小数のひき算を筆算でできますか。

☆いずみさんの家から駅まで 1.91 km あります。家から駅に向かって 0.85 km 歩きました。駅まで、あと何 km 残(のこ)っていますか。

とき方 道のりの残りを求(もと)めるので、式は 1.91－□ です。小数のひき算も、たし算と同じようにできます。筆算は、次のようにします。

$$\begin{array}{r} 1.91 \\ -\ 0.85 \\ \hline \end{array} \Rightarrow \begin{array}{r} 1.91 \\ -\ 0.85 \\ \hline \square\square\square \end{array}$$

位をそろえて書く。　整数のひき算と同じように計算する。

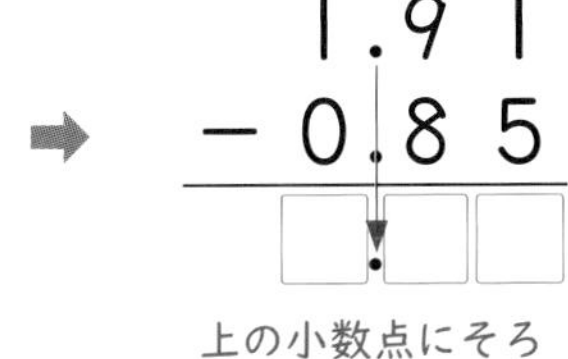
上の小数点にそろえて、差(さ)の小数点をうつ。

3 計算をしましょう。 教科書 84ページ3 85ページ4

❶ 4.73－3.22　　❷ 5.2－3.29

❸ 20.64－6.84　　❹ 5－2.148

❷では、5.2 を 5.20 と考えて、位をそろえて、筆算しよう。

ポイント 小数のたし算・ひき算は 0.1 や 0.01、0.001 が何こ分と考えると、整数と同じように計算できます。筆算のときは小数点をそろえて書くことに注意しましょう。

勉強した日 月 日

練習のワーク

教科書 ㊤72～89ページ　答え 13ページ

できた数 /11問中

おわったらシールをはろう

1 小数の表し方　次の量を、（　）の中の単位を使って表しましょう。

❶ 1kg326g（kg）　（　　　）

❷ 395m（km）　（　　　）

2 小数のしくみ　次の数はいくつですか。

❶ 0.1を8こ、0.001を45こあわせた数　（　　　）

❷ 4.207を10倍した数　（　　　）

❸ 53.18を$\frac{1}{10}$にした数　（　　　）

3 小数のたし算・ひき算　計算をしましょう。

❶ 5.98＋3.46

❷ 6.05－0.78

❸ 8＋4.46

❹ 7－4.23

4 小数のたし算　重さ1.78kgの入れ物に、みそを2.65kg入れると、全体の重さは何kgになりますか。

式

答え（　　　）

5 小数のひき算　3.8Lの牛にゅうのうち、0.27Lを飲みました。牛にゅうは、何L残っていますか。

式

答え（　　　）

1 小数の表し方

単位の関係は、次のようになります。
1g＝0.001kg
10g＝0.01kg
100g＝0.1kg
1m＝0.001km
10m＝0.01km
100m＝0.1km

2 小数のしくみ

小数も、整数と同じように、10倍、または、$\frac{1}{10}$ごとに位をつくって表します。
小数点は、10倍すると右へ1けたうつり、$\frac{1}{10}$にすると左へ1けたうつります。

3 4 5 小数のたし算とひき算

ちゅうい

筆算で計算するときは、**位をそろえることが大切です。**
また、和や差の小数点は、上の小数点にそろえてうつことに気をつけます。

できるナビ　小数の筆算をするときは、位をそろえて書き、整数と同じように計算してから、答えに小数点をうちましょう。

まとめのテスト

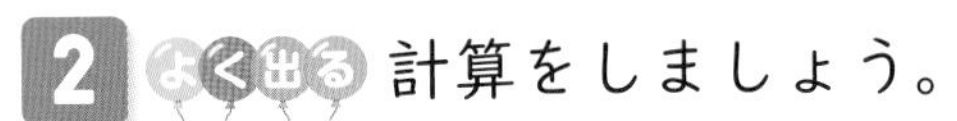

とく点
/100点

おわったらシールをはろう

1 3.276 という数について、□にあてはまる数を書きましょう。　1つ6〔18点〕

❶ 3.276 は、3.2 より □ 大きい数です。

❷ 3.276 は、3.5 より □ 小さい数です。

❸ 3.276 は、0.001 を □ こ集めた数です。

2 よく出る 計算をしましょう。　1つ6〔36点〕

❶ 19.3＋2.98　　❷ 1.209＋0.997

❸ 7.02−5.68　　❹ 23−3.78

❺ 2.15−1.9＋13.4　　❻ 9−0.52−6.48

3 □にあてはまる不等号(ふとうごう)を書きましょう。　1つ5〔10点〕

❶ 0.001 □ 0　　❷ 4.01 □ 4.1

チャレンジ！ **4** 下の□に、0、1、2、3、4 を 1 つずつあてはめます。300 にいちばん近い数はいくつですか。　〔8点〕

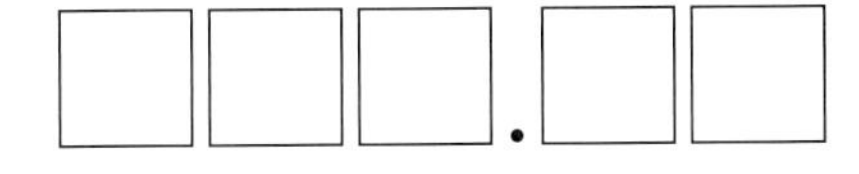

（　　　　）

5 ポットに水が 2.58 L 入っています。　1つ7〔28点〕

❶ 0.78 L の水を入れると、水は、あわせて何 L になりますか。

式

答え（　　　　）

❷ はじめに入っていた水のうち、0.78 L を使うと、水は、何 L 残(のこ)りますか。

式

答え（　　　　）

ふろくの「計算練習ノート」16～18ページをやろう！

□ 小数のしくみが理かいできたかな？
□ 小数のたし算とひき算が正しくできたかな？

学びのワーク　ちがいに注目して

●図を使って考える●

おわったら シールを はろう

教科書 ㊤90～91ページ　答え 14ページ

きほん1 ちがいをわかりやすく図に整理できますか。

☆母の日に姉と弟がお金を出し合って 2000 円の品物をプレゼントしました。姉が弟よりも 400 円多く出しました。弟は何円出しましたか。

とき方 2 人が出し合ったお金について、ちがいをわかりやすく図に表します。とき方は 2 通りあります。

全部で 2000 円　姉　弟

2 人に分けて図をかくと、ちがいがはっきりします。

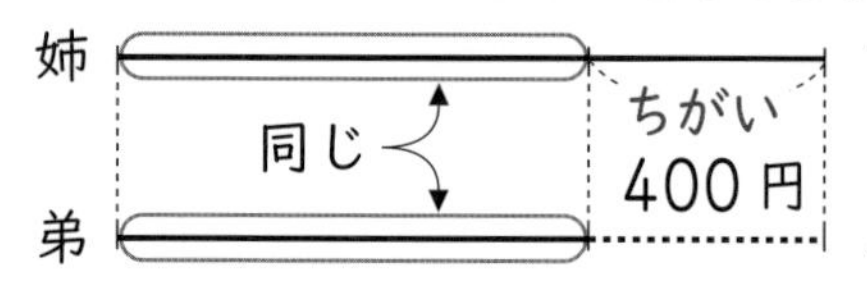

《1》ちがいの 400 円を全体からひくと、同じ金がくだけ残る(のこ)と考えて、

2000－400＝□

□÷2＝□

《2》ちがいの分をたすと、同じ金がくになると考えて、

2000＋400＝□

□÷2＝□

□－400＝□

答え □ 円

1 長さ 5 m のひもを 2 本に切り分けます。長いひもが短いひもより 80 cm 長くなるようにします。短いひもを何 cm にすればよいですか。　教科書 90ページ 1

長い　ちがい 80cm　全部で 5m　短い

式

答え（　　　）

2 公園に 28 人います。おとなは子どもより 2 人多いそうです。おとな、子どもの人数をそれぞれ求(もと)めましょう。　教科書 90ページ 1

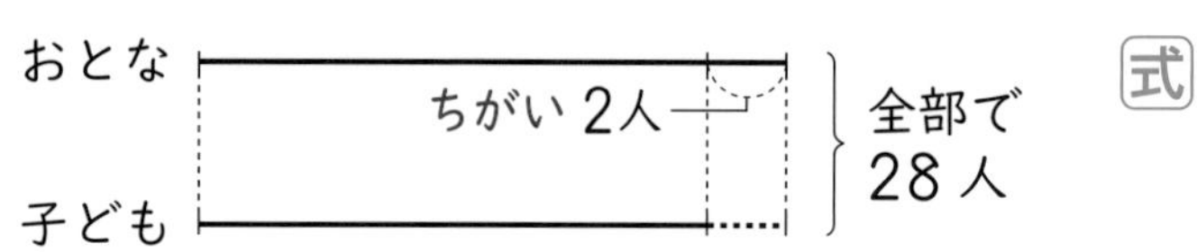

式

答え（おとな　　　、子ども　　　）

きほん1 のような 2 つの数の和と差(さ)がわかっている問題を「和差算(ざん)」といって、大きいほう（または小さいほう）に注目して考えると、とくことができるよ。

3 54 cm のはり金を折り曲げて長方形をつくります。たての長さを横の長さより5 cm 長くするとき、横の長さは何 cm になりますか。

教科書 90ページ 1

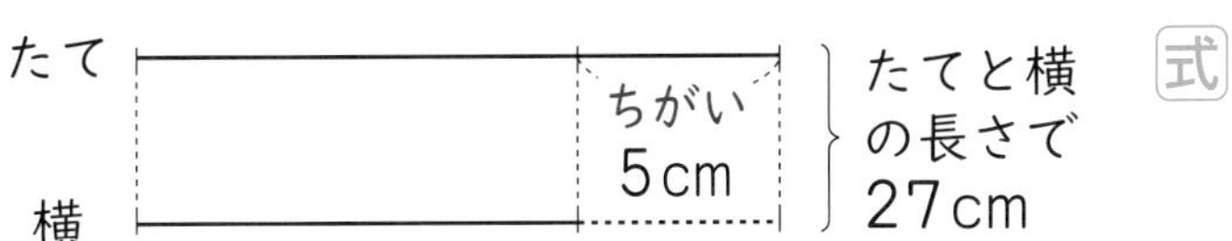

式

答え（　　　　）

きほん 2 3つに分けて図がかけますか。

☆108 このおはじきを3つのふくろに分けて入れます。3つのふくろのおはじきの数は6こずつちがっています。いちばん数の多いふくろには、何このおはじきを入れればよいですか。

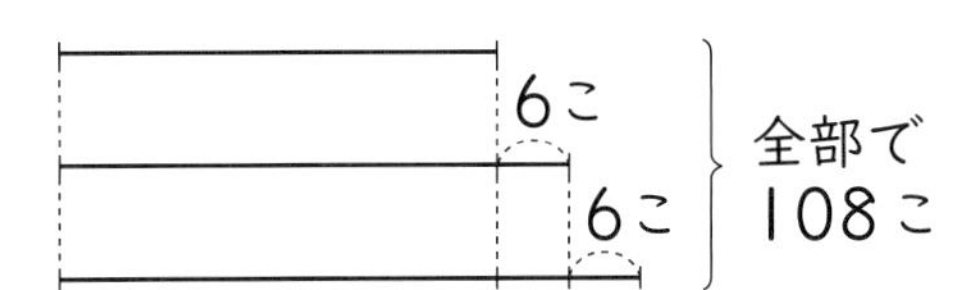

とき方 3つのおはじきの数の関係（かんけい）を図に表すと、右のようになります。
いちばん数の多いふくろの6こを、いちばん数の少ないふくろにうつすと、3つのふくろのおはじきの数がみな同じになります。その数は、108÷3=□ だから、いちばん数の多いふくろには、□+6=□（こ）入ります。

答え □ こ

いちばん少ないのは、36−6=30 だから、3つのふくろに入るおはじきの数があわせて 108 こになるかたしかめよう。

さんこう
〔別（べつ）のとき方〕全体からおはじきの数のちがい（6+6+6=18）をひくと、同じ数になるので、108−18=90 より 90÷3=30 です。30 こは、いちばん数の少ないふくろのおはじきの数だから、いちばん数の多いふくろには 30+6+6=42（こ）入っています。

4 えん筆とボールペンとサインペンを1本ずつ買ったら、代金は 340 円でした。えん筆のねだんはボールペンのねだんより 30 円安く、サインペンのねだんはボールペンのねだんより 40 円高いそうです。それぞれのねだんはいくらですか。

式

教科書 91ページ 2

答え（えん筆　　　　、ボールペン　　　　、サインペン　　　　）

まず、図をかきます。図を整理したら、ひいたり、たしたりして、同じになる部分をさがし、その大きさを求めてみましょう。

勉強した日　月　日

数の表し方
たし算とひき算
きほんのワーク

学習の目標
そろばんを使って、たし算やひき算ができるようにしよう。

おわったらシールをはろう

教科書 上 92～93ページ　答え 15ページ

きほん1 数の表し方がわかりますか。

☆そろばんに入れた数を数字で書きましょう。

❶　❷

はり　一だま　五だま　定位点
わく　けた
百の位　十の位　一の位　$\frac{1}{10}$の位

とき方 ❶ そろばんでは、定位点(ていいてん)があるけたを一の位(くらい)とし、左へ十、百、千、……のように位が決まります。

千万の位が6、百万の位が［　］、十万の位が［　］、一万の位が5、千の位が［　］、百の位が2、十の位が［　］、一の位が7なので、［　　］です。

❷ 定位点があるけたを一の位として、そろばんに小数を表すこともできます。十の位が2、一の位が5、$\frac{1}{10}$の位が［　］なので、［　　］です。

答え ❶［　　］　❷［　　］

1 そろばんに入れた数を数字で書きましょう。

教科書 92ページ1

❶　❷　❸

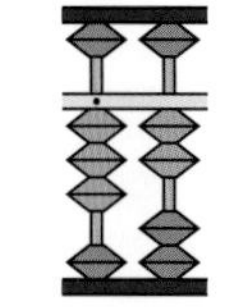

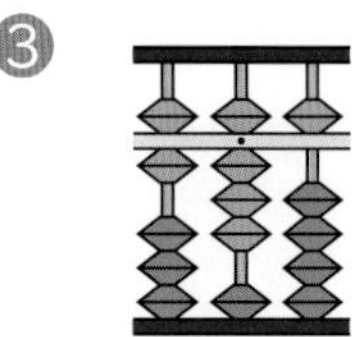

(　　　)　(　　　)　(　　　)

2 そろばんに、次の数を入れましょう。

教科書 92ページ1

❶ 1029800(人)　❷ 3294039(人)

❸ 22.6(mm)　❹ 5.09(cm)

さんすうはかせ　かけ算やわり算もそろばんを使って計算することができるよ。

きほん2 そろばんを使って、小数のたし算やひき算ができますか。

☆次の計算をそろばんでしましょう。 ❶ 7.8＋6.4 ❷ 5.2－1.8

とき方 ❶ まず、たされる数をそろばんに入れます。次に、大きい位の数からたしていきます。

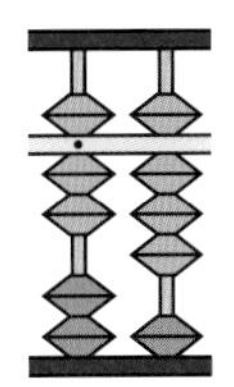
7.8 を入れる。

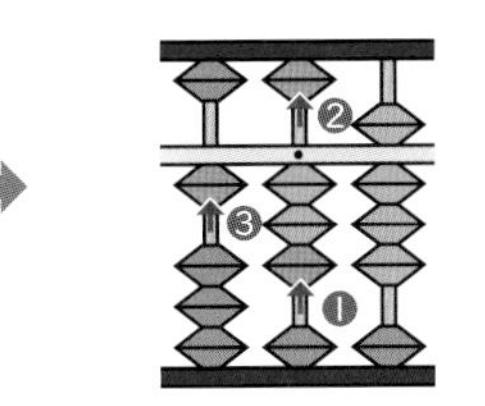
6.4 の 6 をたす。
6 をたすには、4 を取って、10 を入れる。
4 を取るときは、1 を入れて 5 を取る。

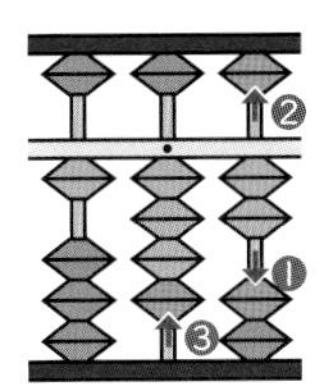
6.4 の 0.4 をたす。
0.4 をたすには、0.6 を取って、1 を入れる。

❷ まず、ひかれる数をそろばんに入れます。次に、大きい位の数からひいていきます。

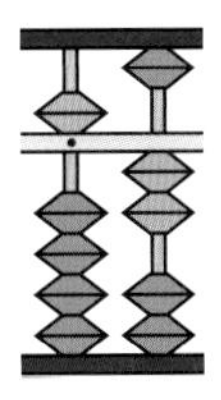
5.2 を入れる。

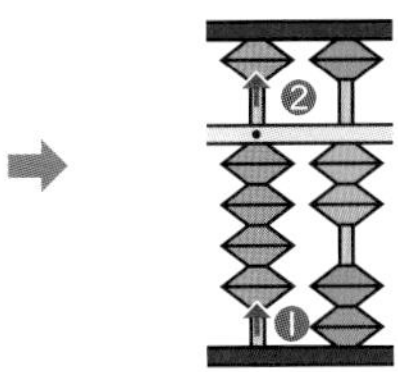
1.8 の 1 をひく。
1 をひくには、4 を入れて、5 を取る。

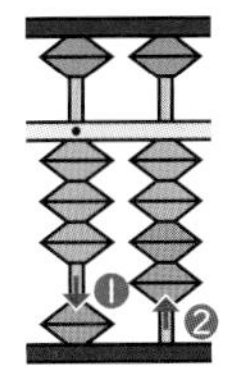
1.8 の 0.8 をひく。
0.8 をひくには、1 を取って 0.2 を入れる。

答え
❶
❷

3 次の計算をそろばんでしましょう。 教科書 93ページ2

❶ 1.4＋8.3　❷ 2.7＋8　❸ 1.3＋2.57

❹ 9.5－7.3　❺ 9－5.2　❻ 6.3－4.94

❼ 6 兆（ちょう）＋2 兆　❽ 18 億（おく）＋31 億

❾ 8 億－3 億　❿ 67 兆－32 兆

そろばんを使っても、小数のたし算やひき算を整数のときと同じように計算できるね。

ポイント そろばんを使った計算は、数を十の位の数や一の位の数のように、それぞれの位で分けて考えます。

勉強した日　月　日

1 何十でわる計算
2 2けたの数でわる筆算(1) [その1]

きほんのワーク

学習の目標
2けたの数でわる計算を考え、筆算ができるようになろう。

おわったらシールをはろう

教科書 ㊤ 94～99ページ　答え 15ページ

きほん1 何十でわる計算がわかりますか。

☆かきが80こあります。このかきを１人に20こずつ分けると、何人に分けられますか。

とき方　80このかきを20こずつ分けるので、式は
80□20です。80÷20の商は、10をもとにした
8÷2の計算で求められるから、
80÷20＝□

答え □人

10が8こ
20が(8÷2)こ

80から20は何ことれるか考えるよ。

1 計算をしましょう。　教科書 96ページ 1

❶ 60÷30　❷ 150÷50　❸ 210÷70

きほん2 何十でわる計算のあまりを求めることができますか。

☆140÷30の計算をしましょう。

とき方　140÷30の商は、10をもとにした
14÷3＝4あまり2から□になりますが、あまりの2は10が2こあることを表すので、
140÷30＝□あまり□

答え □

10が14こ

140÷30と14÷3は、商は同じ4になるけど、140÷30のあまりは、10×(あまりの数)になるんだね。

2 計算をしましょう。　教科書 96ページ 2

❶ 40÷30　❷ 270÷60　❸ 360÷70

❹ 450÷60　❺ 850÷90　❻ 700÷80

さんすうはかせ
【外国の筆算(1)】外国のわり算の筆算の書き方は日本のとはちがっているよ。いろいろと調べてみよう。おとなりの韓国では日本と同じように書くんだ。

きほん 3 2けたの数でわる筆算のしかたがわかりますか。

☆クッキーが66こあります。このクッキーを1人に22こずつ分けると、何人に分けられますか。

とき方 式は66 □ 22です。計算は、わる数の22を20とみて、商の見当をつけて筆算でします。商のたつ位に注意しましょう。

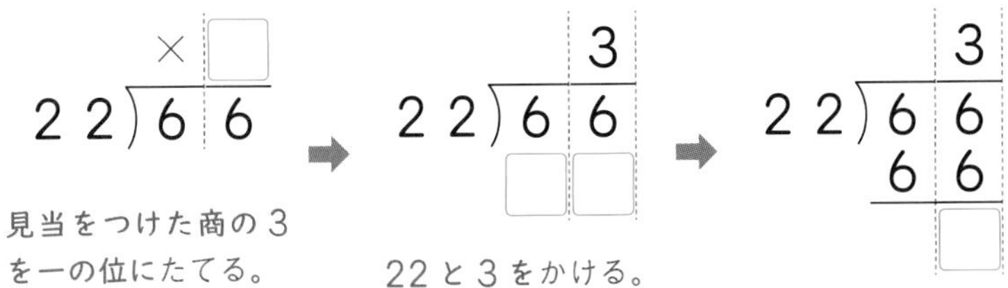

見当をつけた商の3を一の位にたてる。 → 22と3をかける。 → 66から66をひく。

商の見当のつけ方
66も60とみると、66÷22は60÷20=3となって、商は3と見当がつきます。

答え □ 人

3 計算をしましょう。

教科書 97ページ 1

1. 44÷11
2. 36÷12
3. 69÷23
4. 93÷31

きほん 4 あまりのある筆算のしかたがわかりますか。

☆93このおはじきを22こずつふくろに入れます。何ふくろできて、何こあまりますか。

とき方 93から22が何ことれるか考えるので、式は93 □ 22です。計算は、わる数の22を20とみて、商の見当をつけて筆算でします。

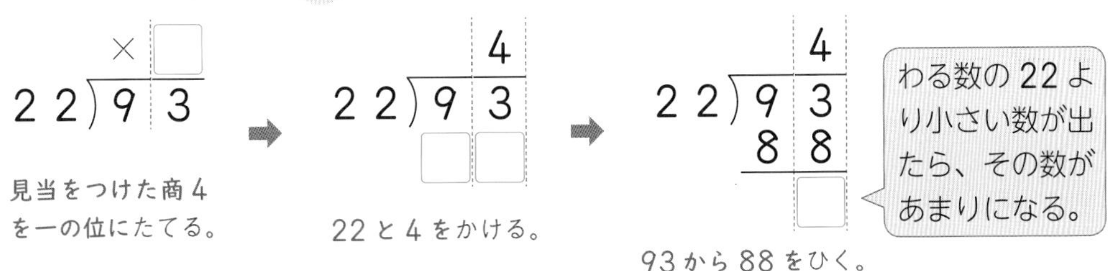

見当をつけた商4を一の位にたてる。 → 22と4をかける。 → 93から88をひく。

けん算のしかた
わる数×商+あまり=わられる数の式にあてはめて、22×4+5が93になるか、たしかめましょう。

93÷22= □ あまり □

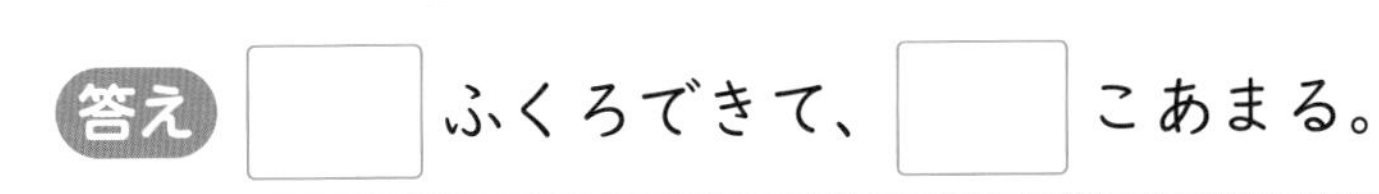

答え □ ふくろできて、□ こあまる。

4 計算をしましょう。

教科書 99ページ 3

1. 58÷11
2. 89÷21
3. 90÷43
4. 65÷29

ポイント 2けたの数でわり算をするときは、何十の数と考えて、商の見当をつけてから計算しましょう。

勉強した日　月　日

② 2けたの数でわる筆算(1) [その2]

学習の目標
商のたつ位に気をつけて、わり算の筆算ができるようになろう。

おわったらシールをはろう

教科書 上 100～103ページ　答え 16ページ

きほん1 商の見当のつけ方がわかりますか。

☆85÷23 の計算をしましょう。

とき方　計算は、わる数の 23 を 20 とみて、商の見当をつけて筆算でします。

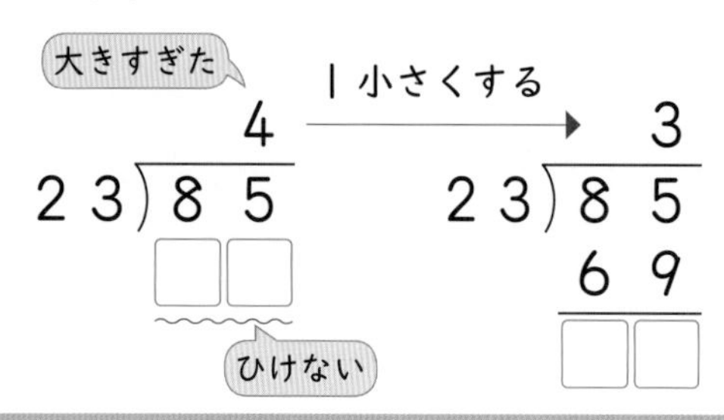

20×4＝80 だから、商を 4 にして考えよう。

ちゅうい
商の見当をつけるときは、わる数に近い何十の数を使います。見当をつけた商が大きすぎたときは、商を１つずつ小さくしていきます。見当をつけた商のことを、「かりの商」といいます。

答え

1 計算をしましょう。　教科書 100ページ3

① 91÷32　② 69÷12　③ 81÷13

③ではわる数を 10 とみて見当をつけたかりの商を 8→7→6 のように１つずつ小さくしていけばいいね。

きほん2 見当をつけた商が小さすぎたとき、どうするかわかりますか。

☆73÷17 の計算をしましょう。

とき方　計算は、わる数の 17 を 20 とみて、商の見当をつけて筆算でします。

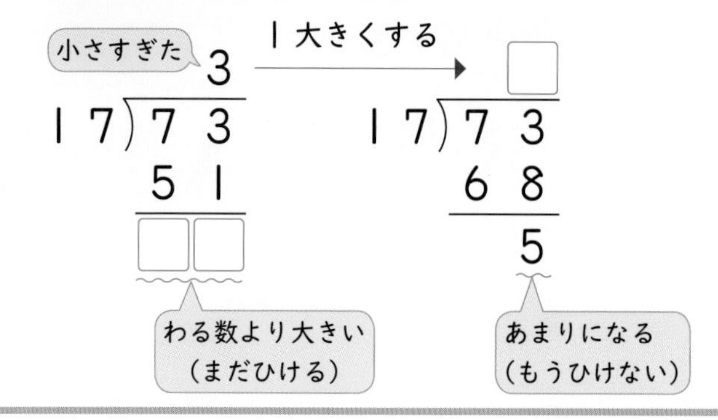

20×3＝60 だから、かりの商は 3 になりそうだね。

さんこう
73÷17 で、わる数の 17 を 10 とみて商の見当をつけても、20 とみて見当をつけてもかまいません。何十で近いほうの数を考えるとよいでしょう。

答え

【外国の筆算(2)】48÷9＝5 あまり 3 の筆算を右のように書いたりする国もあるよ。

① 5 / 48：9 / 45 / 3　② 48：9＝5 / 45 / 3

2 計算をしましょう。 教科書 101ページ4

❶ 74÷18　❷ 96÷19　❸ 89÷25　❹ 87÷15

3 25cmのリボンでかざりを1つ作ります。98cmのリボンでは、かざりはいくつできて、リボンは何cmあまりますか。 教科書 102ページ9

式

答え（　　　）

きほん3 (3けた)÷(2けた)の筆算ができますか。

☆48このビーズでブレスレットを1つ作ります。360このビーズでは、ブレスレットはいくつできて、ビーズは何こあまりますか。

とき方 式は360□48です。わられる数が3けたになっても、商の見当のつけ方は同じです。48を□とみて、商の見当をつけると、商は7になりそうです。

48)360 → 商は一の位(くらい)にたつ。わる数を50とみると商は7になる。

➡ 48)360 商7、□□□、□□ わる数の48より小さいことをたしかめる。

360÷48＝□ あまり□

答え □つできて、□こあまる。

4 計算をしましょう。 教科書 103ページ6

❶ 280÷37　❷ 363÷43　❸ 123÷19

5 シールが120まいあります。このシールを1人に18まいずつ分けると、何人に分けられて、何まいあまりますか。 教科書 103ページ12

式

答え（　　　）

ポイント 見当をつけたかりの商が大きすぎたときは1つずつ小さくし、小さすぎたら1つずつ大きくしていきます。

勉強した日　月　日

3 2けたの数でわる筆算(2)

きほんのワーク

学習の目標
いろいろなわり算の筆算になれ、くふうできるようにしよう。

おわったらシールをはろう

教科書 上 104〜106ページ　答え 16ページ

きほん1 商が十の位からたつ筆算ができますか。

☆折り紙が 370 まいあります。この折り紙を 25 まいずつたばにすると、何たばできて、何まいあまりますか。

とき方　式は 370 □ 25 です。筆算では、何の位から商がたつかを見つけるため、百の位からずらしながら見当をつけていきます。

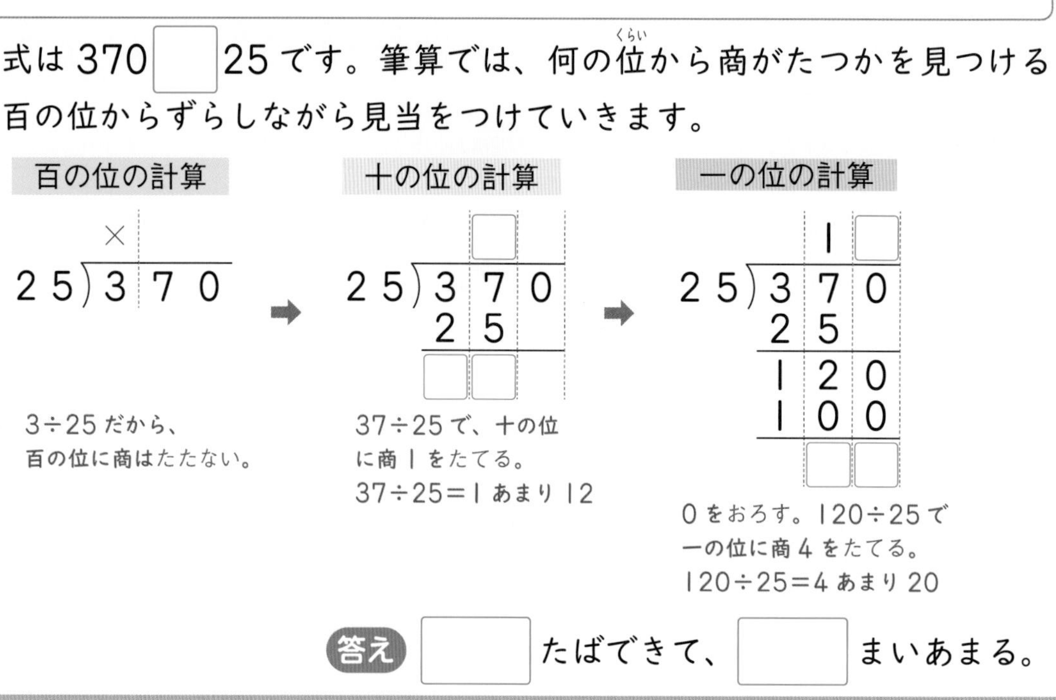

答え □ たばできて、□ まいあまる。

1 計算をしましょう。　教科書 104ページ1

❶ 928÷29　❷ 825÷38　❸ 756÷42

❹ 995÷32　❺ 456÷24　❻ 720÷17

2 ビーズが 394 こあります。このビーズを 12 人で同じ数ずつ分けると、1 人分は何こになって、何こあまりますか。　教科書 105ページ3

式

答え（　　　　）

さんすうはかせ　【外国の筆算(3)】筆算の形はちがっても、どれも たてて → かけて → ひいて → おろす のくり返しをすることは同じだよ。

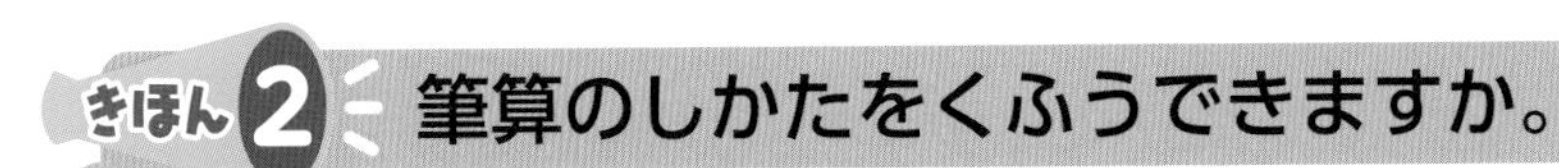

きほん2 筆算のしかたをくふうできますか。

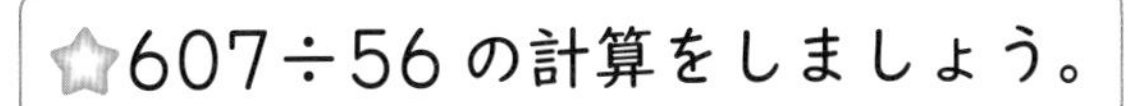

☆607÷56 の計算をしましょう。

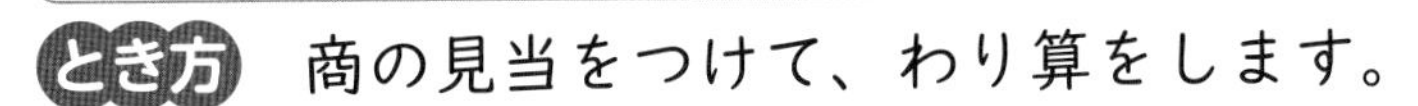

とき方　商の見当をつけて、わり算をします。

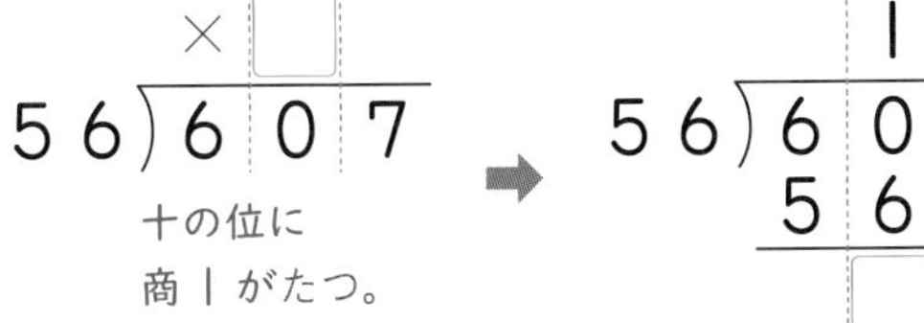

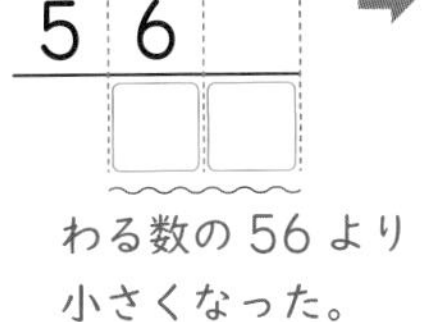

1 □
56)607
56
47
00
□□

書かずに省(はぶ)くことができる。

答え □

3 計算をしましょう。　教科書 106ページ 2

❶ 791÷13　❷ 712÷23

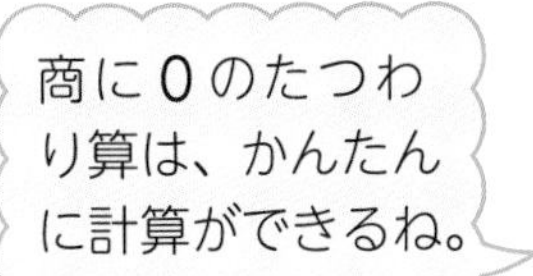

❸ 680÷17

❹ 780÷39

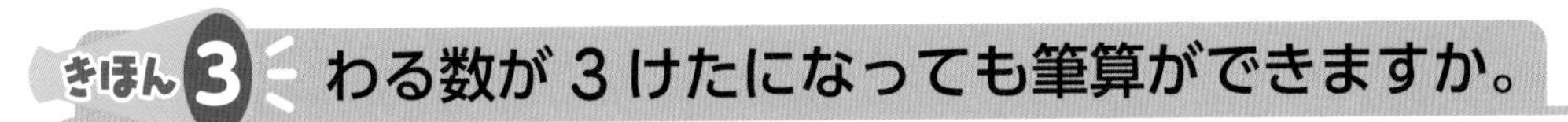

きほん3 わる数が 3 けたになっても筆算ができますか。

☆832 g のさとうを 185g ずつふくろに分けます。何ふくろできて、何 g ありますか。

とき方　式は 832 □ 185 です。わる数の 185 を 200 とみて、かりの商をたてます。

200×4＝□　□ <832

200×5＝□　□ >832

商は □ と見当をつけます。

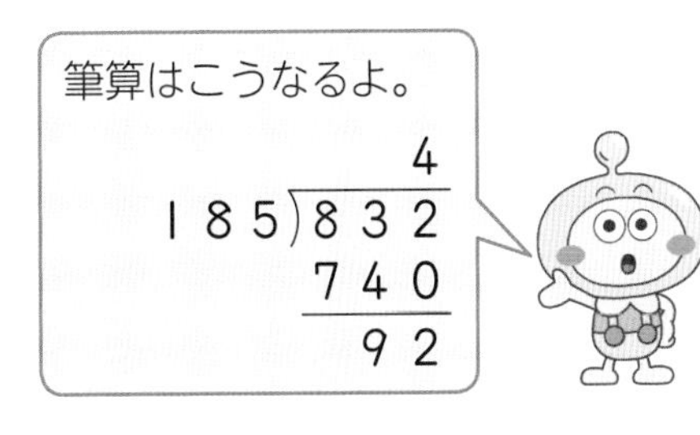

答え □ ふくろできて、□ g あまる。

4 計算をしましょう。　教科書 106ページ 3

❶ 920÷373　❷ 756÷189　❸ 999÷117

ポイント　わり算の筆算では、商のたつ位に気をつけます。わる数やわられる数を何十や何百の数とみて、かりの商を考えましょう。

勉強した日　月　日

4 わり算のせいしつ

学習の目標
わり算のせいしつを使ったり、くふうして計算してみよう。

おわったらシールをはろう

教科書 ㊤ 107～108、143ページ　答え 17ページ

きほん 1　わり算のせいしつを使って、くふうして計算できますか。

☆180÷60 の計算をしましょう。

とき方　わられる数とわる数をそれぞれ 10 でわって考えます。

180÷60＝□÷6＝□

答え □

$3\div1=3$ → (2倍, 2倍) → $6\div2=3$ → (3倍, 3倍) → $18\div6=3$ → (10倍, 10倍) → $180\div60=3$

$180\div60=3$ → (÷10, ÷10) → $18\div6=3$ → (÷3, ÷3) → $6\div2=3$ → (÷2, ÷2) → $3\div1=3$

たいせつ
わり算では、わられる数とわる数に同じ数をかけても、わられる数とわる数を同じ数でわっても、商は変(か)わりません。

1 わり算のせいしつを使って、くふうして計算しましょう。　教科書 107ページ ⚠1

❶ 70÷14　❷ 90÷15

❸ 360÷40　❹ 280÷70

❺ 100÷25　❻ 400÷25

❶は、わられる数とわる数を 7 でわってみよう。
❺❻は、25×4＝100 を使ってみよう。

きほん 2　終わりに 0 のある数のわり算をくふうしてできますか。

☆21000÷500 の計算をしましょう。

とき方　終わりに 0 のある数のわり算は、わる数の 0 とわられる数の 0 を、同じ数ずつ消してから計算することができます。

100 をもとにすると、

21000 ÷ 500
↓÷100　↓÷100

□÷□＝□　答え □

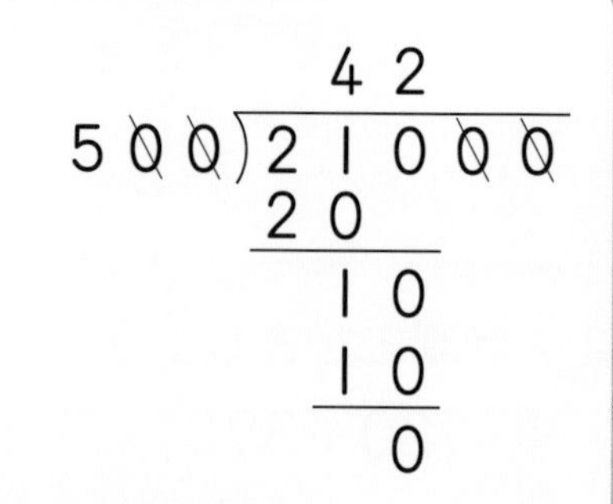

わられる数とわる数を 100 でわっても、商は同じだね。

わり算のせいしつから、商が同じになるわり算の式をいくつもつくれることがわかるね。これは、5 年生で学習する分数の約分(やくぶん)、通分につながっていくよ。

2 計算をしましょう。　教科書 108ページ2

❶ 7200÷60　❷ 6000÷400　❸ 5700÷950

きほん3 筆算のしかたがくふうできますか。

☆3800÷600 の計算をしましょう。

とき方 わられる数の 0 とわる数の 0 を、同じ数ずつ消してから計算します。0 を消したわり算で、あまりを求める(もと)ときは、消した 0 の数だけあまりに 0 をつけます。

38÷　6＝□ あまり □

3800÷600＝□ あまり □

答え □

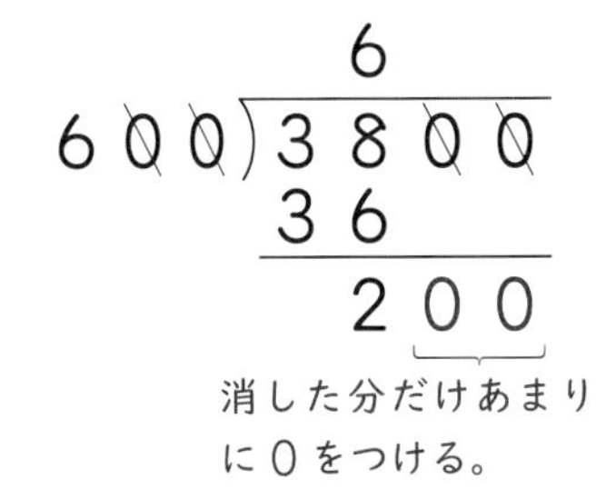

消した分だけあまりに 0 をつける。

0 を 2 つずつ消したときは、100 をもとにして考えているのと同じだから、あまりは 100 ×(あまりの数)になるんだね。

たいせつ

わる数×商＋あまりの計算をして、けん算をしましょう。
600×6＋200＝3800 ←わられる数になったので、正しいです。

3 計算をしましょう。　教科書 108ページ3

❶ 680÷70　❷ 3000÷400　❸ 13500÷5000

4 □にあてはまる数を書きましょう。　教科書 143ページ

❶
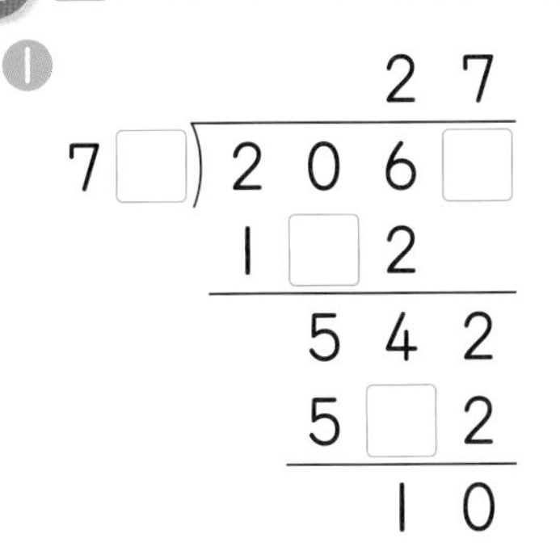

❷
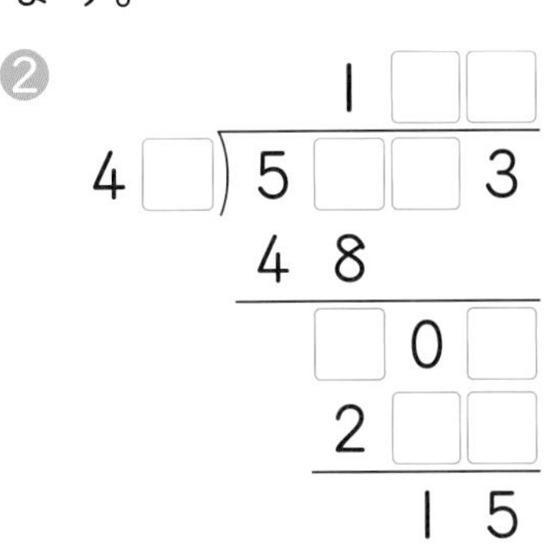

❸
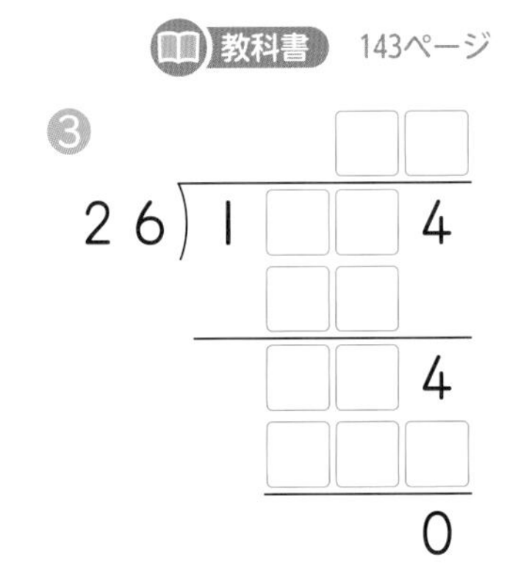

ポイント わり算のせいしつを使うと、計算がしやすくなり便利(べんり)です。消した 0 の数だけあまりに 0 をつけることをわすれないようにしましょう。

勉強した日　月　日

練習のワーク

教科書 上 94～111ページ　答え 17ページ

できた数　/15問中

おわったら シールを はろう

1 何十でわる計算　計算をしましょう。

❶ $220 \div 20$　❷ $730 \div 60$

2 2けたの数でわる筆算　計算をしましょう。

❶ $96 \div 32$　❷ $71 \div 24$

❸ $153 \div 18$　❹ $670 \div 33$

❺ $325 \div 25$　❻ $935 \div 47$

3 3けたの数でわる筆算　計算をしましょう。

❶ $893 \div 129$　❷ $969 \div 323$

❸ $820 \div 205$　❹ $959 \div 416$

4 (3けた)÷(2けた)の筆算　画用紙が485まいあります。この画用紙を23人で同じ数ずつ分けると、1人分は何まいになって、何まいあまりますか。

式

答え（　　　　　　）

5 わり算のせいしつ　わり算のせいしつを使って、くふうして計算しましょう。

❶ $6000 \div 900$　❷ $8000 \div 500$

1 何十でわる計算

ちゅうい
10をもとにして考えます。
あまりは、10×(あまりの数)になることに注意しましょう。

2 **3** わり算の筆算
商の見当をつけてから計算しましょう。わられる数やわる数を何十や何百の数とみて考えます。

4 商のたつ位に気をつけて計算しましょう。

5 わり算のせいしつ

たいせつ
わり算では、わられる数とわる数を同じ数でわっても、商は変わらないことを利用します。あまりの求め方は注意が必要です。

けん算をすることで「わられる数」になるか、かくにんしよう。

できるナビ　わり算の筆算では、商の見当をつけることが大切です。商のたつ位に気をつけて計算できるようにしましょう。

勉強した日　月　日

まとめのテスト

教科書 ㊤94〜111ページ　答え 18ページ

時間 20分

とく点 /100点

おわったら シールを はろう

1 よく出る 計算をしましょう。　1つ6〔36点〕

❶ 56÷16　❷ 245÷46　❸ 861÷21

❹ 546÷42　❺ 880÷293　❻ 3500÷700

2 ある数を25でわると、商が5であまりは5です。この数を30でわると、答えはいくつになりますか。　1つ8〔16点〕

式

答え（　　）

3 折(お)り紙(がみ)が672まいあります。この折り紙を12人で同じ数ずつ分けると、1人分は何まいになりますか。　1つ8〔16点〕

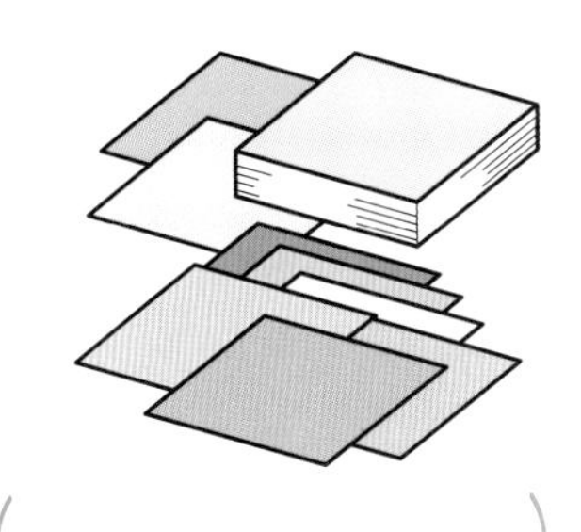

式

答え（　　）

4 赤いひもが8m46cmあります。クラスの28人で同じ長さずつに分けると、1人分は何cmになって、何cmあまりますか。　1つ8〔16点〕

式

答え（　　）

5 たかひろさんは18000円のゲーム機を買うために、1週間に600円ずつちょ金をすることにしました。ゲーム機を買うまでに、何週間かかりますか。1つ8〔16点〕

式

答え（　　）

ふろくの「計算練習ノート」8〜13ページをやろう！

□2けたの数でわるわり算が正しくできたかな？
□わり算をくふうしてかんたんに計算できたかな？

勉強した日　　月　　日

学びのワーク 倍の見方 [その1]

おわったら シールを はろう

教科書 上 112～115ページ　答え 18ページ

きほん1 何倍かを求める計算ができますか。

☆ビルの高さは 56m で、電柱の高さは 8m です。ビルの高さは、電柱の高さの何倍ですか。

とき方 図をかいて考えます。

ある数が、もとにする数の何倍かを求める(もと)には、わり算を使います。電柱の高さ 8m をもとにするので、式は 56÷□ で □ 倍になります。

答え □ 倍

7倍というのは、8mを1とみたとき、56mが7にあたることを表しているんだよ。

1 けんじさんは 36 本、ゆうきさんは 4 本の色えん筆を持っています。けんじさんは、ゆうきさんの何倍の色えん筆を持っていますか。　教科書 112ページ1

式

答え（　　　　）

きほん2 何倍かにあたる数を求めることができますか。

☆オレンジは 120 円で、メロンのねだんは、オレンジのねだんの 8 倍です。メロンのねだんはいくらですか。

とき方 図をかいて考えます。もとにする数の何倍かになっている数を求めるには、かけ算を使います。オレンジのねだん 120 円をもとにするので、式は 120×□ で □ 円になります。

わり算で、けん算してみよう。

答え □ 円

たいせつ
120円を1とみたとき、8にあたる大きさが960円になります。

さんすうはかせ 1つの数をもとにして、くらべられるもう1つの数が何倍かを考えるときや、1にあたる大きさを求めるときにも「わり算」を使うよ。

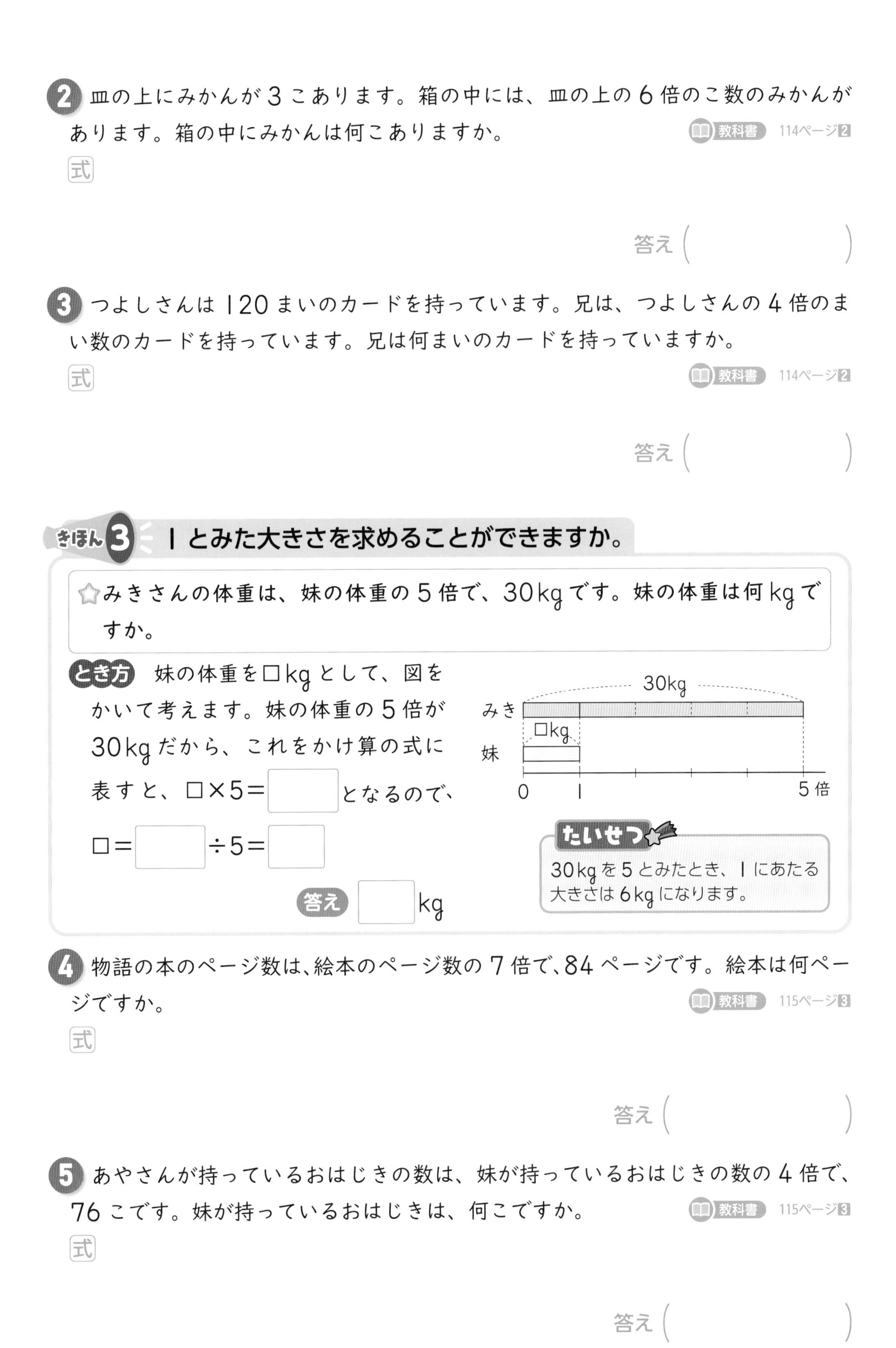

2 皿の上にみかんが３こあります。箱の中には、皿の上の６倍のこ数のみかんがあります。箱の中にみかんは何こありますか。

教科書 114ページ2

式

答え（　　　　）

3 つよしさんは１20まいのカードを持っています。兄は、つよしさんの４倍のまい数のカードを持っています。兄は何まいのカードを持っていますか。

教科書 114ページ2

式

答え（　　　　）

きほん3 １とみた大きさを求めることができますか。

☆みきさんの体重は、妹の体重の５倍で、30kgです。妹の体重は何kgですか。

とき方 妹の体重を□kgとして、図をかいて考えます。妹の体重の５倍が30kgだから、これをかけ算の式に表すと、□×5＝［　］となるので、

□＝［　］÷5＝［　］

たいせつ
30kgを５とみたとき、１にあたる大きさは６kgになります。

答え［　］kg

4 物語の本のページ数は、絵本のページ数の７倍で、84ページです。絵本は何ページですか。

教科書 115ページ3

式

答え（　　　　）

5 あやさんが持っているおはじきの数は、妹が持っているおはじきの数の４倍で、76こです。妹が持っているおはじきは、何こですか。

教科書 115ページ3

式

答え（　　　　）

ポイント ある量を１とみたとき、その○倍の量はかけ算で求めます。ある量の□倍が△のとき、ある量は△÷□のわり算で求めます。

勉強した日　月　日

学びのワーク 倍の見方 [その2]

おわったら シールを はろう

教科書 上 116～117ページ　答え 19ページ

きほん1 数量の変わり方をくらべることができますか。

☆赤いゴムひもと青いゴムひもがあります。赤いゴムひもを 30cm に切ってのばしたら 90cm までのび、青いゴムひもを 60cm に切ってのばしたら 120cm までのびました。

❶ 赤いゴムひもと青いゴムひもの、のばす前とのばした後の長さの差のちがいは「ある・ない」のどちらですか。

❷ 赤いゴムひもと青いゴムひもの、のばした後の長さは、それぞれ、のばす前の長さの何倍になっていますか。

とき方 ❶ 赤いゴムひもの、のばす前とのばした後の長さの差は、

90−30＝60 より、□cm、青いゴムひもの、のばす前とのばした後の長さの差は、□−□＝□より、□cm です。

❷ 2 つのゴムひものの び方を図に表すと、

赤いゴムひも

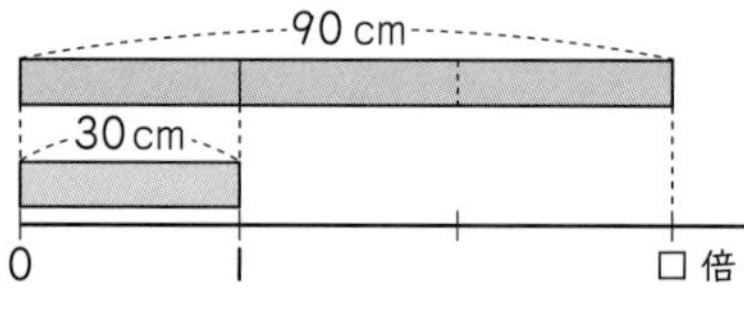

90 ÷ 30 ＝ 3 より、□倍です。

たいせつ
もとにする大きさを 1 とみたとき、くらべられる大きさがどれだけにあたるかを表した数を**割合**（わりあい）といいます。

青いゴムひも

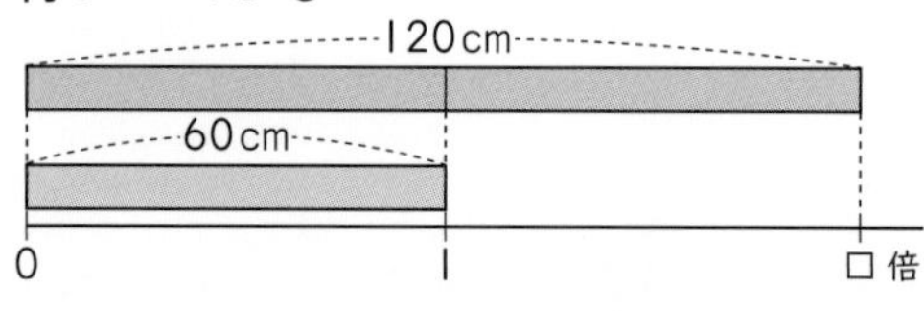

□÷□＝□より、□倍です。

答え ❶ □　❷ 赤…□倍　青…□倍

1 きほん1 の赤いゴムひもと青いゴムひもでは、どちらがよくのびるといえるでしょうか。

教科書 116ページ4

のびた長さは同じだけど、もとの長さがちがうから、倍（割合）を使ってくらべればいいね。

（　　　　　　）

もとの長さがちがうゴムひもの、のばす前とのばした後の長さの差が同じでも、のび方が同じとはいえないから「割合」を使って考えるよ。

2 お店A（エー）とお店B（ビー）で、きゅうり｜本のねだんを調べたら、次のようにねあがりしていました。

教科書 116ページ 4 117ページ 4

お店A：20円 ⇨ 80円
お店B：30円 ⇨ 90円

❶ お店Aとお店Bで、きゅうり｜本のねあがり後のねだんは、ねあがり前のねだんのそれぞれ何倍になっていますか。

式

答え（お店A…　　　　、お店B…　　　　）

❷ ねだんの上がり方が大きいのは、どちらのお店といえますか。

（　　　　）

3 ゴムひもAとゴムひもBについて、のび方をくらべます。ゴムひもAとゴムひもBをのばす前の長さとのばした後の長さは、下の表のとおりです。どちらのゴムひもがよくのびるといえますか。

教科書 116ページ 4

	のばす前の長さ（cm）	のばした後の長さ（cm）
A	12	24
B	6	18

のばす前の長さがちがうから、割合（倍）で考えればいいね。

（　　　　）

4 ある店では、りんご｜このねだんが120円から360円に、もも｜このねだんが240円から480円にねあがりしました。ねだんの上がり方が大きいのは、りんごとももののどちらといえますか。

教科書 117ページ 4

もとにする大きさを、ねあがり前のねだんにすればいいんだね。

（　　　　）

ポイント もとにする大きさを｜とみたときの割合で考えるとき、その割合の大きいほうが「変（か）わり方（のび方・ねだんの上がり方）が大きい」といえます。

勉強した日　　月　　日

1 およその数の表し方 [その1]

きほんのワーク

学習の目標
がい数にする方法を身につけ、使えるようにしよう。

おわったらシールをはろう

教科書 ㊤ 118〜124ページ　答え 20ページ

きほん 1　およその数の表し方がわかりますか。

☆次の人数は、約何万何千人といえばよいでしょうか。

❶ 23215人　　❷ 23786人

数直線を見ながら、23215や23786が23000と24000の真ん中の23500より小さいか大きいかを考えていこう。

とき方　それぞれの人数が、何万何千に近い数かを考えます。下の数直線からもわかるように、

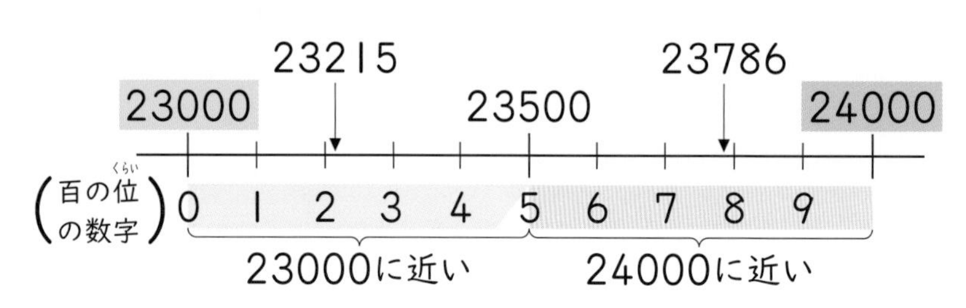

❶ 23215は23000に近いので、約［　　　］といえます。

❷ 23786は24000に近いので、約［　　　］といえます。

たいせつ
およその数で表すときは「**約**」や「**およそ**」ということばをつけます。およそ23000のことを「約23000」ともいいます。およその数のことを「**がい数**」といいます。

答え　❶ 約［　　　］人　　❷ 約［　　　］人

1 次の数直線を見て、答えましょう。

教科書 119ページ1

4万　㋐41500　㋑43920　㋒45550　㋓47260　㋔48700　5万

❶ ㋐、㋓は、それぞれ4万と5万のどちらに近いでしょうか。

㋐（　　　）　㋓（　　　）

❷ ㋐〜㋔は、それぞれ約何万といえばよいでしょうか。

㋐（　　　）　㋑（　　　）
㋒（　　　）　㋓（　　　）
㋔（　　　）

真ん中の45000より小さいか大きいかを考えればいいんだ。

けた数の大きな数で正かくに表さなくてもよいときにがい数を使うよ。例えば、人口は約1億3千万人と表したり、国の予算は約101兆円などと使っているよ。

きほん2 がい数にする方法がわかりますか。

☆東市の人口 288713 人を四捨五入(ししゃごにゅう)して、約何万人とがい数で表しましょう。

とき方　がい数で、「約何万」と表すことを、「一万の位までのがい数にする」といいます。
288713 を四捨五入して、一万の位までのがい数にするときは、1つ下の千の位の数字が □ なので、一万の位の数を □ とします。

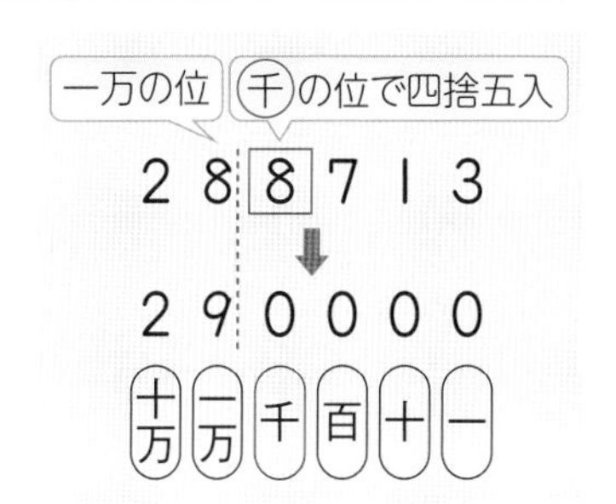

答え　約 □ 万人

たいせつ

四捨五入のしかた
100 と 200 の間の数を、「約何百」とがい数で表すとき、十の位の数字が、
0、1、2、3、4 のときは、約 100
5、6、7、8、9 のときは、約 200 とします。

2 次の数を四捨五入して、(　)の中の位までのがい数にしましょう。　教科書 122ページ3

❶ 264720(一万の位)　(　　　)
❷ 24999(千の位)　(　　　)

きほん3 上から1けたのがい数にする方法がわかりますか。

☆東市の人口 288713 人を四捨五入して、上から1けたのがい数で表しましょう。

とき方　上から1つめの位までのがい数で表すことを「上から1けたのがい数にする」といいます。
288713 を四捨五入して、上から1けたのがい数にするときは、上から2つめの位の数字が □ なので、上から1つめの位を □ とします。

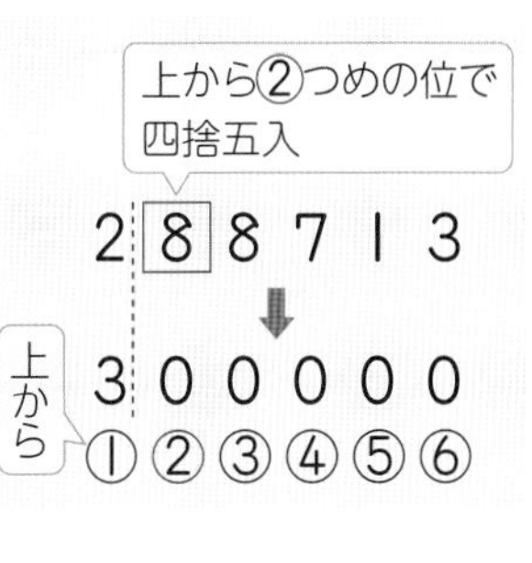

答え　約 □ 人

たいせつ

四捨五入して上から1けたのがい数にするには、上から2つめの位で四捨五入します。

3 四捨五入して、上から1けたのがい数にしましょう。　教科書 123ページ4

❶ 743105　(　　　)
❷ 26581　(　　　)

ポイント　四捨五入するときは、がい数で表したい位の1つ下の位に注目します。「上から○けたのがい数」にするときは、もとの数のけた数によって四捨五入する位が変わります。

勉強した日　月　日

1 およその数の表し方［その2］
2 がい数を使った計算［その1］

きほんのワーク

学習の目標
がい数の表すはんいを考えたり、がい数を使った計算をしてみよう。

おわったらシールをはろう

教科書 上 124〜127ページ　答え 20ページ

きほん1 もとの数のはんいがわかりますか。

☆四捨五入して、十の位までのがい数にすると、210になる整数のうち、いちばん小さい数といちばん大きい数はいくつですか。

とき方 下の図から、一の位で四捨五入したとき、210になる整数のはんいは、

□から□までです。

200　205　210　215　220

200になるはんい　210になるはんい　220になるはんい

答え いちばん小さい数□　いちばん大きい数□

たいせつ
一の位で四捨五入して210になる数のはんいのことを、「205 **以上** 215 **未満**」といいます。
以上…その数と**等しい**か、その数**より大きい**数を表す。
未満…その数**より小さい**数を表す（その数は入らない）。
以下…その数と**等しい**か、その数**より小さい**数を表す。

さんこう
右のように、288713の10000より小さい数を10000とみてがい数にする方法を「**切り上げ**」、1から9999を大きさに関係なく、0とみてがい数にする方法を「**切り捨て**」ともいいます。

290000 ← 切り上げ
288713
280000 ← 切り捨て

1 一の位で四捨五入して280mになる長さのはんいを、以上、未満を使って表しましょう。　教科書 124ページ5

（　　　　）

2□□として□に数字をあてはめて四捨五入してみればいいね。

2 十の位で四捨五入すると7500になる数は、□の中にそれぞれどんな数字が入るときですか。全部答えましょう。　教科書 124ページ5

❶ 74□0　（　　　　）

❷ 7□65　（　　　　）

がい数は、細かな数が必要でなく、大まかに数の大きさがわかればよいときに使うよ。生活の中では、「およそ3000人」「約50000円」などと使うよ。

きほん 2 見当をつけるのに、がい数を使って計算ができますか。

☆ 165 円のノート、325 円のはさみ、120 円のボールペン、95 円の消しゴムがあります。

❶ 上の 4 つを 1 つずつ全部買うときの代金の合計は、だいたいいくらになりますか。

❷ ノートとボールペンと消しゴムを 1 つずつ買うと、500 円でたりますか。

❸ ノートとはさみとボールペンを 1 つずつ買うと、500 円をこえますか。

とき方 ❶ 四捨五入して百の位までのがい数にしてから、和の見積(みつ)もりをします。

165＋ 325 ＋ 120 ＋ 95
↓ ↓ ↓ ↓
200＋ □ ＋ □ ＋ □ ＝ □

❷ 多めに考えて、500 円以下であればよいので、切り上げて百の位までのがい数にします。

165＋ 120 ＋ 95
↓ ↓ ↓
200＋ □ ＋ □ ＝ □

❸ 少なめに考えて、500 円以上であればよいので、切り捨てて百の位までのがい数にします。

165＋ 325 ＋ 120
↓ ↓ ↓
100＋ □ ＋ □ ＝ □

答え ❶ 約 □ 円 ❷ □ ❸ □

ちゅうい

和や差(さ)を見積もるとき、がい数にして計算する方法があります。多めに見積もったほうがよい場合は切り上げて、少なめに見積もったほうがよい場合は切り捨てて、計算します。

3 のりこさんは、130 円のポテトチップスと 285 円のチョコレートと 98 円のあめと 325 円のクッキーを 1 つずつ買います。 教科書 126ページ 1

❶ 1000 円でたりますか。

(　　　　　)

❷ 代金を 1000 円札(さつ)ではらいます。おつりはおよそいくらになりますか。それぞれのねだんの十の位で四捨五入して、おつりを見積もりましょう。

(　　　　　)

4 たかしさんは、1 月に 455 円、2 月に 310 円、3 月に 362 円のちょ金をしました。このちょ金で 1000 円の本が買えますか。 教科書 126ページ 1

(　　　　　)

ポイント がい数にするときは、ふつう「四捨五入」をしますが、目的(もくてき)に合わせて「切り上げ」や「切り捨て」の方法も選(えら)べるようになりましょう。

勉強した日　月　日

2 がい数を使った計算 [その2]

きほんのワーク

学習の目標
がい数を使って、積や商の見積もりができるようになろう。

おわったらシールをはろう

教科書 上 128ページ　答え 20ページ

きほん1 積を見積もることができますか。

☆3年生と4年生のあわせて187人が遠足に行きます。1人415円のひ用がかかるとすると、全体ではおよそいくらになりますか。四捨五入（ししゃごにゅう）して上から1けたのがい数にして、全体のひ用を見積（みつ）もりましょう。

とき方 上から1けたのがい数にすると、
1人分のひ用415円⇨400円、
人数187人⇨［　　］人
になります。

400×［　　］＝［　　］

答え 約（やく）［　　］円

かけ算では、積（せき）の大きさの見当をつけたり、大きなまちがいをふせぐためにも、積を見積もることが大切なんだ。

ちゅうい
ふくざつな数のかけ算では、積は、かけられる数もかける数も上から1けたのがい数にして計算すると、かんたんに見積もることができます。

1 四捨五入して上から1けたのがい数にして、積を見積もりましょう。また、電たくで計算しましょう。 教科書 128ページ2

❶ 3870×621

見積もり（　　　　）　計算（　　　　）

❷ 679×824

見積もり（　　　　）　計算（　　　　）

❸ 382×5196

見積もり（　　　　）　計算（　　　　）

2 重さ345gのかんづめが172こあります。重さの合計は約何kgになりますか。四捨五入して上から1けたのがい数にして、見積もりましょう。 教科書 128ページ2

（　　　　）

がい数についての計算を「がい算」というよ。ふだんの生活では、がい算で見積もることによって、見通しが立ち便利（べんり）になることが多いよ。

きほん2 商を見積もることができますか。

☆子ども会のお楽しみ会で、参加者(さんかしゃ)全員にプレゼントをします。全体のひ用は51700円で、参加者は188人です。1人分のプレゼント代はおよそいくらになりますか。四捨五入して上から1けたのがい数にして、1人分のひ用を見積もりましょう。

とき方 上から1けたのがい数にすると、全体のひ用51700円 ⇨ □円、参加者188人 ⇨ □人となります。

□÷□＝□

わり算でも、商を見積もることは大切なんだ。

答え 約□円

3 四捨五入して上から1けたのがい数にして、商を見積もりましょう。また、電たくで計算しましょう。 教科書 128ページ2

❶ 8745÷265

見積もり（　　　）　計算（　　　）

❷ 11139÷237

見積もり（　　　）　計算（　　　）

4 クラス会で動物園に行き、ひ用は全部で92000円かかりました。32人でひ用を同じ金がくずつはらうと、1人分はおよそいくらになりますか。四捨五入して上から1けたのがい数にして、1人分のひ用を見積もりましょう。 教科書 128ページ2

（　　　）

5 先月184Lの石油を使った工場があります。毎月これと同じ量(りょう)ずつ石油を使うとすると、現在、工場にある3124Lの石油は、約何か月分にあたりますか。四捨五入して上から1けたのがい数にして、約何か月分か見積もりましょう。

教科書 128ページ2

（　　　）

ポイント 何のために見当をつけるのかを考え、目的(もくてき)に合った方法(ほうほう)でがい数にして、和・差(さ)・積・商のおよその大きさが見積もれるようになりましょう。

勉強した日 月 日

練習のワーク①

教科書 上 118～130ページ　答え 21ページ

できた数 /11問中

おわったら シールを はろう

1 およその数　がい数で表してよいものをすべて選(えら)びましょう。

㋐ 100m泳ぐのにかかった時間

㋑ ある国の人口

㋒ プール内の水の量(りょう)

㋓ バスケットボールの試合(しあい)でとった得点(とくてん)

(　　　　)

2 がい数にする方法　四捨五入(ししゃごにゅう)して、(　)の中の位(くらい)までのがい数にしましょう。

❶ 17481（千の位）　(　　　　)

❷ 359621（千の位）　(　　　　)

❸ 756723（一万の位）　(　　　　)

❹ 821900（十万の位）　(　　　　)

3 がい数にした数のはんい　四捨五入して、百の位までのがい数にすると、7100になる整数のうち、いちばん小さい数と、いちばん大きい数はいくつですか。

いちばん小さい数(　　　　)

いちばん大きい数(　　　　)

4 がい数を使った計算　四捨五入して上から1けたのがい数にして、答えを見積(みつ)もりましょう。

❶ 3861＋5123　(　　　　)

❷ 9248−6843　(　　　　)

❸ 42580×28　(　　　　)

❹ 83276÷218　(　　　　)

てびき

1 およその数

およその数は、正かくに表さなくてもよいときに使います。

2 がい数にする方法

がい数にするには、ふつう四捨五入が使われます。
1■00を千の位までのがい数にするとき、■が
0、1、2、3、4のときは1000、
5、6、7、8、9のときは2000になります。
四捨五入するときは、四捨五入する位に注意しましょう。

3 がい数にした数のはんい

「以上(いじょう)」「以下(いか)」「未満(みまん)」の使い分けもかくにんしておきましょう。

たいせつ

以上…その数と等しいか、それより大きい。
以下…その数と等しいか、それより小さい。
未満…その数より小さい(その数は入らない)。

できるナビ　がい数にする方法(ほうほう)を正しく理かいして、何の位で四捨五入すればよいか考えましょう。

練習のワーク②

教科書 上 118～130ページ　答え 21ページ

できた数 /5問中

おわったらシールをはろう

1 がい数にした数のはんい　四捨五入して千の位までのがい数にすると 3000 になる整数の説明として正しいものを 1 つ選び、記号で答えましょう。

㋐ 2500 以上 3500 以下の整数
㋑ 2500 以上 3500 未満の整数
㋒ 2500 より大きく 3500 以下の整数
㋓ 2500 より大きく 3500 未満の整数

(　　　　)

2 がい数にする方法　四捨五入して上から 1 けたのがい数にすると 1000 になるものを、次の中からすべて選びましょう。

1439、899、960、1632、500

(　　　　)

3 がい数にする方法　はなこさんとけいこさんが 37429 を四捨五入したところ、それぞれ右のようながい数になりました。

はなこさん	37000
けいこさん	40000

❶ はなこさんは、上から何けたのがい数にしましたか。

(　　　　)

❷ けいこさんは、上から何けたのがい数にしましたか。

(　　　　)

4 がい数を使った計算　学校の遠足で、78 人の子どもが動物園に行きます。1 人分の入園料は 380 円です。入園料の合計はおよそいくらになりますか。四捨五入して上から 1 けたのがい数にして、見積もりましょう。

(　　　　)

てびき

1 がい数にした数のはんい
千の位までのがい数にして 3000 になるのは、千の位が 3 のときは、百の位が 0 から 4、千の位が 2 のときは、百の位が 5 から 9 のときです。

2 がい数にする方法
「上から 1 けたのがい数にする」とは、上から 1 つめの位までのがい数で表すことです。

3 がい数にする方法
37429 は千の位が 7、百の位が 4 であることに注意して、それぞれの位でがい数に表して考えます。

4 がい数を使った計算
かける数とかけられる数を上から 1 けたのがい数にして計算します。

できるナビ　千の位までのがい数にするときは、四捨五入する数字は、その 1 つ下の百の位です。

勉強した日　月　日

まとめのテスト

教科書 ㊤118～130ページ　答え 21ページ

1 四捨五入して、百の位までのがい数にすると、200 になる整数はいくつ以上いくつ以下の数ですか。〔20点〕

（　　　　）

2 まいさんたちは、ハイキングで、駅から右のようなコースを歩いて1周しました。およそ何mの道のりを歩きましたか。それぞれの区間の道のりを、四捨五入して百の位までのがい数にして、見積もりましょう。〔20点〕

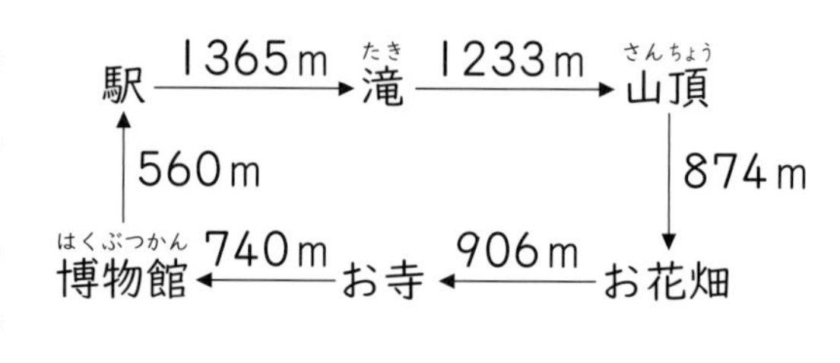

（　　　　）

3 ある県のA市の人口が 206464 人、B市の人口が 186985 人です。1つ12〔36点〕

❶ A市とB市の人口を上から2けたの数にするとき、何の位で四捨五入すればよいでしょうか。（　　　　）

❷ A市とB市の人口の和は、約何万何千人ですか。（　　　　）

❸ A市とB市の人口のちがいは、約何万何千人ですか。（　　　　）

4 次の㋐～㋕の数の中で、四捨五入して一万の位までのがい数にすると、230000 になる数をすべて選び、記号で答えましょう。〔12点〕

㋐ 231900　㋑ 230735　㋒ 226195
㋓ 235000　㋔ 233333　㋕ 224999

（　　　　）

5 1本 74 円のジュースを 28 本買うと、代金はおよそいくらになりますか。四捨五入して上から1けたのがい数にして、代金を見積もりましょう。〔12点〕

（　　　　）

□ 四捨五入して、正しくがい数にすることができたかな？
□ 和や積を正しく見積もることができたかな？

勉強した日　月　日

学びのワーク 四捨五入する手順を考えよう

おわったらシールをはろう

教科書 ㊤135ページ　答え 22ページ

きほん1 四捨五入の手順をまとめることができますか。

☆6けたの数を千の位で四捨五入したがい数を求めるプログラム（コンピューターへのしじ）をつくろうと思います。6けたの数を千の位で四捨五入する手順を、下のような図にまとめました。㋐から㋕に入る数字や数の位を答えましょう。

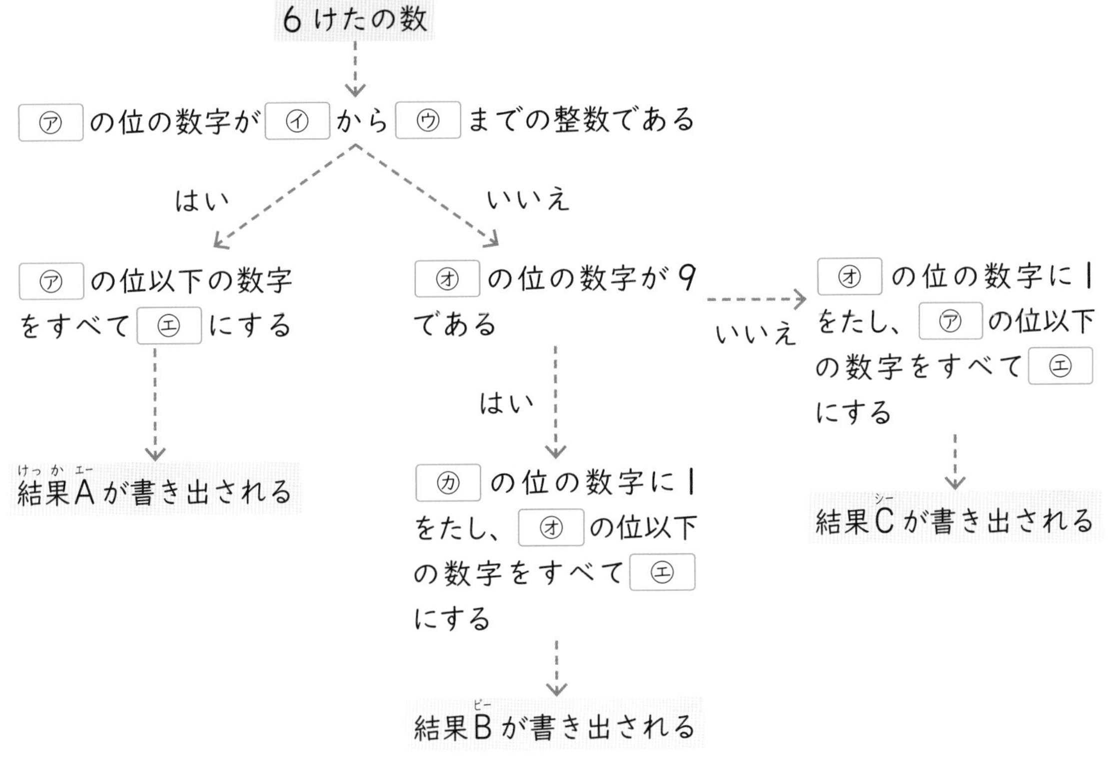

とき方　千の位で四捨五入するので、千の位が0～4のときと、5～9のときで結果が変わります。千の位が5～9で、一万の位が9になるときは十万の位が1ふえることに注意します。

答え　㋐　㋑　㋒　㋓　㋔　㋕

1 295411を千の位で四捨五入するとき、上の図で書き出される結果はAからCのうちどれですか。また、書き出された数字を答えましょう。　教科書 135ページ

答え　結果の記号（　　　）　数字（　　　）

ポイント　千の位の数が0から4までの数字か、5から9までの数字かを考えることでコンピューターへの四捨五入のしじをつくることができます。

勉強した日　月　日

1 計算の順じょ

きほんのワーク

学習の目標

×、÷、＋、－や（ ）のまじった式の計算ができるようになろう。

おわったらシールをはろう

教科書 ㊦2～9ページ　答え 22ページ

きほん1 かっこを使って、１つの式に表すことができますか。

☆500円玉を出し、150円のなしと120円のオレンジを１つずつ買って、おつりを230円もらいました。このことを、１つの式に表しましょう。

とき方 代金を求(もと)める式は150と120をあわせるので、□＋□です。下のことばの式にあてはめるとき、代金の部分を（ ）を使って表すと、１つの式に表すことができます。計算は（ ）の中をひとまとまりとみて、先にします。

たいせつ

ひとまとまりにするものを（ ）を使って表すことができます。（ ）のある式では、（ ）の中をひとまとまりとみて、先に計算します。

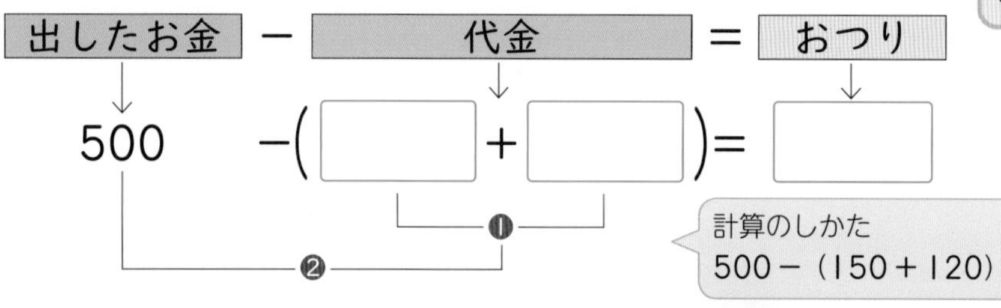

計算のしかた
500－（150＋120）＝500－270＝230

答え □

1 1000円札(さつ)を出し、250円のコンパスと180円の三角じょうぎを１組買ったときのおつりはいくらですか。（ ）を使って１つの式に表して、答えを求めましょう。

教科書 3ページ1

式（　　　　）答え（　　　　）

2 計算をしましょう。

教科書 4ページ⚠

❶ 1200－(500＋200)

❷ 580＋(720－420)

❸ (28＋16)×8

❹ 25×(43－17)

❺ (215－50)×5

❻ (17＋14)×62

さんすうはかせ 計算の順(じゅん)じょで、＋と－はどちらが先ということはなく、×と÷も同じだから、＋と－だけの式や、×と÷だけの式は、左から順に計算していくんだよ。

きほん2 かけ算やわり算の計算の順じょがわかりますか。

☆ | つ | | 0 円のセロハンテープを | つと、| まい 35 円の工作用紙を 4 まい買ったときの代金はいくらですか。

とき方 セロハンテープの代金 ＋ 工作用紙の代金 で求めるので、式は

| | 0 ＋ (35 × □) です。このとき、式の中のかけ算やわり算は、ひとまとまりの数とみて、(　)を省(はぶ)いて書くことができます。

| | 0 ＋ 35 × □ ＝ | | 0 ＋ □

先に計算　＝ □　**答え** □ 円

たいせつ
式の中のかけ算やわり算は、たし算やひき算より先に計算します。

3 計算をしましょう。　教科書 5ページ 2

❶ 20＋4×2　❷ 75－|2×6

❸ 59＋240÷6　❹ |3－90÷|5

きほん3 かけ算やわり算のまじった式の計算の順じょが、わかりますか。

☆ 8×4＋|4÷2 の計算をしましょう。

とき方 式の中のかけ算やわり算は、たし算やひき算より、先に計算します。

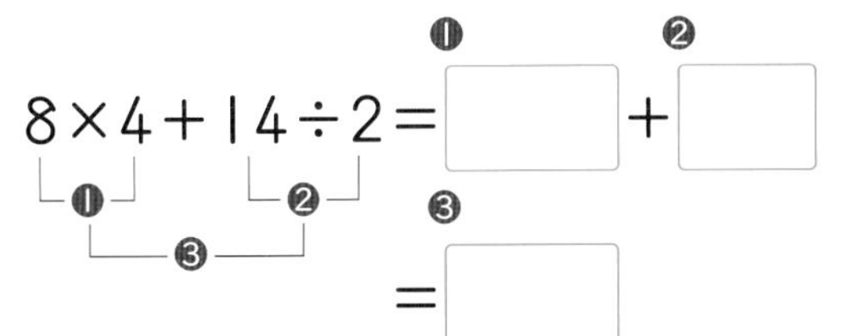

答え □

計算の順じょ
・ふつうは、左から順に計算する。
・(　)のある式は、(　)の中を先に計算する。
・×や÷は、＋や－より先に計算する。

4 計算をしましょう。　教科書 6ページ 3

❶ 8×6－4÷2　❷ 8×(6－4÷2)

❸ (8×6－4)÷2　❹ 8×(6－4)÷2

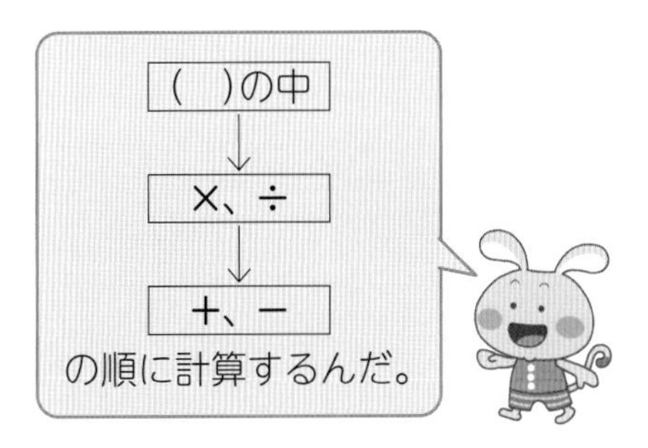

ポイント 2つの式を | つの式に表すことができるようにします。また、×、÷、＋、－や(　)のまじった式の計算を正しくできるようにします。

2 計算のきまりとくふう

きほんのワーク

学習の目標
計算のきまりを覚えて、くふうして計算できるようになろう。

おわったらシールをはろう

教科書 下 10〜12ページ　答え 23ページ

きほん1 （ ）を使った式の計算のきまりが、わかりますか。

☆(34－12)×8 □ 34×8－12×8の□にあてはまる等号か不等号を書きましょう。

とき方 (34－12)×8は、( )の中から先に計算します。

(34－12)×8＝□×8＝□

34×8－12×8は、×から先に計算します。

34×8－12×8＝□－□＝□

（ ）を使った式の計算のきまり
分配のきまり
(■＋●)×▲＝■×▲＋●×▲
(■－●)×▲＝■×▲－●×▲

答え 上の問題中に記入

1 2つの式の答えが等しくなることをたしかめましょう。 教科書 10ページ1

(210＋50)×2、210×2＋50×2

きほん2 計算のしかたをくふうできますか。

☆96×15をくふうして計算しましょう。

とき方 96＝100－□と考えて、計算のきまりを使います。

96×15＝(100－□)×15

＝100×15－□×15

＝□－□

＝□

分配のきまり
(■－●)×▲＝■×▲－●×▲
を使っていこう。

答え □

2 くふうして計算しましょう。 教科書 10ページ ⚠1

❶ 95×9　❷ 102×8　❸ 997×32

さんすうはかせ
分配のきまりには、わり算のきまりもあるよ。
(■＋●)÷▲＝■÷▲＋●÷▲、(■－●)÷▲＝■÷▲－●÷▲だよ。

きほん 3 計算のしかたをくふうできますか。

☆くふうして計算しましょう。 ❶ 44+77+56 ❷ 36×25

とき方 ❶ たし算では、たす数の順じょを入れかえることができます。
また、まとまりを先に計算することができます。

44+77+56=77+44+56
=77+(44+56)
=77+□=□

たいせつ
交かんのきまり
■+●=●+■ ■×●=●×■
結合のきまり
(■+●)+▲=■+(●+▲)
(■×●)×▲=■×(●×▲)

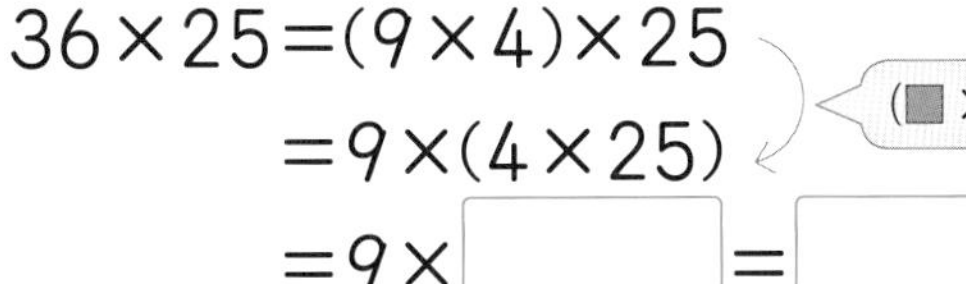

❷ 36=9×4 より、計算のきまりを使うことができます。

36×25=(9×4)×25
=9×(4×25)
=9×□=□

(■×●)×▲=■×(●×▲)を使う。

答え ❶ □ ❷ □

3 くふうして計算しましょう。 教科書 11ページ 2

❶ 26+93+14 ❷ 1.8+45+8.2

❸ 4×6×25 ❹ 67×8×125

式をよく見て、100 などになる数のまとまりを見つけよう。かけ算では、4×25=100 や 8×125=1000 などを覚えて使えるようにしよう。

きほん 4 かけ算のせいしつがわかりますか。

☆4×7=28 をもとにして、4×70、40×70 の積を求めましょう。

とき方 かけ算のせいしつを使って計算します。

4×70=4×7×10=□×10=□

40×70=4×10×7×10
=4×7×10×10
=28×□=□

交かんのきまりを使って入れかえる。

かけ算のせいしつ
・かける数が 10 倍になると、積も 10 倍になります。
・かけられる数とかける数をそれぞれ 10 倍すると、積は 100 倍になります。

答え 4×70 □ 40×70 □

4 8×3=24 をもとにして、次のかけ算の積を求めましょう。 教科書 12ページ 3

❶ 80×30 ❷ 80×3 ❸ 80×300

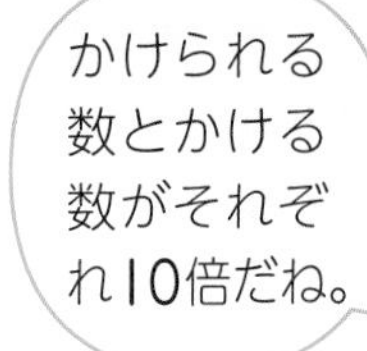

ポイント 計算のきまりをうまく使うと、計算が楽になってまちがいをへらすことができます。くふうして計算できるようにしていきましょう。

勉強した日　月　日

できた数　/14問中

おわったらシールをはろう

教科書 ㊦ 2〜13ページ　答え 23ページ

1 計算の順じょ 計算をしましょう。

❶ 400−(300−45)　❷ 4+16×5

❸ 71−48÷6×5　❹ 96×4

❺ 29+87+71　❻ 32×25

2 式のつくり方 下の❶、❷、❸の式に合う問題を次の㋐、㋑、㋒から選んで、記号で答えましょう。また、それぞれの代金も求めましょう。

> ㋐ 1本120円のジュースを1本と、1こ80円のゼリーを5こ買うと、代金はいくらですか。
> ㋑ 1本120円のジュースを5本と、1こ80円のゼリーを1こ買うと、代金はいくらですか。
> ㋒ 1本120円のジュースと、1こ80円のゼリーを組にして、5組買うと、代金はいくらですか。

❶ (120+80)×5

問題（　　）　代金（　　）

❷ 120×5+80

問題（　　）　代金（　　）

❸ 120+80×5

問題（　　）　代金（　　）

3 いろいろな求め方 右の図で、●は何こありますか。1つの式に表し、答えを求めましょう。

式（　　）

答え（　　）

1 計算の順じょ

たいせつ

- ふつうは、**左から順に計算します。**
- (　)のある式は、**(　)の中を先に**計算します。
- ×や÷は、+や−より先に計算します。

2 式のつくり方

ひとまとまりの数とみる部分には(　)を使います。

かけ算やわり算をひとまとまりの数とみるときは、(　)を省きます。

ヒント

❶〜❸の式から答えを考えるのではなく、㋐〜㋒について先に式をたててみよう。

3 いろいろな求め方

(例)

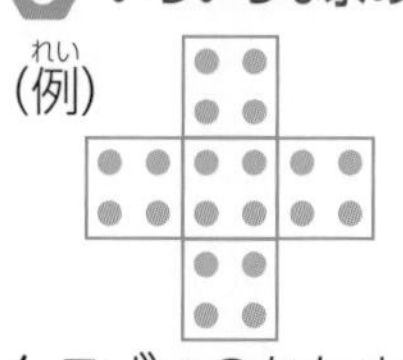

4こずつのかたまりに分けて考えると、4×5=20になります。ほかの求め方も考えてみましょう。

できるナビ　+、−、×、÷や(　)のまじった式でも、式の表している場面を正しく考えられるようになることが大切です。

まとめのテスト

教科書 ㊦ 2～13ページ　答え 23ページ

とく点　/100点

おわったら シールを はろう

1 計算をしましょう。　1つ6〔36点〕

❶ 17＋9＋21　❷ 36÷4×7

❸ 35＋6×8　❹ 58−(2×6＋6)

❺ 29×6−84÷7　❻ 8×43×125

2 計算をしましょう。　1つ5〔20点〕

❶ (7×3＋6)÷3　❷ 7×3＋6÷3

❸ 7×(3＋6÷3)　❹ 7×(3＋6)÷3

3 答えの数になるように、□の中に＋、−、×、÷の記号を入れましょう。1つ4〔8点〕

❶ 6×5 □ 2×3＝24　❷ 4 □ 4 □ 4 □ 4＝1

4 1つ230円のコンパスを1つと、1本70円のえん筆を4本買ったときの代金はいくらですか。1つの式に表して、答えを求めましょう。　1つ6〔12点〕

式

答え（　　　　）

5 父のたん生日に、1こ550円のケーキと1こ170円のチョコレートをそれぞれ1こずつ買うことにしました。子ども3人で代金を等分すると、1人分は何円になりますか。1つの式に表して、答えを求めましょう。　1つ6〔12点〕

式

答え（　　　　）

6 1ダース600円のえん筆を半ダースと、1さつ110円のノートを5さつ買ったときの代金はいくらですか。1つの式に表して、答えを求めましょう。1つ6〔12点〕

式

答え（　　　　）

ふろくの「計算練習ノート」14～15ページをやろう！

□ くふうして計算することができたかな？
□ 問題の文章をよく読んで、1つの式に表すことができたかな？

勉強した日　　月　　日

1 直線の交わり方
2 直線のならび方 [その1]
きほんのワーク

学習の目標
垂直や平行の区別がつけられて、実さいにかけるようにしよう。

おわったらシールをはろう

教科書 下 14〜21ページ　答え 24ページ

きほん1 垂直とはどのようなことか、わかりますか。

☆下の図で、㋐の直線に垂（すい）直（ちょく）な直線はどれですか。

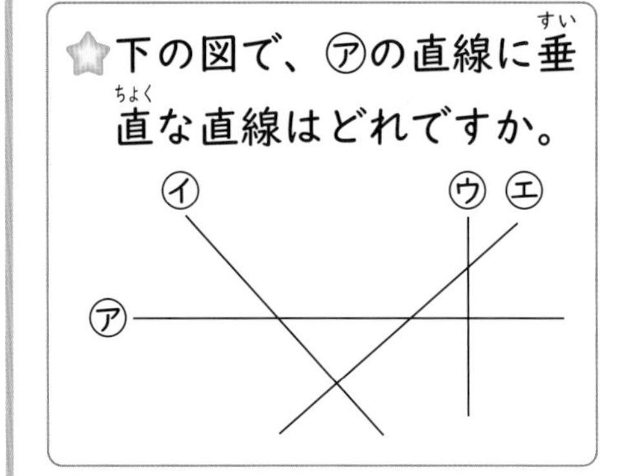

とき方 2本の直線が交わってできる角が直角のとき、この2本の直線は 垂直 であるといいます。垂直は、三角じょうぎの直角の部分をあてると調べられます。

答え [　　] の直線

たいせつ
2本の直線が交わっていなくても、直線をのばすと、交わって直角ができるときは、垂直であるといいます。

1 下の図で、㋐の直線に垂直な直線はどれとどれですか。 教科書 16ページ ⚠1

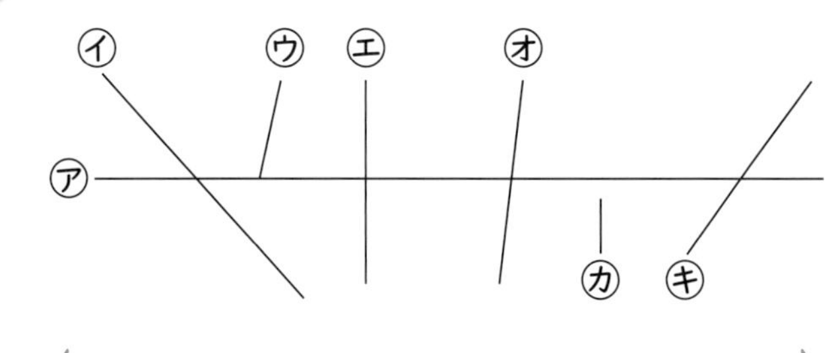

垂直と直角
「垂直」は、2本の直線の交わり方を表すことばで、「直角」は、90°の大きさや形を表すことばです。ちがいを覚（おぼ）えましょう。

(　　　　　　　　　　)

きほん2 垂直な直線がひけますか。

☆2まいの三角じょうぎを使って、点A（エー）を通り、㋐の直線に垂直な直線をひきましょう。

A・

㋐ ________

とき方 1 ㋐の直線に、三角じょうぎを合わせて、もう1まいの三角じょうぎの直角のある辺（へん）を㋐の直線に合わせる。

2 垂直にあてた三角じょうぎを点Aに合うように動かし、直線をひく。

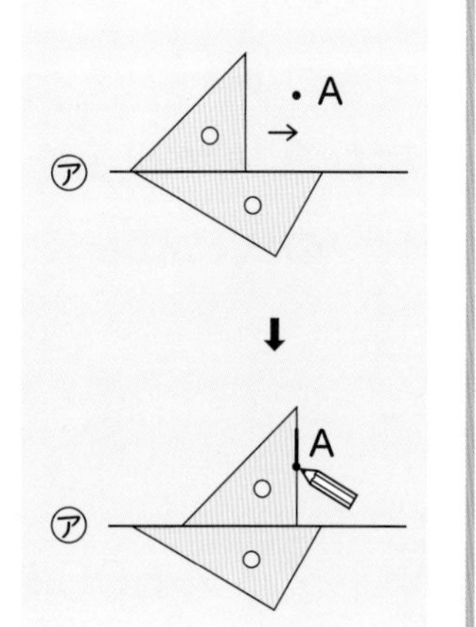

三角じょうぎの直角の部分を使って、垂直な直線をひくことができるんだね。

答え 左の図に記入

さんすうはかせ 直線にはばがあるとすると、2本の直線が交わるときに、四角形ができてしまってこまるね。だから、直線は、はばはなく、長さだけを考えることにしているんだ。

2 2まいの三角じょうぎを使って、点Aを通り、㋐の直線に垂直な直線をひきましょう。

教科書 17ページ 2

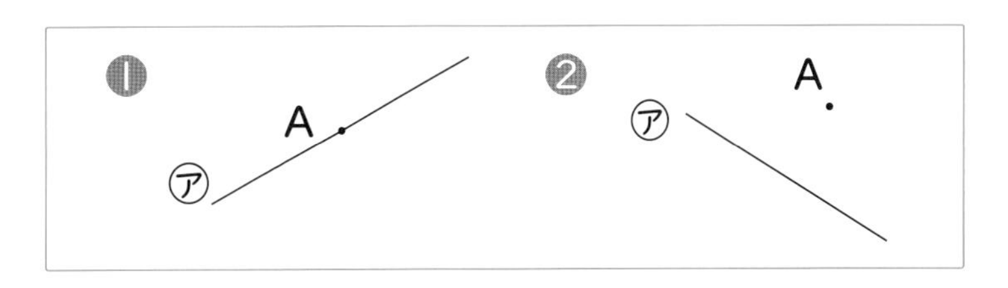

きほん3 平行とはどのようなことか、わかりますか。

☆下の図で、平行になっている直線はどれとどれですか。

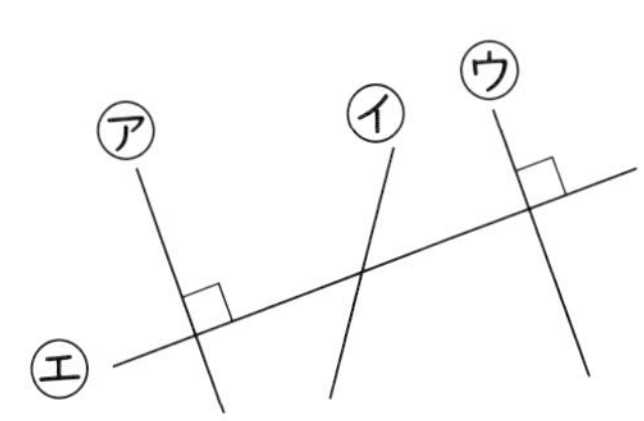

とき方 1本の直線に垂直な2本の直線は［平行］であるといいます。㋓の直線に［　］と［　］の直線は垂直に交わっているので、この2本の直線は［　］です。

答え ［　］の直線と［　］の直線

たいせつ

「平行」は2本の直線のならび方を表すことばです。平行な直線のはばは、どこも等しくなっていて、どこまでのばしても交わりません。また、平行な直線は、ほかの直線と等しい角度で交わります。

3 ❶の図で、平行になっている直線はどれとどれですか。 教科書 19ページ 1

（　　　　　　）

きほん4 平行な直線とななめの直線が交わってできる角の大きさがわかりますか。

☆下の㋔、㋕、㋖の3本の平行な直線に㋗の直線が交わっています。(あ)～(う)の角度は、それぞれ何度ですか。

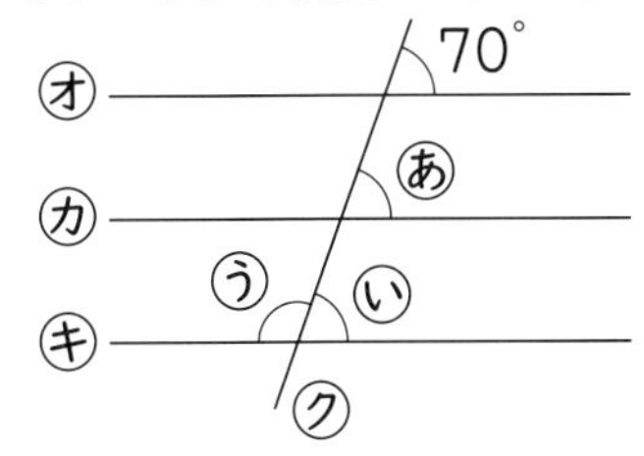

とき方 平行な直線は、ほかの直線と等しい角度で交わるので、(あ)と(い)の角度は［　］°です。(う)の角度は

180−［　］=［　］より、

［　］°です。

答え (あ)［　］° (い)［　］° (う)［　］°

4 右の図で、㋓と㋔の直線、㋕と㋖の直線はそれぞれ平行です。(あ)～(う)の角度は、それぞれ何度ですか。 教科書 21ページ 3

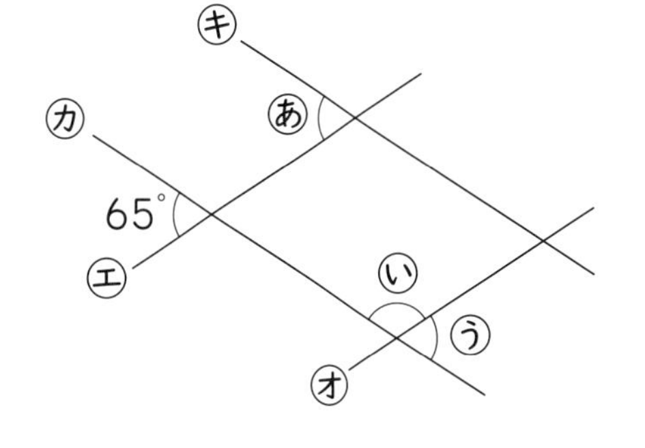

(あ)（　　　　　）　(い)（　　　　　）

(う)（　　　　　）

ポイント 垂直と直角のちがいに気をつけましょう。また、三角じょうぎを使った垂直な直線のひき方を覚えましょう。

勉強した日　月　日

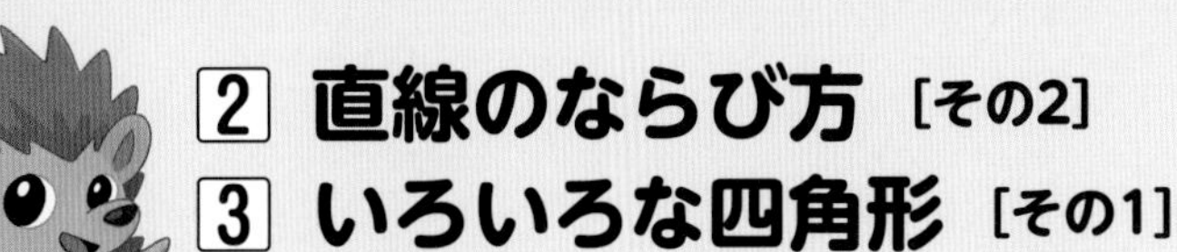

2 直線のならび方 [その2]
3 いろいろな四角形 [その1]

きほんのワーク

学習の目標

平行な辺の組があるいろいろな四角形の特ちょうを覚えよう。

おわったらシールをはろう

教科書 ㊦ 22～29ページ　答え 25ページ

きほん 1 平行な直線がひけますか。

☆2まいの三角じょうぎを使って、点A(エー)を通り、㋐の直線に平行な直線をひきましょう。

A.

㋐

とき方 ① ㋐の直線に、三角じょうぎを合わせ、もう1まいも合わせる。
② ㋐の直線に合わせた三角じょうぎを点Aに合うように動かし、直線をひく。

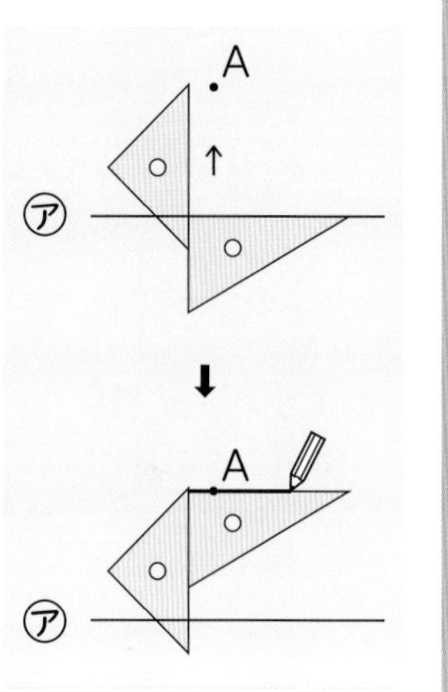

答え 左の図に記入

1 2まいの三角じょうぎを使って、点Aを通り、㋐の直線に平行な直線をひきましょう。

教科書 23ページ 5

❶ ㋐ A.　❷ ㋐ A.

きほん 2 台形や平行四辺形とは、どのような四角形かわかりますか。

☆下の四角形の中から、台形(だいけい)と平行四辺形(へいこうしへんけい)を選(えら)びましょう。

㋐　㋑　㋒　㋓　㋔　㋕

とき方 向かい合った1組の辺(へん)が平行な四角形を 台形 といいます。また、向かい合った2組の辺が平行な四角形を 平行四辺形 といいます。三角じょうぎを2まい組み合わせると、平行な辺を調べられます。

たいせつ

平行な辺が1組あるときは「**台形**」で、2組あるときは「**平行四辺形**」になります。また、平行四辺形は、向かい合った2組の辺の長さが等しく、向かい合った角の大きさも等しくなっています。

答え 台形…□と□　平行四辺形…□と□

向かい合った2組の辺が平行な四角形には、平行四辺形、ひし形、長方形、正方形があって、にた特(とく)ちょうをもっているよ。

2 次の 2 つの辺を使って、平行四辺形をかきましょう。

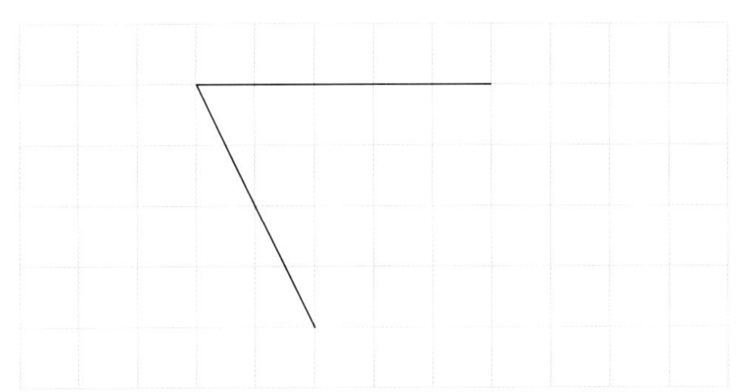

3 右の平行四辺形で、辺 AD の長さは何 cm ですか。また、角 A の大きさは何度ですか。

教科書 27ページ 3

辺 AD (　　　　)　角 A (　　　　)

きほん 3 平行四辺形がかけますか。

☆下の図のような、平行四辺形をかきましょう。

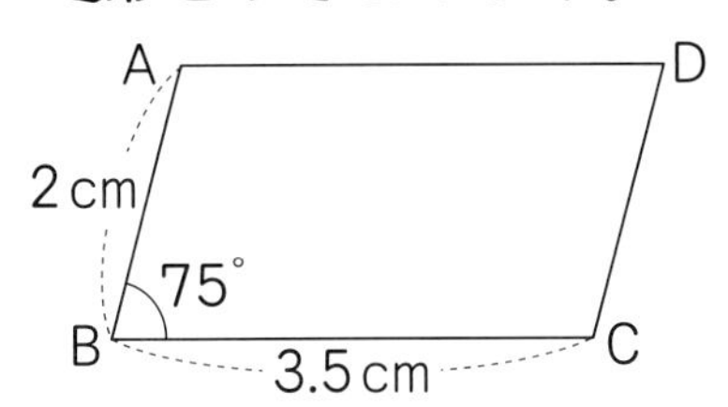

とき方 平行四辺形の特ちょうを使います。

1 じょうぎで長さ 3.5cm の辺BC をひく。

2 点B を頂点とする 75°の角をかき、2cm のところを頂点A とする。

3 2 まいの三角じょうぎを使って、辺BC に平行な直線をひき、点A から 3.5cm のところを頂点D とする。

4 じょうぎで辺 CD をひく。

答え

さんこう

3では、コンパスを使って、頂点A を中心に 3.5cm、頂点C を中心に 2cm のところに印をつけ、交わった点を頂点D とすることもできます。

4 右の図のような、となり合う辺の長さが、3 cm、2.5 cm の平行四辺形を □ にかきましょう。

教科書 29ページ 4

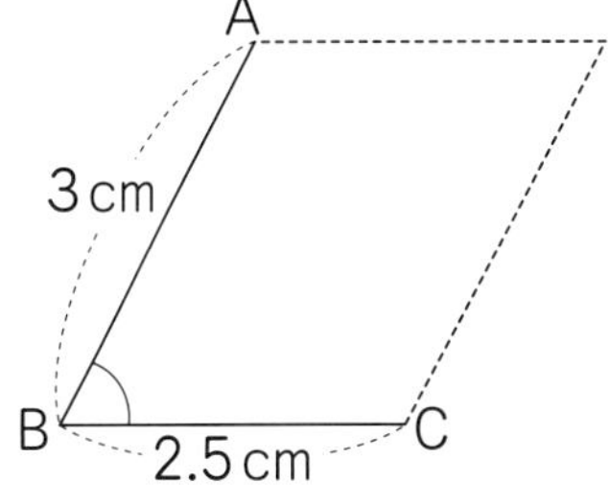

❶ 角 B の大きさが 70°　❷ 角 B の大きさが 90°

角B の大きさが変わっても、かき方は同じだよ。

ポイント 平行四辺形の特ちょうを使って、平行四辺形をかくことができます。いろいろなかき方ができるようになりましょう。

勉強した日 月 日

3 いろいろな四角形 [その2]
4 対角線と四角形の特ちょう
きほんのワーク

学習の目標
いろいろな四角形の名前や特ちょう・かき方を覚えよう。

おわったらシールをはろう

教科書 下 29～32ページ 答え 25ページ

きほん1 ひし形とは、どのような四角形かわかりますか。

☆右の図形はひし形です。

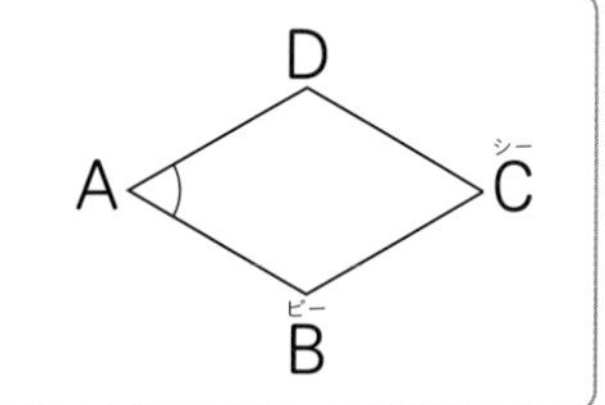

❶ 辺AD(エーディー)に平行な辺はどれですか。

❷ 角Aと大きさの等しい角はどれですか。

とき方 辺の長さがすべて等しい四角形を［ひし形］といいます。ひし形では、向かい合った［　　］は平行に、また、向かい合った［　　］の大きさは等しくなっています。

ひし形の特ちょう
- 辺の長さがすべて等しい。
- 向かい合った辺は平行。
- 向かい合った角の大きさは等しい。

答え ❶ 辺［　　］ ❷ 角［　　］

1 右の図のひし形について、答えましょう。 教科書 30ページ 5

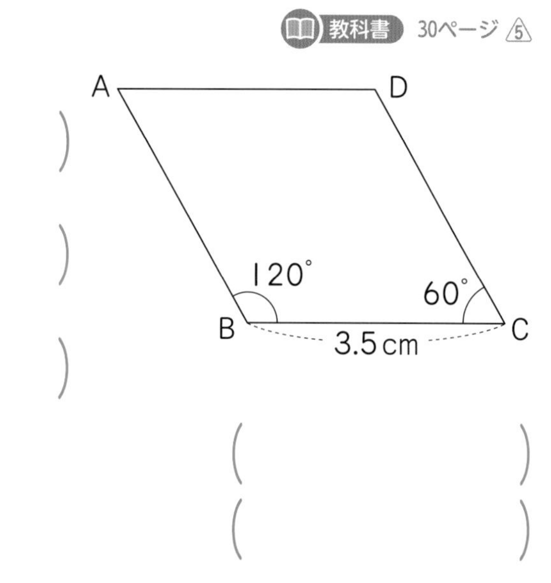

❶ 辺ABの長さは何cmですか。 （　　）

❷ 辺CDの長さは何cmですか。 （　　）

❸ 辺ADの長さは何cmですか。 （　　）

❹ 角Aの大きさは何度ですか。 （　　）

❺ 角Dの大きさは何度ですか。 （　　）

2 コンパスを使って、点A、Bをそれぞれ中心とする半径(はんけい)が3cmの円を2つかいて、点A、Bを頂点(ちょうてん)とするひし形をかきましょう。 教科書 30ページ 6

A・　　・B

さんすうはかせ ひし形の名前はヒシの実の形からきているんだよ。また、右のような形はひし形ではなく、空にあげるたこのような形から「たこ形(がた)」というよ。

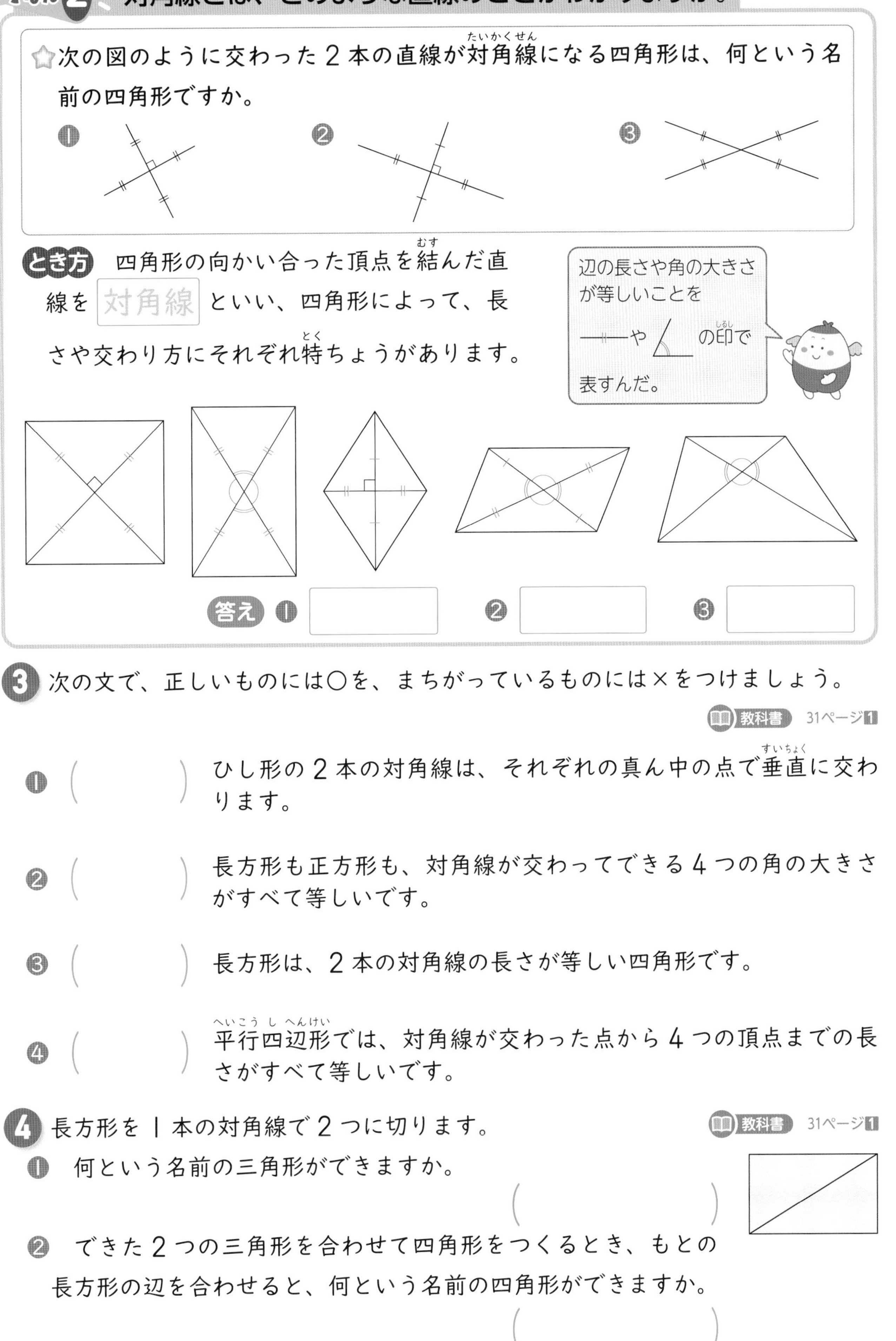

きほん2 対角線とは、どのような直線のことかわかりますか。

☆次の図のように交わった2本の直線が対角線になる四角形は、何という名前の四角形ですか。

❶ ❷ ❸

とき方 四角形の向かい合った頂点を結んだ直線を 対角線 といい、四角形によって、長さや交わり方にそれぞれ特ちょうがあります。

答え ❶ [　　　] ❷ [　　　] ❸ [　　　]

3 次の文で、正しいものには○を、まちがっているものには×をつけましょう。

教科書 31ページ1

❶ (　　　) ひし形の2本の対角線は、それぞれの真ん中の点で垂直に交わります。

❷ (　　　) 長方形も正方形も、対角線が交わってできる4つの角の大きさがすべて等しいです。

❸ (　　　) 長方形は、2本の対角線の長さが等しい四角形です。

❹ (　　　) 平行四辺形では、対角線が交わった点から4つの頂点までの長さがすべて等しいです。

4 長方形を1本の対角線で2つに切ります。

教科書 31ページ1

❶ 何という名前の三角形ができますか。

(　　　　　　)

❷ できた2つの三角形を合わせて四角形をつくるとき、もとの長方形の辺を合わせると、何という名前の四角形ができますか。

(　　　　　　)

ポイント いろいろな四角形の辺・角・対角線について、表などにまとめておくと、特ちょうがはっきりして覚えやすくなります。

勉強した日　月　日

練習のワーク

教科書 ㊦14～35ページ　答え 26ページ

できた数　/9問中

おわったらシールをはろう

1 垂直、平行 □にあてはまることばを書きましょう。

❶ 2本の直線が交わってできる角が □ のとき、この2本の直線は垂直(すいちょく)であるといいます。

❷ 1本の直線に垂直な2本の直線は、□ であるといいます。

2 垂直な直線や平行な直線のひき方 点A(エー)を通り㋐の直線に垂直な直線と、点B(ビー)を通り㋑の直線に平行な直線をひきましょう。

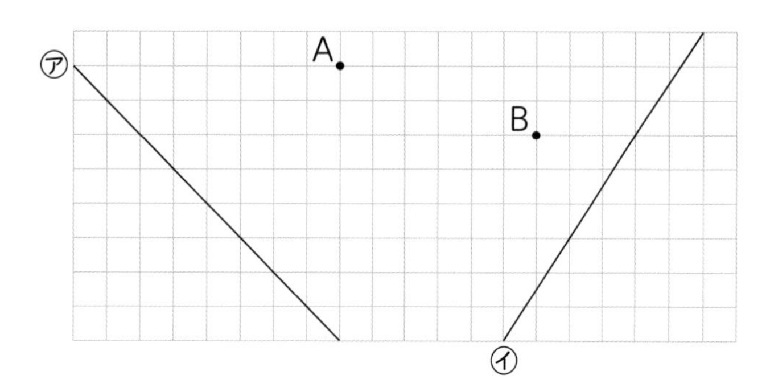

3 作図 辺(へん)の長さが5cmと3cm、1つの角が70°の平行四辺形(へいこうしへんけい)を右の方がんにかきましょう。

1cm
1cm

4 いろいろな四角形 □にあてはまることばを書きましょう。

❶ 台形(だいけい)は、向かい合った1組の辺が □ な四角形です。

❷ 平行四辺形は、向かい合った2組の辺が □ な四角形です。

❸ ひし形は、辺の長さがすべて □ 四角形です。

❹ 四角形の向かい合った頂点(ちょうてん)を結(むす)んだ直線を □ といいます。

てびき

1 垂直、平行
垂直や平行をかくにんするときは、三角じょうぎを利用(りよう)します。

3 作図
(例(れい))角度は分度器(ぶんどき)を使って、はかります。コンパスを使って、向かい合った辺の長さが等しくなるように残(のこ)りの点をとります。

4 いろいろな四角形

台形
- 向かい合った1組の辺が平行な四角形

平行四辺形
- 向かい合った2組の辺が平行な四角形
- 向かい合った辺の長さが等しい
- 向かい合った角の大きさが等しい

ひし形
- 辺の長さがすべて等しい四角形
- 向かい合った辺が平行
- 向かい合った角の大きさが等しい

できるナビ　方がんを使うと、かんたんに垂直な直線や平行な直線をひくことができます。

まとめのテスト

教科書 下 14～35ページ　答え 27ページ

時間20分　とく点 /100点　おわったらシールをはろう

1 右の図を見て、□にあてはまることばや数を書きましょう。　1つ8〔24点〕

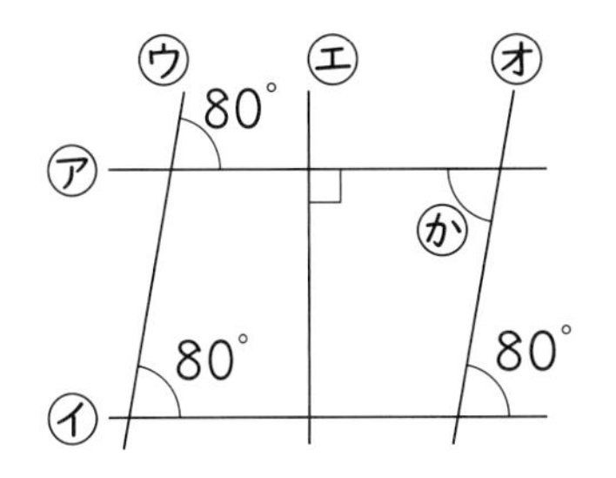

❶ アの直線とイの直線は □ です。

❷ アの直線とエの直線は □ です。

❸ かの角度は □° です。

2 下の図のような四角形を □ の中にかきましょう。　1つ10〔40点〕

❶ 平行四辺形

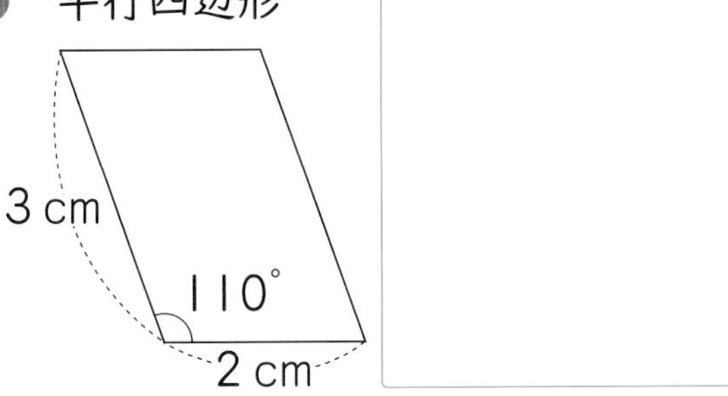

❷ ひし形

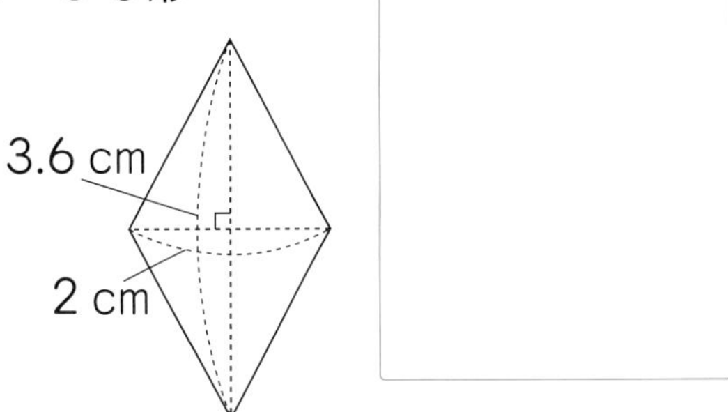

❸ 台形

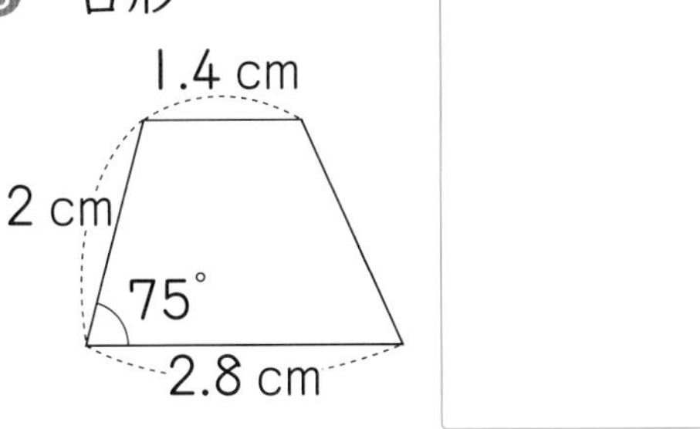

❹ ひし形

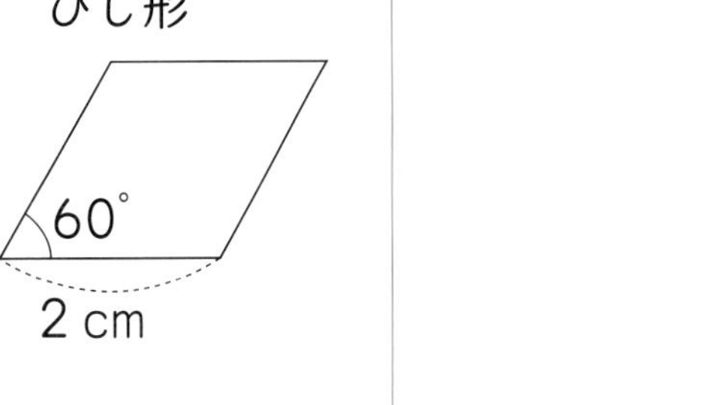

3 よく出る 次の特ちょうがいつでもあてはまる四角形を、下の □ からすべて選んで、記号で答えましょう。　1つ9〔36点〕

❶ 向かい合った2組の辺が平行な四角形　(　　　)

❷ 4つの辺の長さがすべて等しい四角形　(　　　)

❸ 2本の対角線がそれぞれの真ん中の点で垂直に交わる四角形　(　　　)

❹ 2本の対角線の長さが等しい四角形　(　　　)

あ 正方形	い 長方形	う 台形	え 平行四辺形	お ひし形

チェック
□ 平行や垂直な2本の直線がどれかわかったかな？
□ いろいろな四角形の特ちょうがわかったかな？

勉強した日 月 日

学習の目標 分数の表し方になれ、大小をくらべられるようになろう。

おわったらシールをはろう

1 分数の表し方

きほんのワーク

教科書 ㊦36～41ページ　答え 27ページ

ふくしゅう できるかな？

例 $\frac{3}{5}$mは1mを何等分した何こ分の長さですか。

考え方 分数は1を●等分した1こ分である「●分の1」が何こ分あるかを考えていきます。$\frac{3}{5}$mは1mを5等分した3こ分の長さです。

問題 □にあてはまる数を書きましょう。

❶ $\frac{1}{5}$mの□こ分が1mです。

❷ $\frac{1}{5}$mの8こ分が□mです。

きほん1 分数の大きさの表し方がわかりますか。

☆右の数直線で、㋐～㋓のめもりが表す長さを、分数で表します。それぞれ何mですか。

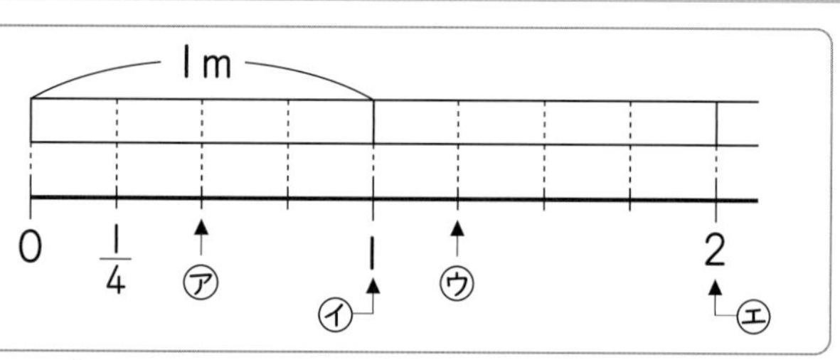

とき方 $\frac{1}{4}$mの何こ分かを考えます。㋑は$\frac{1}{4}$mの4こ分の長さです。分数で表すと分子と分母が同じ数だから、1mになります。

㋒ $\frac{1}{4}$mの5こ分の長さで□mです。これは1mとあと$\frac{1}{4}$mとも考えられるので、□mと表せます。

→「一と四分の一（いちとよんぶんのいち）」と読む。

㋓ $\frac{1}{4}$mの8こ分の長さで□mです。これは、ちょうど2mです。

答え ㋐□m　㋑□m　㋒□m　㋓□m

たいせつ

$\frac{1}{4}$や$\frac{3}{4}$のように、分子が分母より小さい分数(1より小さい分数)を**真分数**（しんぶんすう）といいます。(分子＜分母)

$\frac{4}{4}$や$\frac{5}{4}$のように、分子と分母が同じか、分子が分母より大きい分数(1と等しいか、1より大きい分数)を**仮分数**（かぶんすう）といいます。(分子＝分母 または 分子＞分母)

$1\frac{1}{4}$や$2\frac{3}{4}$のように、整数と真分数の和で表されている分数を**帯分数**（たいぶんすう）(1より大きい分数)といいます。

さんすうはかせ $\frac{3}{3}$や$\frac{4}{4}$のように分子と分母が同じ数のときは1になるけど、$\frac{0}{0}$は1にならないんだ。これは分母が0の分数は考えないからだよ。

1 □にあてはまる数を書きましょう。

❶ □は $\frac{1}{4}$ の3こ分です。

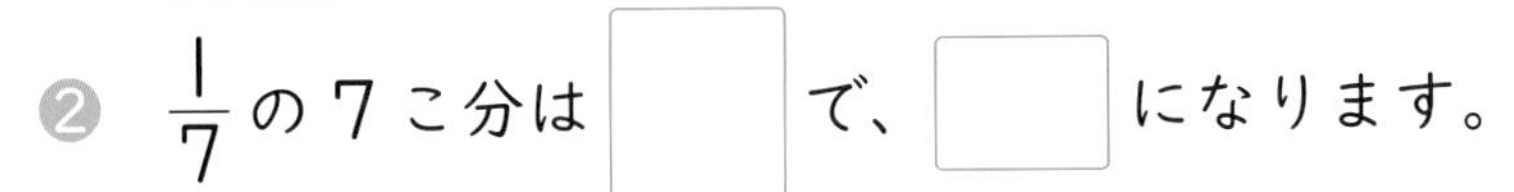

❷ $\frac{1}{7}$ の7こ分は□で、□になります。

❸ $\frac{1}{3}$ の□こ分は $\frac{4}{3}$ で、□とも表せます。

❹ $1\frac{2}{6}$ は□と表せるので、$\frac{1}{6}$ の□こ分です。

❺ 3と $\frac{1}{4}$ をあわせた大きさは、□です。

1より大きい分数は、帯分数と仮分数の2つの表し方があるんだ。

きほん2 分数の大きさをくらべることができますか。

☆ $2\frac{3}{5}$ と $\frac{12}{5}$ の大小を、不等号(ふとうごう)を使って表しましょう。

とき方 帯分数か仮分数になおして、くらべます。

《1》帯分数になおす⇨ 12÷5＝2 あまり 2 より、$\frac{12}{5}$ の中に $1\left(=\frac{5}{5}\right)$ が□こ分と、あと $\frac{1}{5}$ が□こ分あるから、$\frac{12}{5}=$□

《2》仮分数になおす⇨ 2は $\frac{1}{5}$ が(5×2)こ分、$2\frac{3}{5}$ は $\frac{1}{5}$ が(5×2＋3)こ分の数だから、$2\frac{3}{5}=$□

答え $2\frac{3}{5}$ □ $\frac{12}{5}$

たいせつ

<仮分数→帯分数> $\frac{12}{5}=$■$\frac{●}{5}$　12÷5＝■あまり●

<帯分数→仮分数> $2\frac{3}{5}=\frac{■}{5}$　5×2＋3＝■

2 次の分数を、帯分数か整数で表しましょう。　教科書 40ページ 6

❶ $\frac{53}{10}$ (　　　　)

❷ $\frac{60}{10}$ (　　　　)

3 □にあてはまる不等号を書きましょう。

❶ $2\frac{5}{8}$ □ $\frac{25}{8}$　❷ $\frac{13}{5}$ □ 3　❸ $4\frac{1}{6}$ □ $\frac{23}{6}$　❹ $\frac{7}{3}$ □ $2\frac{2}{3}$

ポイント 分数の表し方を覚(おぼ)えましょう。仮分数を帯分数になおしたり、帯分数を仮分数になおせるようになることが大切です。

勉強した日　　月　　日

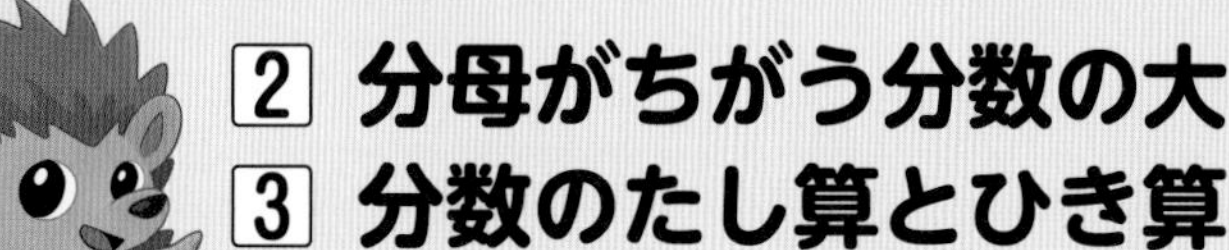

② 分母がちがう分数の大きさ
③ 分数のたし算とひき算

きほんのワーク

学習の目標：いろいろな分数のたし算やひき算ができるようになろう。

おわったらシールをはろう

教科書 ㊦ 42～46ページ　答え 28ページ

きほん 1　大きさの等しい分数を見つけることができますか。

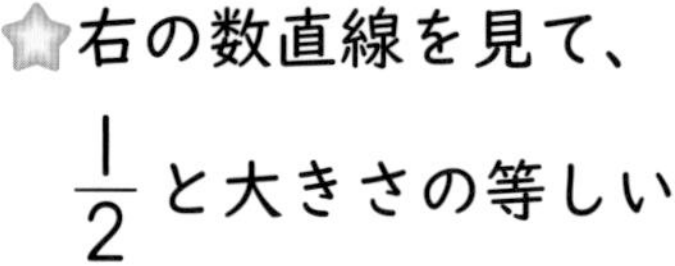

☆右の数直線を見て、$\frac{1}{2}$と大きさの等しい分数を４つ見つけましょう。

- 0 ― $\frac{1}{2}$ ― 1
- 0 ― $\frac{1}{3}$, $\frac{2}{3}$ ― 1
- 0 ― $\frac{1}{4}$, $\frac{2}{4}$, $\frac{3}{4}$ ― 1
- 0 ― $\frac{1}{5}$, $\frac{2}{5}$, $\frac{3}{5}$, $\frac{4}{5}$ ― 1
- 0 ― $\frac{1}{6}$, $\frac{2}{6}$, $\frac{3}{6}$, $\frac{4}{6}$, $\frac{5}{6}$ ― 1
- 0 ― $\frac{1}{8}$, $\frac{2}{8}$, $\frac{3}{8}$, $\frac{4}{8}$, $\frac{5}{8}$, $\frac{6}{8}$, $\frac{7}{8}$ ― 1
- 0 ― $\frac{1}{9}$, $\frac{2}{9}$, $\frac{3}{9}$, $\frac{4}{9}$, $\frac{5}{9}$, $\frac{6}{9}$, $\frac{7}{9}$, $\frac{8}{9}$ ― 1
- 0 ― $\frac{1}{10}$, $\frac{2}{10}$, $\frac{3}{10}$, $\frac{4}{10}$, $\frac{5}{10}$, $\frac{6}{10}$, $\frac{7}{10}$, $\frac{8}{10}$, $\frac{9}{10}$ ― 1

とき方　上の図で、$\frac{1}{2}$の下を見ます。$\frac{1}{2}=\square=\square=\square=\frac{5}{10}$ です。

たいせつ
分母が２倍、３倍、…となっているとき、分子も２倍、３倍、…となっている分数は、大きさの等しい分数といえます。

答え □

1 □にあてはまる等号や不等号を書きましょう。

教科書 43ページ ②

❶ $\frac{3}{5}\ \square\ \frac{3}{8}$　❷ $\frac{2}{9}\ \square\ \frac{2}{6}$　❸ $\frac{2}{3}\ \square\ \frac{4}{6}$

きほん 2　分母が同じ分数のたし算がわかりますか。

☆$\frac{3}{6}+\frac{4}{6}$の計算をしましょう。

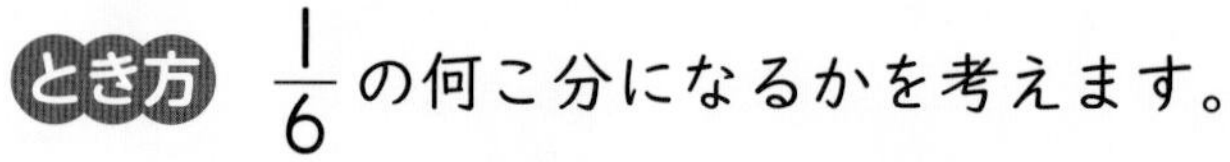

とき方　$\frac{1}{6}$の何こ分になるかを考えます。

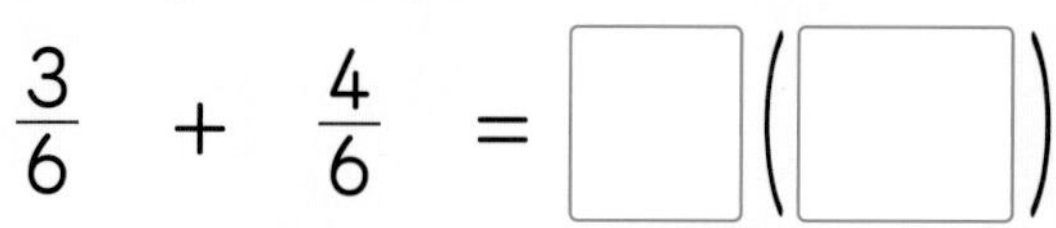

$\frac{3}{6}+\frac{4}{6}=\square\left(\square\right)$

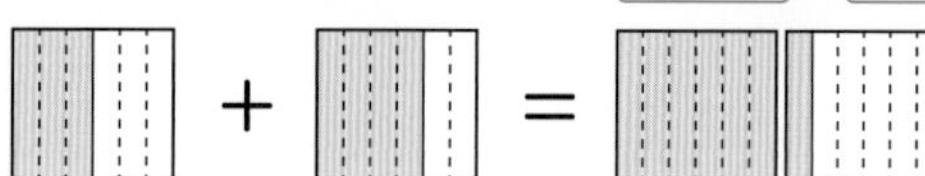

$\frac{1}{6}$の３こ分　$\frac{1}{6}$の４こ分　$\frac{1}{6}$の７こ分

答え □

さんこう
答えが仮分数になったときは、そのまま答えてもかまいませんが、帯分数になおすと、大きさがわかりやすくなります。

さんすうはかせ：分子が１の分数（単位分数という）の和で表すことができる分数があるよ。例えば、$\frac{5}{6}$は、$\frac{5}{6}=\frac{3}{6}+\frac{2}{6}=\frac{1}{2}+\frac{1}{3}$のように表せるんだ。

2 計算をしましょう。　　　　📖教科書　44ページ ⚠1 ⚠2

❶ $\dfrac{2}{8}+\dfrac{7}{8}$　　❷ $\dfrac{16}{9}-\dfrac{11}{9}$　　❸ $\dfrac{21}{6}-\dfrac{13}{6}$

きほん 3　帯分数のたし算がわかりますか。

☆ $2\dfrac{1}{6}+1\dfrac{3}{6}$ の計算をしましょう。

とき方 帯分数のたし算は、整数部分と分数部分に分けて計算します。

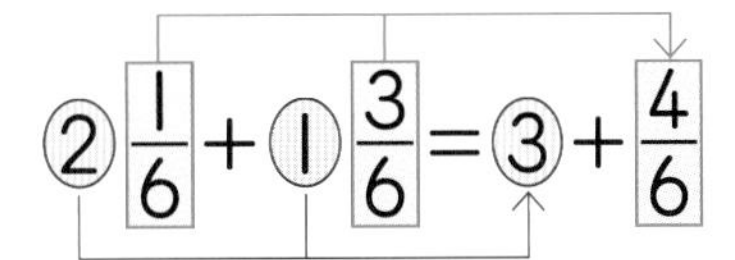

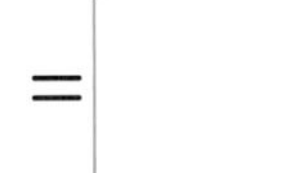

さんこう
仮分数になおして、
$\dfrac{13}{6}+\dfrac{9}{6}=\dfrac{22}{6}$
のように計算することもできます。

3 計算をしましょう。　　　　📖教科書　45ページ ⚠3

❶ $1\dfrac{1}{4}+3\dfrac{2}{4}$　　❷ $1\dfrac{2}{7}+\dfrac{3}{7}$

❸ $3\dfrac{9}{10}+2\dfrac{1}{10}$　　❹ $1\dfrac{2}{7}+\dfrac{6}{7}$

きほん 4　帯分数のひき算がわかりますか。

☆ $2\dfrac{5}{8}-\dfrac{7}{8}$ の計算をしましょう。

とき方 ひく数の分数部分が大きくて、分数部分どうしのひき算ができないときは、帯分数の分数部分を仮分数にして計算します。

$2\dfrac{5}{8}-\dfrac{7}{8}=1\dfrac{13}{8}-\dfrac{7}{8}=$ □

ひかれる数の整数部分から 1 くり下げて分数部分を仮分数の形になおして計算する。

さんこう
仮分数になおして、
$\dfrac{21}{8}-\dfrac{7}{8}=\dfrac{14}{8}$
のように計算することもできます。

4 計算をしましょう。　　　　📖教科書　46ページ ⚠4

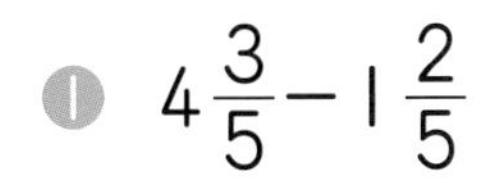

❶ $4\dfrac{3}{5}-1\dfrac{2}{5}$　　❷ $3\dfrac{2}{9}-1\dfrac{1}{9}$

❸ $3\dfrac{3}{7}-\dfrac{5}{7}$　　❹ $3-\dfrac{1}{6}$

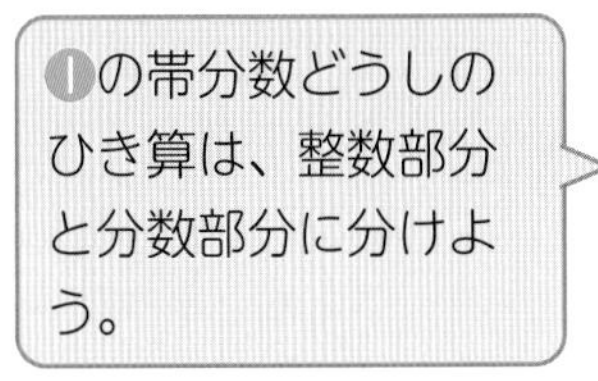

ポイント 分母が同じ分数のたし算やひき算は、分子の数で考えることができます。また、帯分数のときは、整数部分と分数部分に分けて考えます。

勉強した日　月　日

練習のワーク

教科書 ㊦ 36～48ページ　答え 29ページ

できた数 /20問中

おわったら シールを はろう

1 仮分数と帯分数　次の仮分数を帯分数か整数に、帯分数を仮分数になおしましょう。

❶ $\frac{11}{7}$ (　　)　❷ $\frac{18}{3}$ (　　)

❸ $5\frac{3}{8}$ (　　)　❹ $1\frac{7}{9}$ (　　)

2 分数の大小　□にあてはまる等号や不等号を書きましょう。

❶ $3\frac{1}{7}$ □ $\frac{18}{7}$　❷ $\frac{56}{9}$ □ $6\frac{2}{9}$

❸ $\frac{2}{10}$ □ $\frac{2}{8}$　❹ $\frac{7}{5}$ □ $\frac{7}{8}$

3 分数のたし算　計算をしましょう。

❶ $\frac{8}{3}+\frac{2}{3}$　❷ $\frac{5}{4}+\frac{9}{4}$

❸ $1\frac{2}{6}+1\frac{1}{6}$　❹ $\frac{2}{8}+2\frac{5}{8}$

❺ $\frac{7}{9}+3\frac{3}{9}$　❻ $2\frac{3}{5}+\frac{2}{5}$

4 分数のひき算　計算をしましょう。

❶ $\frac{7}{4}-\frac{2}{4}$　❷ $3\frac{6}{9}-1\frac{2}{9}$

❸ $3\frac{3}{6}-1\frac{2}{6}$　❹ $2-\frac{5}{7}$

❺ $4\frac{4}{5}-1$　❻ $5\frac{2}{3}-\frac{4}{3}$

てびき

1 仮分数と帯分数

ちゅうい
仮分数を帯分数になおすときは、**分子÷分母**の計算をします。わりきれるときは、整数です。

2 分数の大小

仮分数か帯分数のどちらかにそろえて、大きさをくらべます。
分母が同じ分数は、**分子が大きいほど大きい分数**になります。
分子が同じ分数は、**分母が大きいほど小さい分数**になります。

3 分数のたし算
帯分数があるときは、**整数部分と分数部分に分けて**計算しましょう。

4 分数のひき算
帯分数があって、分数部分がひけないときは、**整数部分から1くり下げて、分数部分を仮分数の形にして**考えます。

できるナビ　帯分数や仮分数になおす方法をしっかり覚えて、大きさをくらべたり、たし算やひき算に利用したりしましょう。

まとめのテスト

教科書 ㊦ 36～48ページ　答え 29ページ

時間 20分　とく点 /100点　おわったらシールをはろう

1 （　）の中の数を大きい順にならべて書きましょう。　1つ5〔20点〕

❶ $\left(\frac{7}{9}、\frac{3}{9}、\frac{2}{9}\right)$　（　　　）

❷ $\left(\frac{9}{10}、\frac{19}{10}、1\right)$　（　　　）

❸ $\left(\frac{13}{5}、4、\frac{13}{3}\right)$　（　　　）

❹ $\left(\frac{5}{6}、1、\frac{5}{4}\right)$　（　　　）

2 よく出る 計算をしましょう。　1つ5〔30点〕

❶ $\frac{5}{3}+\frac{7}{3}$　❷ $2\frac{1}{5}+3\frac{2}{5}$　❸ $1\frac{3}{8}+2\frac{1}{8}$

❹ $1\frac{3}{5}+\frac{4}{5}$　❺ $\frac{8}{9}+3\frac{4}{9}$　❻ $2\frac{7}{12}+\frac{5}{12}$

3 $1\frac{3}{8}$ L のジュースがあります。そこへ $\frac{7}{8}$ L のジュースをたすと、ジュースは全部で何 L になりますか。　1つ5〔10点〕

式

答え（　　　）

4 よく出る 計算をしましょう。　1つ5〔30点〕

❶ $\frac{16}{10}-\frac{13}{10}$　❷ $\frac{16}{9}-\frac{2}{9}$　❸ $3\frac{3}{4}-1\frac{2}{4}$

❹ $3\frac{5}{8}-\frac{2}{8}$　❺ $4\frac{1}{6}-2$　❻ $1\frac{2}{5}-\frac{4}{5}$

5 家からデパートまでは 5km あります。$\frac{3}{4}$km は歩き、残りはバスに乗りました。バスに乗ったのは何 km ですか。　1つ5〔10点〕

式

答え（　　　）

ふろくの「計算練習ノート」25～27ページをやろう！

□ 仮分数や帯分数のたし算が正しくできたかな？
□ 仮分数や帯分数のひき算が正しくできたかな？

勉強した日　月　日

変わり方に注目して調べよう

きほんのワーク

学習の目標
2つの数量の関係を表や式に表したり、式の利用を考えよう。

おわったらシールをはろう

教科書 ㊦ 50〜56ページ　答え 30ページ

きほん1 2つの数量の関係を式に表すことができますか。

☆8このおはじきを、ひろしさんとさやかさんが2人で分けます。このとき、ひろしさんのおはじきの数を□こ、さやかさんのおはじきの数を○ことして、□と○の関係(かんけい)を式に表しましょう。

とき方　2人のおはじきの数を表に表すと、

ひろしさん（□こ）	0	1	2	3	4	5	6	7	8
さやかさん（○こ）	8	7	6	5	4	3	2	1	0

ことばの式に表すと、

ひろしさんの数 ＋ さやかさんの数 ＝ □

となるので、□＋○＝□ です。

答え □＋○＝□

1 長さ1cmのぼうを26本ならべて長方形を作ります。

教科書 51ページ1

❶ たての長さが1cmずつ長くなると、横の長さがどのように変(か)わるか調べて、下の表に書きましょう。

たての長さ(cm)	1	2	3	4	5	6
横の長さ　(cm)						

ことばの式で表すと、
たての長さ＋横の長さ
＝13cmだね。

❷ たての長さを□cm、横の長さを○cmとして、□と○の関係を式に表しましょう。

(　　　　)

2 今、けんさんは10才で、弟は6才です。2人のたん生日は同じです。2人の年令(ねんれい)を、右の表にまとめ、けんさんの年令を□才、弟の年令を○才として、□と○の関係を式に表しましょう。

教科書 53ページ2

けんさん(才)	10	11	12	13
弟　　(才)				

(　　　　)

さんすうはかせ
2つの量(りょう)があって、1つの量が変わると、もう1つの量も変わるとき、「ともなって変わる量」というよ。身のまわりにあるいろいろな「ともなって変わる量」をさがしてみよう。

3 |本のロープをはさみで切ります。

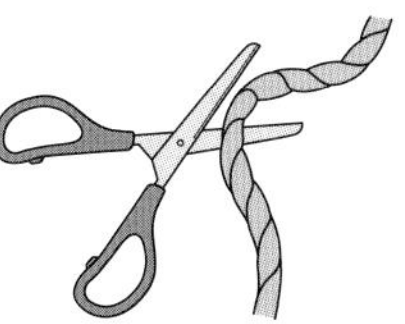
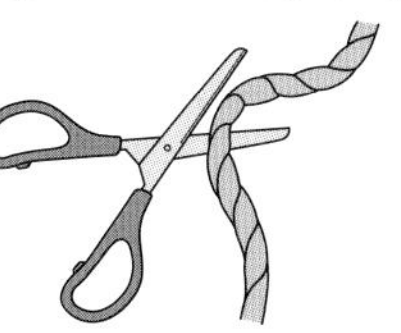

❶ 切る回数とできるロープの数を、下の表にまとめましょう。

切る回数　(回)	1	2	3	4	5
ロープの数(本)	2	3			

❷ 切る回数を□回、ロープの数を○本として、□と○の関係を式に表しましょう。

(　　　　　　)

❸ ロープを 20 本作るには、何回切ればよいですか。

(　　　　　　)

きほん 2　2つの数量の変わり方を調べることができますか。

☆ |辺(へん)が | cm の正方形のあつ紙を、右の図のようにならべて、正方形を作ります。15 だんのときの、まわりの長さを求(もと)めましょう。

|だん　2だん　3だん　4だん　……

とき方 だんの数が | だんずつふえると、まわりの長さは □ cm ずつふえます。また、まわりの長さを表す数は、だんの数の □ 倍になっています。

だんの数　(だん)	1	2	3	4	5	6
まわりの長さ(cm)	4	8	12	16	20	24

だんの数を□だん、まわりの長さを○cm として□と○の関係を式に表すと、□× □ ＝○となるので、だんの数が 15 のときの、まわりの長さは、

15× □ ＝ □ になります。　**答え** □ cm

4 | こ 60 円のおかしを買います。

教科書 54ページ3

❶ おかしを買う数とその代金を、右の表にまとめましょう。

買う数(こ)	1	2	3	4
代金　(円)	60			

❷ 買う数を□こ、代金を○円として、□と○の関係を式に表しましょう。

(　　　　　　)

❸ 買う数が 12 このとき、代金はいくらですか。

(　　　　　　)

❹ 代金が 900 円になるのは、おかしを何こ買うときですか。

(　　　　　　)

買う数が | こずつふえると、代金は 60 円ずつふえると考えたり、買う数の 60 倍が代金を表すと考えたりできるね。

ポイント 2つの数量の間にある関係を式に表すときに、ことばの式を書いてそれにあてはめてみたり、表の横やたての数の関係を考えてみることが大切です。

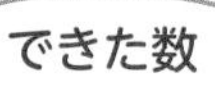

勉強した日 月 日

練習のワーク

教科書 下 50～56ページ 答え 31ページ

できた数 /6問中

おわったらシールをはろう

1 変わり方と表・式 たかしさんの野球チームは、8回試合(しあい)をします。

❶ 勝ちと負けの回数を、下の表にまとめましょう。ただし、引き分けはないものとします。

勝ち(回)	0	1	2	3	4	5	6	7	8
負け(回)									

❷ 勝ちの数を□回、負けの数を○回として、□と○の関係(かんけい)を式に表しましょう。

(　　　　　)

2 表のいろいろな見方 1辺(ぺん)の長さが1cmの正三角形を下の図のようにならべて、大きな正三角形を作ります。

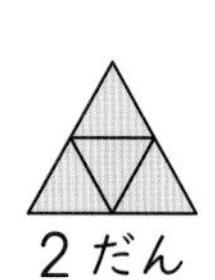
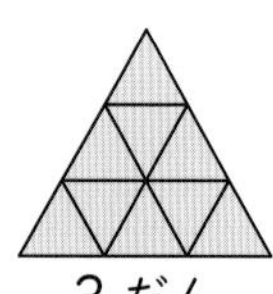

1だん　2だん　3だん　……

❶ だんの数とまわりの長さを、下の表にまとめましょう。

だんの数 (だん)	1	2	3	4	5
まわりの長さ(cm)	3	6		12	

❷ だんの数を□だん、まわりの長さを○cmとして、□と○の関係を式に表しましょう。

(　　　　　)

❸ だんの数が25だんのとき、まわりの長さは何cmですか。

(　　　　　)

❹ まりなさんは、だんの数とまわりの長さの関係を調べて、次のような関係を見つけました。□にあてはまる数を書きましょう。

「だんの数が2倍、3倍、…になると、まわりの長さも□倍、□倍、…になる。」

てびき

1 変わり方と表・式
2つの量(りょう)の関係は表にまとめると、はっきりします。
「和や差(さ)が決まった数になる」、「何倍の関係にある」など、いろいろな関係が考えられます。まよったときは、**ことばの式**を書いてみましょう。

2 表のいろいろな見方
❶だんの数が1ずつふえると、まわりの長さは3cmずつふえると考えることができます。また、だんの数の3倍の長さが、まわりの長さになっていると考えることもできます。
❸ ❷の式を利用(りよう)して○にあてはまる数を考えます。
□×3＝○ の□に25があてはまります。
❹だんの数が2倍、3倍、…になると、まわりの長さも同じように変(か)わる関係があります。

できるナビ　ともなって変わる2つの数量の関係を表にまとめたり、式に表したりできるようになりましょう。

まとめのテスト

教科書 ㊦50～56ページ　答え 31ページ

1 よく出る おはじきが 10 こあります。　1つ16〔32点〕

❶ このおはじき全部を右手と左手に分けて持ったとき、右手に持った数と左手に持った数を、下の表にまとめましょう。

右手に持った数(こ)	0	1	2			5	6	7	8	9	10
左手に持った数(こ)	10	9	8	7	6						

❷ 右手に持った数を□こ、左手に持った数を○ことして、□と○の関係を式に表しましょう。

(　　　　　　)

2 よく出る 横の長さが、たての長さより 3 cm 長い長方形をかきます。　1つ17〔34点〕

❶ たての長さが 1 cm、2 cm、3 cm、…のときの横の長さを、下の表にまとめましょう。

たての長さ(cm)	1	2	3	4	5	6	7
横の長さ　(cm)	4	5	6				

❷ たての長さを□ cm、横の長さを○ cm として、□と○の関係を式に表しましょう。

(　　　　　　)

3 1 こ 100 円のチョコレートを買います。　1つ17〔34点〕

❶ 買うチョコレートの数とその代金を、下の表にまとめましょう。

買う数　(こ)	1	2	3	4	
代金　(円)	100	200			500

❷ 買うチョコレートの数を□こ、代金を○円として、□と○の関係を式に表しましょう。

(　　　　　　)

チェック
□ともなって変わる量を表に表すことができたかな？
□ともなって変わる量の関係を、式に表すことができたかな？

勉強した日　月　日

1 広さのくらべ方と表し方
2 長方形と正方形の面積 ［その1］
きほんのワーク

学習の目標
面積を数で表す方法を覚え、計算で求められるようにしよう。

おわったらシールをはろう

教科書 ㊦58〜64ページ　答え 32ページ

きほん1 広さ（面積）の表し方がわかりますか。

☆右の色がついた部分は、㋐と㋑のどちらが広いですか。ただし、方がんの１めもりは１cm とします。

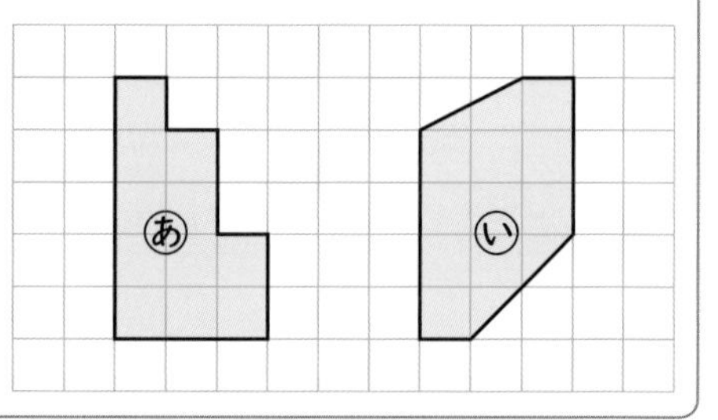

とき方　広さのことを、面積（めんせき）といいます。１辺（ぺん）が１cm の正方形の面積を１平方センチメートル（へいほう）といい、1cm^2 と書きます。cm^2 は面積の単位（たんい）です。
面積は、１辺が１cm の正方形が何こ分あるかで表すことができます。
㋐は、1cm^2 の正方形が［　］こならんでいるので、［　］cm^2 です。
㋑は、1cm^2 の正方形が［　］こならび、ななめに切られている部分のうち、左上は 1cm^2 の正方形の［　］こ分、右下は 1cm^2 の正方形の［　］こ分になるので、これらをあわせると、㋑の面積は［　］cm^2 になります。

答え［　］

正方形や長方形がななめに切られている部分は、組み合わせて 1cm^2 にできるよ。

1 右の図の㋐、㋑について、答えましょう。　教科書 62ページ1

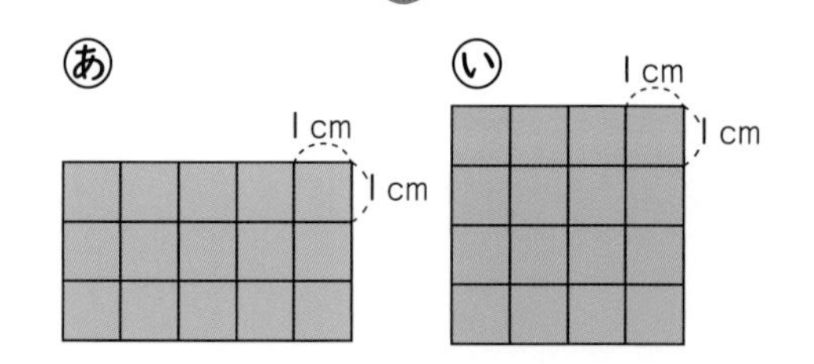

❶ ㋐の長方形は、１辺が１cm の正方形が何こならんでいますか。
（　　　　）

❷ ㋐の長方形の面積は、何 cm^2 ですか。
（　　　　）

❸ ㋑の正方形の面積は、何 cm^2 ですか。（　　　　）

❹ ㋐と㋑では、どちらが何 cm^2 広いですか。（　　　　）

面積の単位の１つに cm^2 があるよ。1cm^2 の正方形が何こならぶかで面積を表すことができるんだ。

きほん2 長方形や正方形の面積を計算で求めることができますか。

☆下の図形の面積を、計算で求(もと)めましょう。

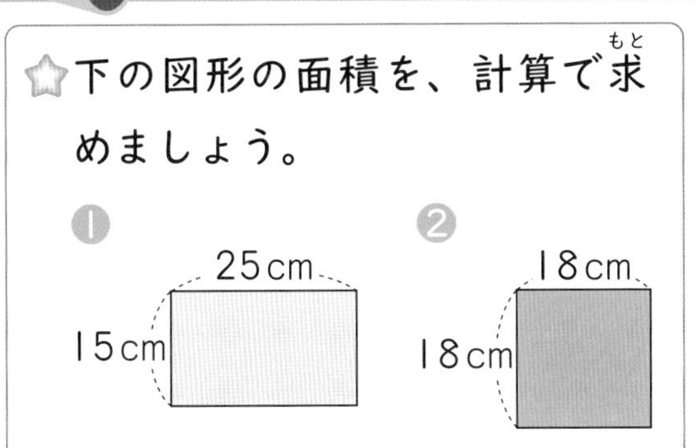

とき方 ❶ 長方形の中には、1 cm² の正方形が、たてに □ こ、横に □ こならぶので、全部で何こならぶかを考えて、面積は □ × □ ＝ □ と求めます。

❷ 正方形の中にも、1 cm² の正方形が全部で何こならぶか考えます。
1 辺に □ こならぶので、面積は

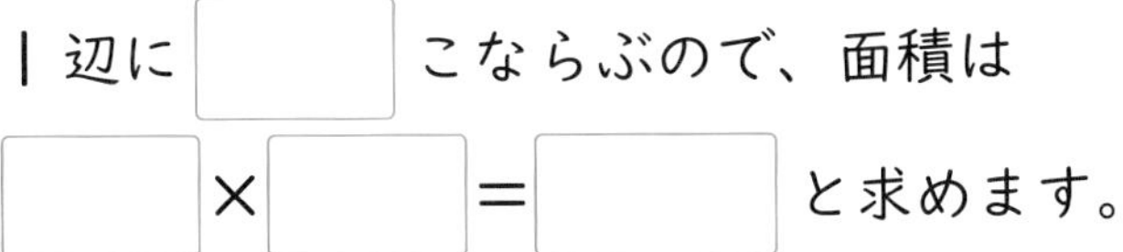

□ × □ ＝ □ と求めます。

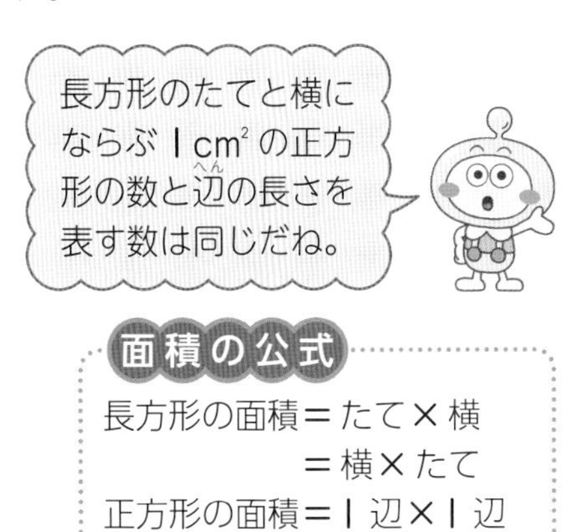

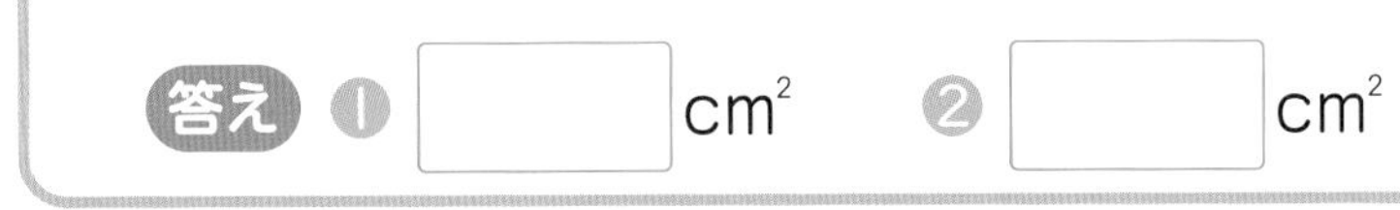

答え ❶ □ cm²　❷ □ cm²

2 次の長方形や正方形の面積は何 cm² ですか。　教科書 62ページ1

❶ たてが 12 cm、横が 24 cm の長方形

式

答え（　　　）

❷ 1 辺が 30 cm の正方形

式

答え（　　　）

3 面積が 48 cm² で、横の長さが 6 cm の長方形のたての長さを求めましょう。　教科書 64ページ3

式

答え（　　　）

長方形の面積を求める公式を使って考えよう。たての長さを□cm として公式にあてはめよう。

4 右の方がんに、4 つの頂点(ちょうてん)を決めて直線で結(むす)び、面積が 18 cm² の長方形をかきましょう。

教科書 64ページ5

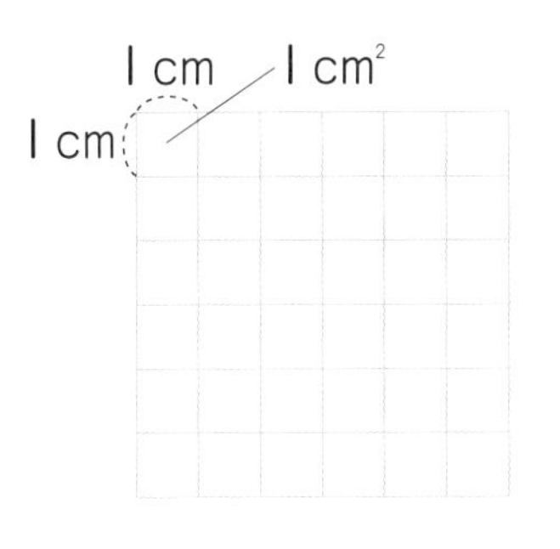

ポイント 正方形や長方形の面積を求めるときは、面積の公式に辺の長さをあてはめて計算しましょう。

2 長方形と正方形の面積［その2］
3 大きな面積の単位
4 辺の長さと面積の関係
きほんのワーク

勉強した日　月　日

学習の目標
いろいろな形や大きな単位の面積を求められるようになろう。

おわったらシールをはろう

教科書 ㊦65～73ページ　答え 32ページ

きほん1 面積の求め方のくふうができますか。

☆下のような形の面積を求めましょう。

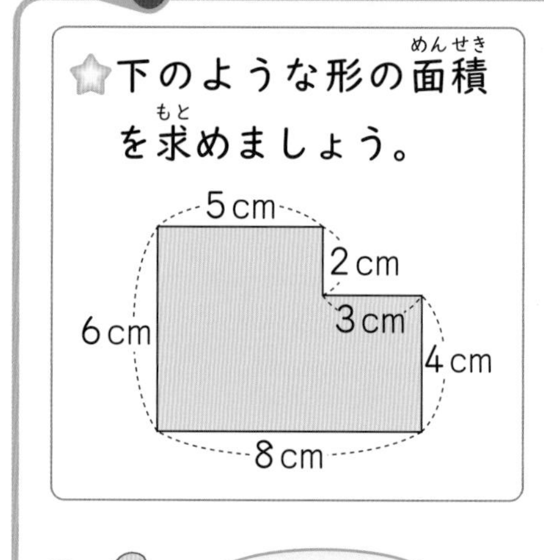

とき方　そのままでは、長方形や正方形の面積の公式が使えないときは、長方形や正方形に分けたり、欠けている部分をつけたして全体を長方形や正方形にして、公式が使えるようにします。

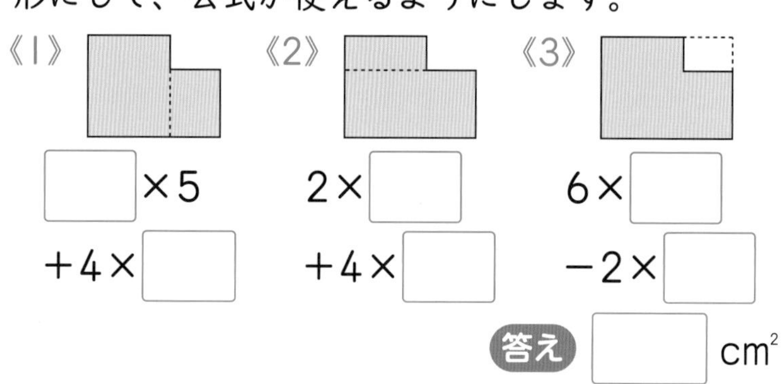

《1》 □×5＋4×□　《2》 2×□＋4×□　《3》 6×□－2×□

答え □ cm²

1 下のような形の面積を求めようとして、❶～❸の式に表しました。どのように考えたか、図の中に点線をかきましょう。　教科書 65ページ2

❶ 10×9＋5×20　❷ 15×20－10×11　❸ 15×9＋5×11

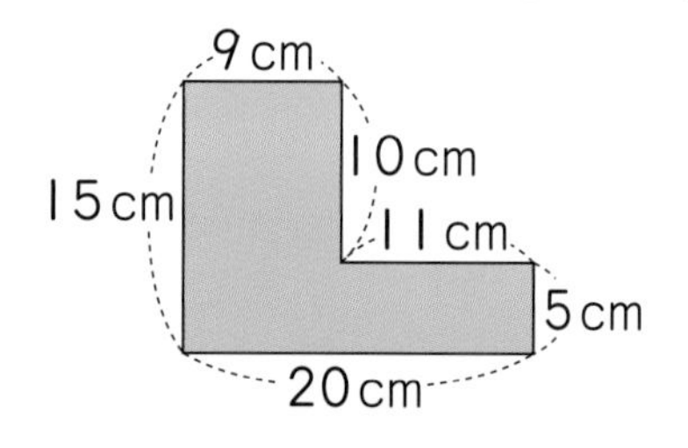

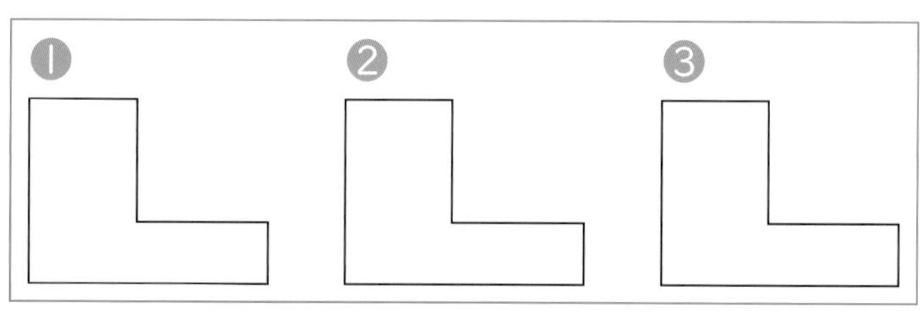

きほん2 大きな面積を表す単位がわかりますか。

☆たてが5m、横が4mの長方形の形をした部屋の面積を求めましょう。

とき方　部屋のような広いところの面積を表すには、1辺が1mの正方形の面積を単位にし、1m²の正方形が何こあるかを考えます。

面積は □×□＝□ と求めます。

答え □ m²

m²という単位

1辺が1mの正方形の面積が1m²（1平方メートル）です。

1m²＝1m×1m
＝100cm×100cm＝10000cm²

1m²、1a、1ha、1km²については、それを表す正方形の1辺の長さは順に10倍の大きさになっていて、その面積は、順に100倍になっているよ。

2 次の面積は何 m^2 ですか。 📖教科書 68ページ1

❶ たてが 10 m、横が 8 m の長方形の形をした教室の面積

式

答え（　　　　）

❷ 1 辺が 7 m の正方形の形をした花だんの面積

式

答え（　　　　）

きほん 3 a や ha という面積の単位がわかりますか。

☆たてが 150 m、横が 400 m の長方形の形をしたりんご園の面積は何 m^2 ですか。また、何 a、何 ha ですか。

とき方 水田や畑などのような土地の面積を表すには、1 辺が 10 m や 100 m の正方形の面積を単位にして考えます。

1 辺が 10 m の正方形の面積（10 m×10 m＝100 m^2）を 1a （1 アール）、

また、1 辺が 100 m の正方形の面積（100 m×100 m＝10000 m^2）を 1ha （1 ヘクタール）といいます。求める面積は

□×□＝□ です。

答え □ m^2 □ a □ ha

a、ha という単位

1 a＝10 m×10 m＝100 m^2

1 ha＝100 m×100 m

＝10000 m^2＝100 a

3 1 辺が 800 m の正方形の形をした公園の面積は何 m^2 ですか。また、それは何 ha ですか。 📖教科書 69ページ2

式

答え（　　　　）

きほん 4 町のような広いところの面積の表し方がわかりますか。

☆たてが 4 km、横が 6 km の長方形の形をした町の面積を求めましょう。

とき方 県や町などのような広いところの面積を表すには、1 辺が 1 km の正方形の面積を単位にして考えます。

求める面積は □×□＝□ です。

答え □ km^2

km^2 という単位

1 km^2（1 平方キロメートル）＝1 km×1 km

＝1000 m×1000 m＝1000000 m^2

4 たて 2 km、横 3 km の長方形の形をした森林の面積は何 km^2 ですか。 📖教科書 71ページ3

式

答え（　　　　）

ポイント 大きな面積の単位（m^2、a、ha、km^2）をきちんと覚(おぼ)えましょう。また、いろいろな形の面積を求めるときは、正方形や長方形に分けて求めるようにしましょう。

勉強した日　月　日

練習のワーク

教科書 ㊦ 58～75ページ　答え 33ページ

できた数　/5問中

1 長方形や正方形の面積　Ｉ辺が16ｍの正方形の面積を求めましょう。

式

答え（　　　　　）

2 長方形の面積　面積が36 cm^2 で、横の長さが9cmの長方形の形をしたカードのたての長さは何cmですか。

式

答え（　　　　　）

3 いろいろな形の面積　右のような形の面積を求めましょう。

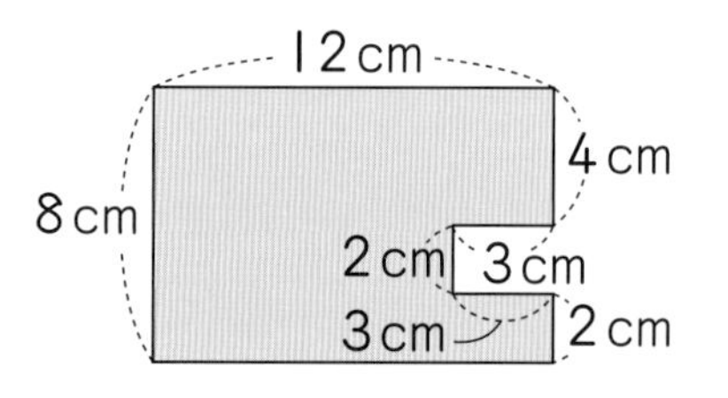

式

答え（　　　　　）

4 面積の単位　Ｉ辺が200ｍの正方形の形をした野球場の面積は何αですか。また、何hαですか。

式

答え（　　　　　）

5 長方形のたての長さと面積の関係　20cmのはり金を折り曲げて、長方形や正方形をつくります。面積がいちばん大きくなるのは、たての長さが何cmのときですか。下の表に書いて求めましょう。

たて（cm）	1	2	3	4	5	6	
横　（cm）	9	8	7				
面積（cm^2）	9	16	21				

（　　　　　）

てびき

1 長方形や正方形の面積

たいせつ

長方形の面積
＝たて×横
＝横×たて
正方形の面積
＝Ｉ辺×Ｉ辺

2 たての長さを□cmとすると、
□×9＝36
と表せます。

3 いろいろな形の面積
長方形や正方形の面積の公式がそのまま使えないときは、**長方形や正方形に分けたり、欠けている部分をつけたして**全体を長方形や正方形にして、公式が使えるようにします。

4 面積の単位

$1m^2=1m\times1m$
$1a=10m\times10m=100m^2$
$1ha=100m\times100m$
$=10000m^2$
$=100a$
$1km^2=1km\times1km$
$=1000m\times1000m$
$=1000000m^2$
$=10000a$
$=100ha$

できるナビ　広さにあわせた面積の単位を選んだり、いろいろな形の面積をくふうして求めたりできるようにしておくことが大切です。

まとめのテスト

1 よく出る 次の面積を(　)の中の単位で求めましょう。　1つ6〔48点〕

❶ たてが 80 cm、横が 1 m の長方形の形をしたつくえ（cm^2）

式

答え（　　　　）

❷ まわりの長さが 20 m の正方形の形をした花だん（m^2）

式

答え（　　　　）

❸ たてが 25 m、横が 12 m の長方形の形をした公園（a）

式

答え（　　　　）

❹ 1 辺が 700 m の正方形の形をした土地（ha）

式

答え（　　　　）

2 面積が 84 m^2 で、横の長さが 14 m の長方形の形をした畑があります。たての長さは何 m ですか。　1つ8〔16点〕

式

答え（　　　　）

3 下の形の、色のついた部分の面積を求めましょう。　1つ6〔36点〕

❶ 12 cm、8 cm、10 cm、18 cm、10 cm、22 cm

式

答え（　　　　）

❷ 3 m、2 m、4 m、3 m、3 m、2 m、7 m

式

答え（　　　　）

❸ 13 m、6 m、6 m、26 m

式

答え（　　　　）

ふろくの「計算練習ノート」20ページをやろう！

□長さや面積をいろいろな単位で表すことができたかな？
□いろいろな形の面積を、くふうして求められたかな？

勉強した日　月　日

1 小数のかけ算

きほんのワーク

学習の目標・
小数に整数をかける計算を考え、筆算ができるようになろう。

おわったらシールをはろう

教科書 ㊦76〜82ページ　答え 34ページ

きほん1　小数×整数の計算のしかたがわかりますか。

☆さとうが0.4kg入ったふくろが3ふくろあります。さとうは全部で何kgありますか。

とき方　整数のときと同じように、□kgの3こ分の重さを求めるので、式は0.4×3です。

0　0.4　□(kg)
0　1　2　3(ふくろ)

0.4kgは0.1kgを□こ集めた重さだから、0.1をもとに考えると、4×3=□より、0.1kgの□こ分です。また、整数×整数の計算のしかたをもとにすると、0.4×3の積は、0.4を10倍して□×3の計算をし、その積を10でわっても求められます。

答え □kg

1 計算をしましょう。

教科書 77ページ1

❶ 0.2×4　❷ 0.5×5

❸ 0.3×8　❹ 0.8×9

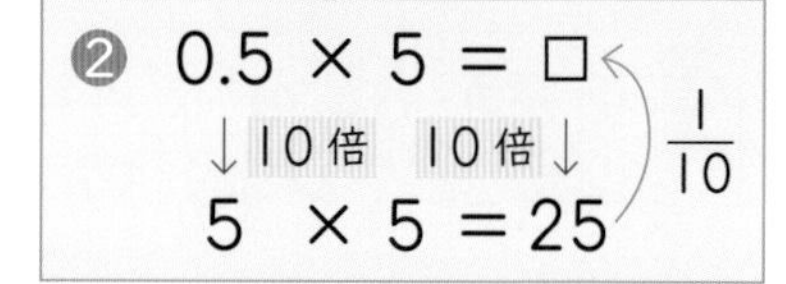

きほん2　小数×整数の筆算ができますか。

☆1.6×7の計算をしましょう。

とき方　1.6×7の積も、1.6を10倍して□×7の計算をし、その積を□にすれば(10でわれば)求められます。また、筆算は次のようにします。

1.6 × 7 = □
↓10倍　10倍↓　1/10
16 × 7 = 112

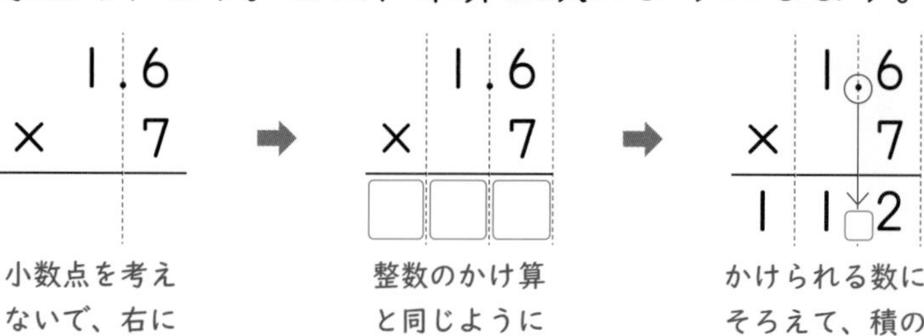

答え □

小数×整数の筆算は、小数点を考えないで整数の計算と同じようにするから、位をそろえるのではなく、右にそろえて書くと覚えておこう。

2 計算をしましょう。 教科書 79ページ 2 3 80ページ 4

❶ 6.7×8　　❷ 19.6×3

❸ 4.5×6　　❹ 27.5×4

きほん 3 かける数が2けたになっても計算できますか。

☆1.2×56の計算をしましょう。

とき方 かける数が2けたになっても、筆算のしかたは同じです。

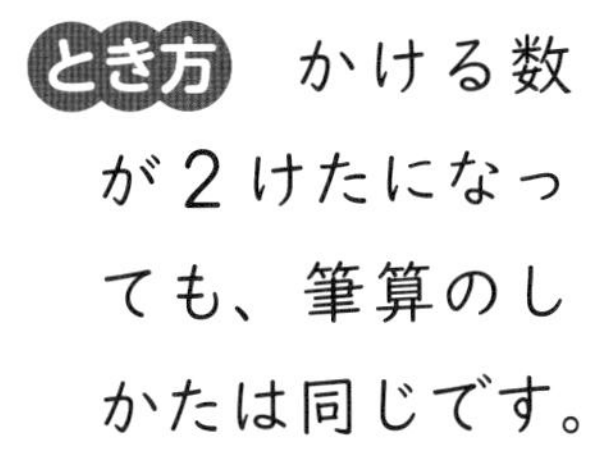

	1	.2
×	5	6
	□	2
□	0	
□	□	2

→

	1	⊙2
×	5	6
	7	2
6	0	
6	7	□2

ちゅうい
積の小数点は、かけられる数と同じ位置にそろえてうつことに注意します。また、小数点をうちわすれないようにしましょう。

答え □

3 計算をしましょう。 教科書 80ページ 5

❶ 7.6×24　　❷ 13.8×82　　❸ 11.6×40

きほん 4 $\frac{1}{100}$の位がある小数のかけ算ができますか。

☆1.18kgだった子犬の体重が2倍になると、何kgになりますか。

とき方 式は1.18×□です。積は、

1.18を□倍して118×2の計算をし、

その積を□にすれば(100でわれば)求められます。

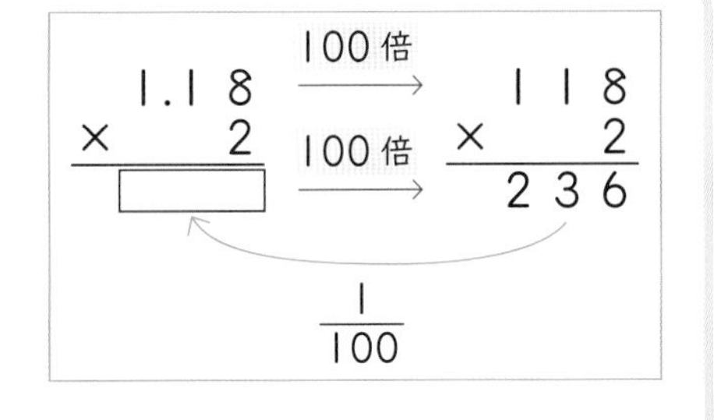

答え □kg

4 計算をしましょう。 教科書 82ページ 9

❶ 0.46×6　　❷ 5.95×8　　❸ 3.14×35

ポイント かけられる数やかける数が何けたになっても、計算のしかたは同じです。積に小数点をうつときに、うつ位置に注意します。

勉強した日　月　日

2 小数のわり算 [その1]

学習の目標
小数を整数でわる計算を考え、筆算ができるようになろう。

おわったら シールを はろう

教科書 ㊦83〜87ページ　答え 34ページ

きほん1 小数÷整数の計算のしかたがわかりますか。

☆5.2 m のリボンを 4 人で等分すると、1 人分の長さは何 m になりますか。

とき方　5.2 m を 4 等分した 1 つ分を求めるので、式は □ ÷4 です。5.2 m は 0.1 m の □ こ分で、□ ÷4＝□ より、1 人分は、0.1 m が □ こ分です。

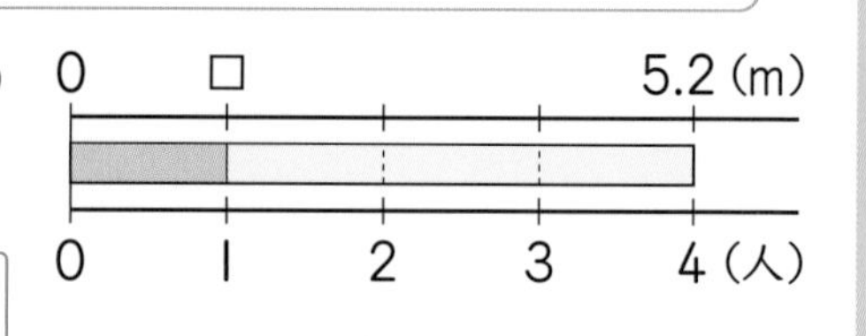

答え □ m

1 計算をしましょう。　教科書 83ページ1

❶ 6.9÷3　❷ 7.2÷6　❸ 8.6÷2

わり算でも、0.1 をもとにして考えればいいね。

2 4.5 L のジュースがあります。このジュースを同じ量ずつ 3 つのびんに分けます。1 つのびんに入れるジュースは何 L になりますか。　教科書 83ページ1

式

答え（　　　）

きほん2 小数÷整数の筆算ができますか。

☆5.4÷3 の計算をしましょう。

とき方　わり算の筆算のしかたは、整数のときと同じです。わられる数の小数点にそろえて、商の小数点をうちます。

```
   1          1□          1.□
3)5.4  ➡  3)5.4  ➡  3)5.4
  3          3           3
  2          2           2 4  ←0.1 が 24 こ
                         □□
                          □
```

一の位の 5 を 3 でわる。

わられる数の小数点にそろえて、商の小数点をうつ。

$\frac{1}{10}$ の位の 4 をおろし、24 を 3 でわる。

商の小数点をうつところ以外は、整数のわり算と同じだね。

答え □

【1 より小さい数(1)】17 世紀に吉田光由という人が「塵劫記」という本に小さな数の名を書いているよ。

3 計算をしましょう。　教科書 86ページ 2 3

❶ 9.6÷6　❷ 9.5÷5　❸ 8.4÷6

❹ 87.5÷5　❺ 25.2÷4　❻ 44.4÷6

4 23.2kg の米を 4 人で等分すると、1 人分は何 kg になりますか。　教科書 86ページ 4

式

答え（　　　　）

きほん 3　一の位に商がたたないわり算ができますか。

☆ピンクのリボンの長さは、黄色のリボンの長さの 6 倍で、1.8m です。黄色のリボンの長さは何 m ですか。

とき方 1 にあたる大きさを求(もと)めるので、式は □ ÷6 です。筆算では、わられる数の一の位の 1 は、わる数の 6 より小さいので、商の一の位に □ を書いて、小数点をうってから計算を進めます。

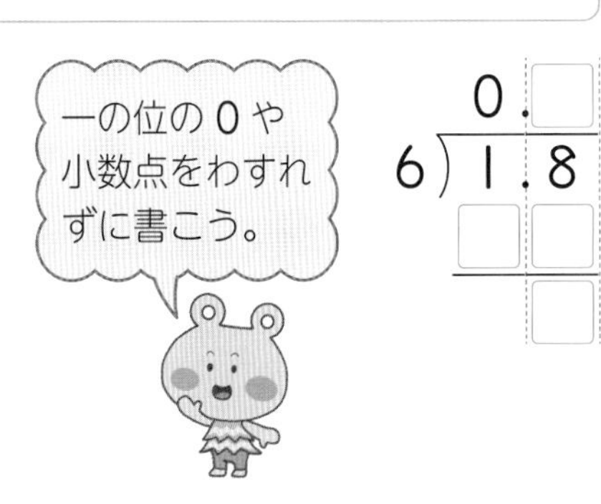

答え □ m

5 計算をしましょう。　教科書 87ページ 5

❶ 6.4÷8　❷ 10.8÷12　❸ 25.2÷36

ポイント　小数のわり算も整数と同じように、筆算で計算することができます。商に小数点をうつのをわすれないようにしましょう。

勉強した日　月　日

2 小数のわり算［その2］

きほんのワーク

学習の目標
小数を整数でわる、いろいろな計算のしかたになれよう。

おわったらシールをはろう

教科書 ㊦ 88〜90ページ　答え 35ページ

きほん1　$\frac{1}{100}$の位がある小数のわり算ができますか。

☆7.44÷6 の計算をしましょう。

とき方　7.44 を □ 倍すると 744 になるので、0.01 をもとにして考えます。
744÷6＝□ より、0.01 の □ こ分で、7.44÷6＝□

答え □

$$
\begin{array}{r}
1.24 \\
6\overline{)7.44} \\
6 \\
\hline
1\,4 \\
1\,2 \\
\hline
2\,4 \\
2\,4 \\
\hline
0
\end{array}
$$

←0.1 が 14 こあることを表す。
←0.01 が 24 こあることを表す。

1 計算をしましょう。　教科書 88ページ 9 10

❶ 5.28÷4　❷ 0.65÷5　❸ 0.128÷32

きほん2　小数のわり算で、あまりの出し方がわかりますか。

☆59.3kg のねん土を 3kg ずつのかたまりに分けます。かたまりは何こできて、何kg あまりますか。

とき方　59.3kg を 3kg ずつに分けるので、式は 59.3÷3 です。かたまりの数は整数だから、商は一の位まで求めます。筆算は右のようになり、あまりの小数点は、わられる数の小数点にそろえてうちます。

答え □ こできて、□ kg あまる。

$$
\begin{array}{r}
1\square \\
3\overline{)59.3} \\
3 \\
\hline
29 \\
27 \\
\hline
2.\square
\end{array}
$$

0.1 が 23 こあることを表しているので、あまりは 2.3 になる。

けん算をしましょう！
3 × 19 + 2.3 = 59.3
わる数　商　あまり　わられる数

【1 より小さい数(2)】一の位の下は、「分、厘、毛、糸、忽、微、繊、沙、塵、埃、渺、漠、模糊、逡巡、須臾、瞬息、弾指、刹那、六徳、虚空、清浄」となるよ。

2 商は一の位まで求め、あまりも出しましょう。また、けん算もしましょう。

教科書 89ページ 12

❶ 17.6÷3

けん算（　　　　　）

❷ 57.4÷4

けん算（　　　　　）

❸ 90.1÷16

けん算（　　　　　）

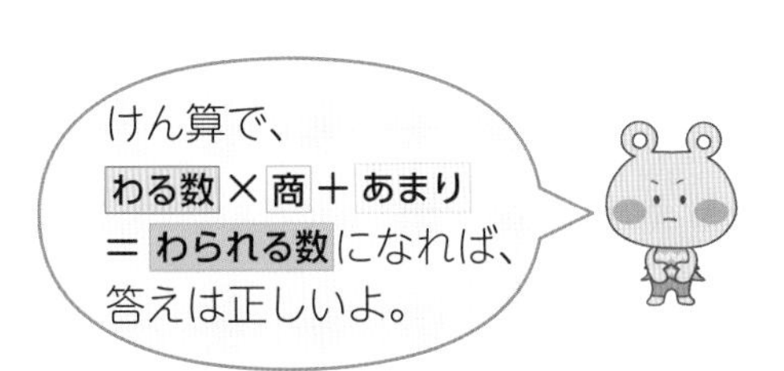

きほん3　整数÷整数の計算をわりきれるまでできますか。

☆28mのロープを8等分すると、1本分は何mになりますか。

とき方　28mを8等分した1つ分を求めるので、
式は□÷□です。
これまでの筆算のしかたでは、
28÷8＝3あまり4ですが、
あまりの4をさらに8でわり続(つづ)けます。

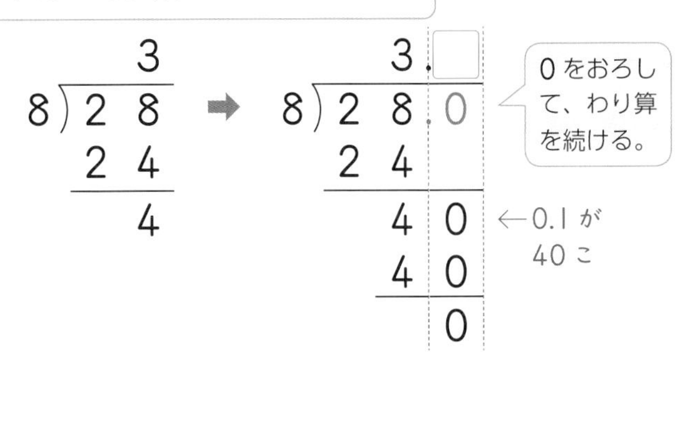

答え □m

3 わりきれるまで計算しましょう。

教科書 90ページ 14

❶ 12÷8　❷ 30÷25　❸ 1÷4　❹ 6÷75

ポイント　あまりの小数点のうち方に注意しましょう。答えのたしかめをすると、あまりの大きさにまちがいがないかがわかります。

勉強した日　月　日

2 小数のわり算 [その3]
3 小数の倍

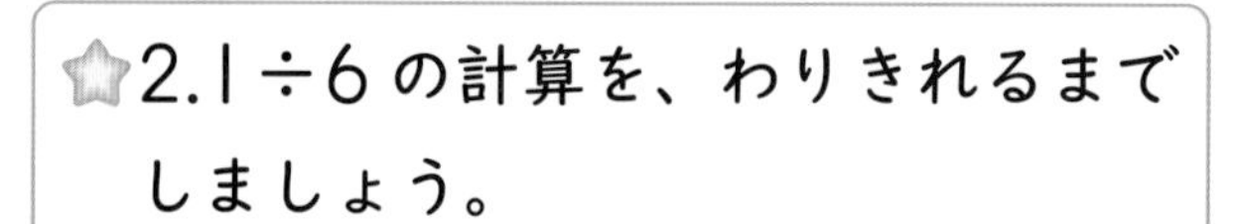

学習の目標

何倍かを表すときにも小数が使えることを理かいしよう。

おわったらシールをはろう

教科書 下 91～94ページ　答え 35ページ

きほん 1 小数÷整数の計算をわりきれるまでできますか。

☆2.1÷6 の計算を、わりきれるまでしましょう。

とき方 わられる数の 2.1 を［　　］と考えて、0 をおろしてわり算を続けます。

```
   0.3            0.3□
6)2.1    →    6)2.10
  1 8             1 8
    3               30
                    30
                     0  ←わりきれた。
```

答え［　　］

1 わりきれるまで計算しましょう。　教科書 91ページ 15

❶ 5.4÷4　❷ 0.9÷5　❸ 31.5÷18　❹ 4.5÷36

きほん 2 商をがい数で求めるわり算ができますか。

☆18.6÷7 の計算をし、商を四捨五入して、上から 2 けたのがい数で求めましょう。

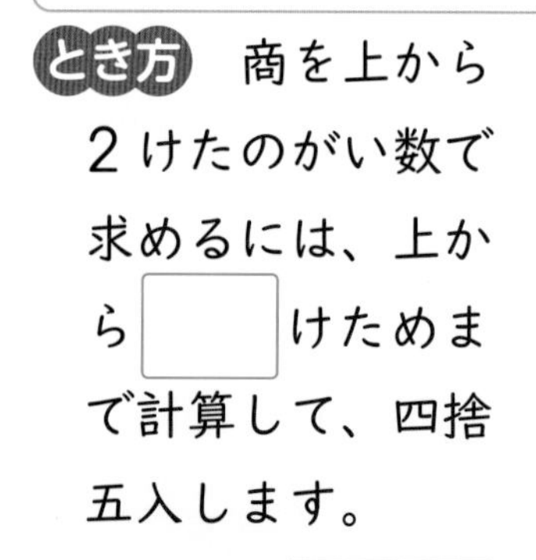

とき方 商を上から 2 けたのがい数で求めるには、上から［　］けためまで計算して、四捨五入します。

```
    2.6             2.65              □
7)18.6    →    7)18.60    →        2.6̸5̸
  14               14            7)18.60
   46               46               14
   □□               42                46
    □                4□               42
                    □□                 40
                     □                 35
                                        5
```

答え［　　］

2 商を四捨五入して、上から 2 けたのがい数で求めましょう。　教科書 91ページ 16

❶ 13.4÷7　❷ 341÷12　❸ 15.9÷9

さんすうはかせ　わり算で、わりきれるまでわり続けたり、商をがい数で求めたりすることがあるよ。いろいろなわり算のしかたになれることが大切なんだ。

きほん3 小数の倍の意味がわかりますか。

☆物語の本のねだんは900円で、ノートのねだんは200円です。物語の本のねだんは、ノートのねだんの何倍ですか。

とき方 2倍、3倍などの整数の倍と同じように、何倍かを表すときにも小数を使って2.5倍や3.5倍のように表すことがあります。何倍かを求めるときには、□算を使うので、式は

□÷□＝□

です。

答え □倍

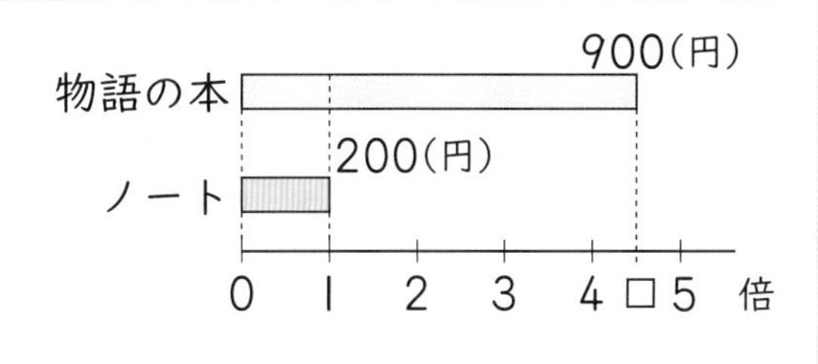

3 8mの白のリボン、5mの赤のリボン、2mの緑のリボンがあります。 教科書 92ページ1

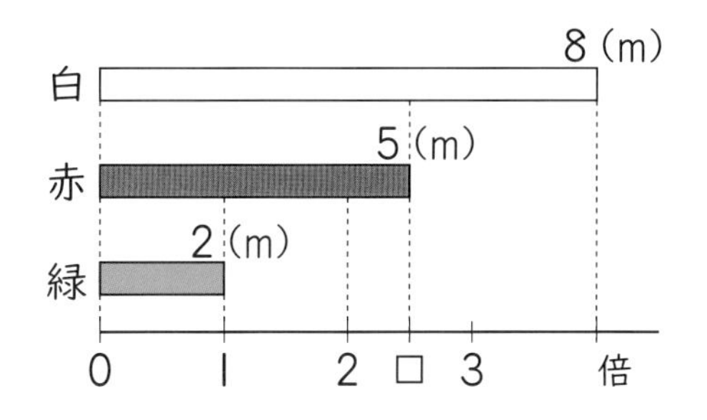

❶ 赤のリボンの長さは、緑のリボンの長さの何倍ですか。

式

答え（　　　　　）

❷ 白のリボンの長さは、赤のリボンの長さの何倍ですか。

式

答え（　　　　　）

4 □にあてはまる数を書きましょう。 教科書 92～94ページ

❶ 81kgは30kgの□倍です。

❷ 60Lは100Lの□倍です。

5 ともひろさんは物語の本を土曜日に25分、日曜日に45分読みました。日曜日に読んだ時間は、土曜日に読んだ時間の何倍ですか。 教科書 93ページ⚠1

式

答え（　　　　　）

ポイント 倍を表す数が小数になることもあります。計算をするときは「わり算」を使って、もとにする数の何倍かを求めます。

勉強した日　月　日

できた数　/17問中

おわったらシールをはろう

教科書 下 76~97ページ　答え 36ページ

1 小数のかけ算　計算をしましょう。

❶ 2.6×7　❷ 15.6×5

❸ 1.7×65　❹ 78.4×90

❺ 5.95×2　❻ 6.02×18

2 小数のわり算　わりきれるまで計算しましょう。

❶ 42÷35　❷ 10÷8

❸ 12÷15　❹ 2.6÷4

❺ 32.8÷16　❻ 0.4÷5

3 あまりのあるわり算　商は一の位まで求め、あまりも出しましょう。また、けん算もしましょう。

❶ 25.6÷8　❷ 87.7÷27

けん算（　　）　けん算（　　）

4 小数の倍　ゆうこさんの家から学校までの道のりは400mで、駅までの道のりは1720mです。駅までの道のりは、学校までの道のりの何倍ですか。

式

答え（　　）

てびき

1 2 小数のかけ算 小数のわり算

筆算は、けた数がふえても、小数点がないものとして、整数のときと同じしかたで計算します。

ちゅうい

積の小数点は、かけられる数の小数点にそろえてうちます。
商の小数点は、わられる数の小数点にそろえてうちます。

3 あまりのあるわり算

あまりの大きさに注意します。
けん算は、
わる数×商+あまり
→わられる数
でします。

4 小数の倍

ゆうこさんの家から学校までの道のりを1とみたとき、駅までの道のりがいくつにあたるか、わり算を使って求めます。

できるナビ　小数のかけ算・わり算は、整数のときと同じように計算できますが、積や商の小数点のうち方には注意が必要です。

勉強した日　月　日

まとめのテスト

教科書 (下) 76～97ページ　答え 37ページ

1 よく出る 計算をしましょう。　1つ6〔18点〕

❶ 7.2×3　❷ 0.7×45　❸ 0.36×16

2 わりきれるまで計算をしましょう。　1つ8〔24点〕

❶ 3.6÷24　❷ 4÷25　❸ 0.3÷5

3 100円玉6まいの重さをはかったら、28.8gありました。　1つ7〔28点〕

❶ 100円玉1まいの重さは、何gですか。

式

答え（　　　）

❷ 100円玉15まい分の重さは、何gですか。

式

答え（　　　）

4 3.4Lのスポーツドリンクを12人で等分すると、1人分は約何Lになりますか。答えは四捨五入して、上から2けたのがい数で求めましょう。　1つ7〔14点〕

式

答え（　　　）

5 はるみさんの体重は32kg、妹の体重は20kgです。はるみさんの体重は、妹の体重の何倍ですか。　1つ8〔16点〕

式

答え（　　　）

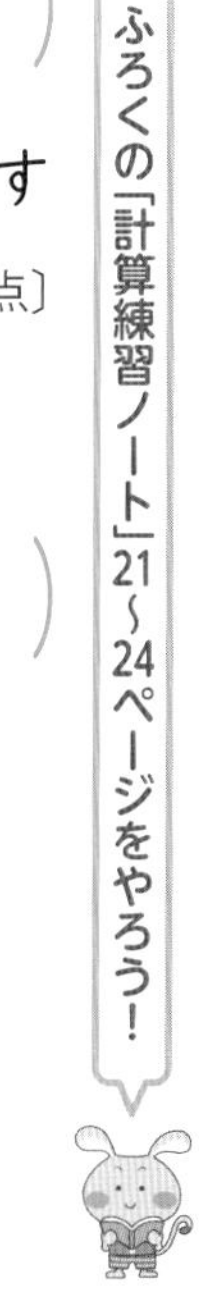

□ 小数のかけ算やわり算の筆算ができたかな？
□ 小数のいろいろなわり算の答えを正しく求められたかな？

勉強した日 月 日

1 直方体と立方体

きほんのワーク

学習の目標
直方体と立方体の特ちょうを覚え、展開図をかけるようになろう。

おわったらシールをはろう

教科書 ㊦ 100～105ページ　答え 37ページ

きほん1 直方体や立方体がどんな形かわかりますか。

☆直方体、立方体の面の数、辺(へん)の数、頂点(ちょうてん)の数について調べて、下の表にまとめましょう。

	面の数	辺の数	頂点の数
直方体	あ	い	う
立方体	え	お	か

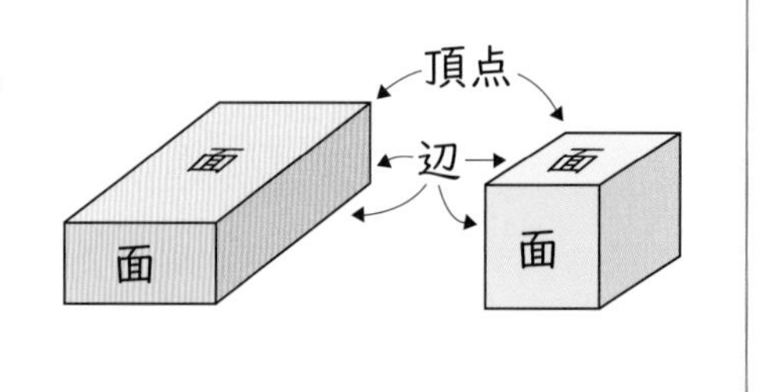

とき方 長方形だけでかこまれた形や、長方形と正方形でかこまれた形を［直方体］といい、正方形だけでかこまれた形を［立方体］といいます。直方体、立方体どちらも面の数は［　］、辺の数は［　］、頂点の数は［　］で、同じになります。

答え 上の表に記入

たいせつ
直方体や立方体のまわりの面のように、平らな面のことを「平面(へいめん)」といいます。

ちゅうい
直方体(ちょくほうたい)…面の形は長方形、または、長方形と正方形なので、長さの等しい辺が4本ずつ3組あるか、または、長さの等しい辺が4本と8本あります。
立方体(りっぽうたい)…面の形がすべて正方形なので、すべての辺の長さが等しくなっています。

1 下の図のような直方体には、どんな形の面がそれぞれいくつありますか。

教科書 103ページ2

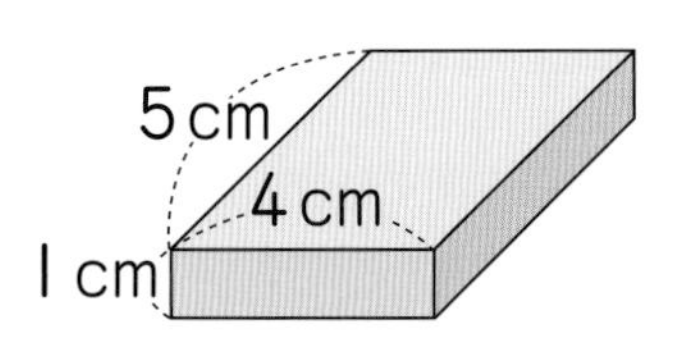

箱やボールのように、平らな面や曲がった面でかこまれた形を「立体(りったい)」というよ。だから、直方体や立方体は「立体」だし、球も「立体」だよ。

きほん2 展開図をかくことができますか。

☆下の図のような直方体を辺にそって切り開いた図を、右の方がんにかきましょう。ただし、方がんの１めもりは１cmとします。

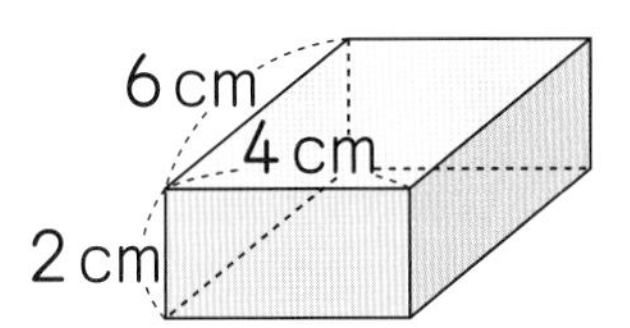

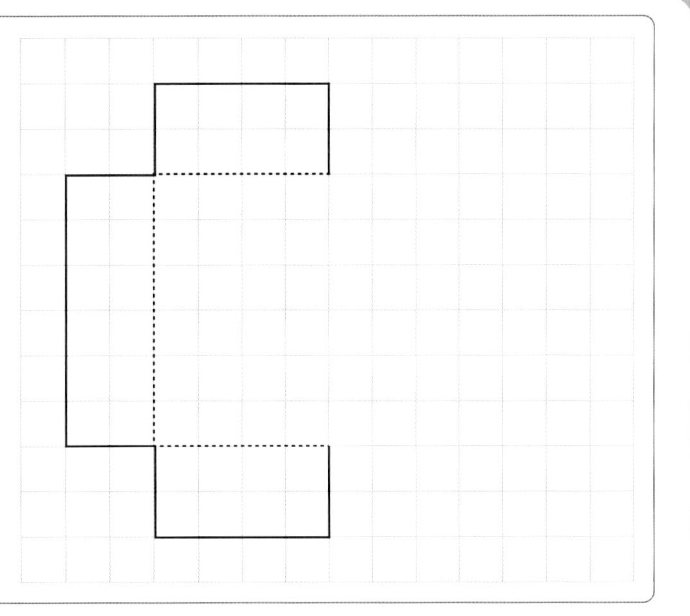

とき方 直方体や立方体などを辺にそって切り開いて、平面の上に広げた図を 展開図（てんかいず） といいます。切り開く辺によって、いろいろな展開図ができます。

答え 上の図に記入

2 下の図のような直方体の展開図を、右の方がんにかきましょう。 教科書 104ページ3

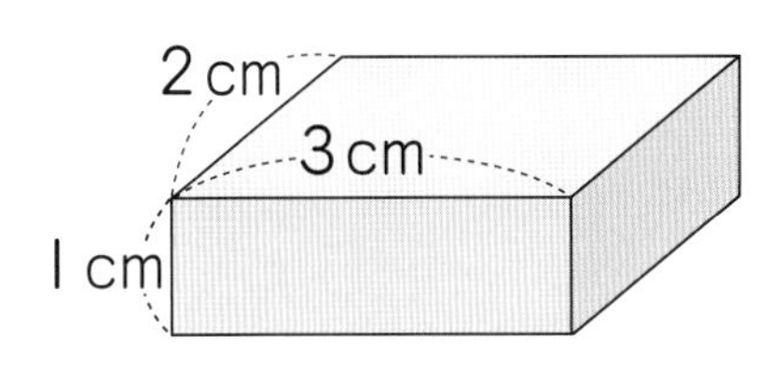

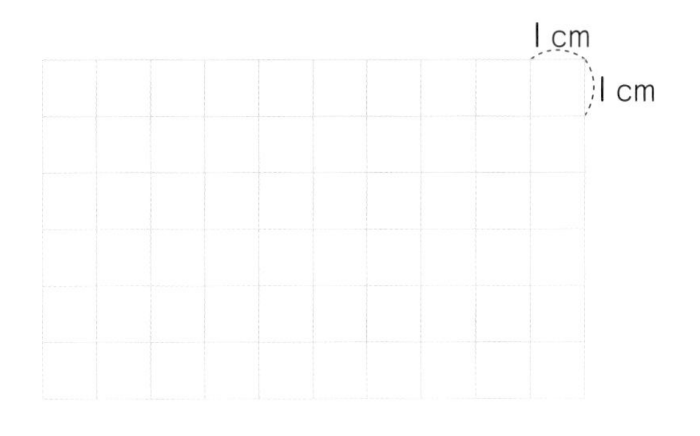

3 右の展開図を見て、答えましょう。 教科書 105ページ3

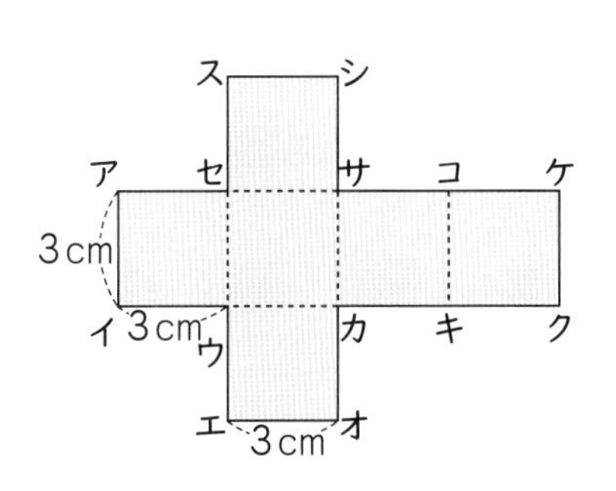

❶ 組み立ててできる立体の名前を答えましょう。

（　　　　　　）

❷ 辺サコの長さは何cmですか。

（　　　　　　）

❸ 点オと重なる点はどれですか。

（　　　　　　）

❹ 辺ケクと重なる辺はどれですか。

（　　　　　　）

ポイント 展開図は、その立体がどのような面から組み立てられているのかがわかります。切り開く辺によって、同じ立体でも展開図はいろいろできることに注意しましょう。

勉強した日　月　日

学習の目標
直方体や立方体の面と面や、辺と辺の関係を理かいしよう。

おわったらシールをはろう

2 面や辺の垂直、平行

きほんのワーク

教科書 ㊦ 106〜108ページ　答え 38ページ

きほん1 直方体や立方体で、面と面や辺と辺の関係がわかりますか。

☆右の図の直方体を見て、答えましょう。

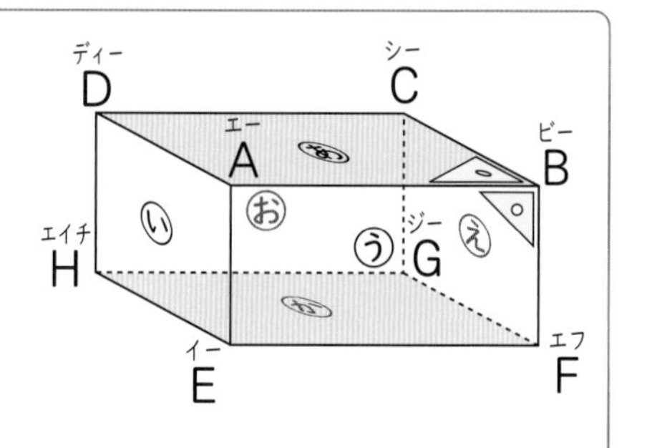

❶ 面あに垂直な面はどれですか。
❷ 面あに平行な面はどれですか。
❸ 頂点Bを通って、辺ABに垂直な辺はどれですか。
❹ 辺ABに平行な辺はどれですか。

とき方　面と面が交わってできた角が直角のとき、面と面は［垂直］であるといい、直方体や立方体ではとなり合った2つの面はみな垂直だから、面あと垂直な面は［　］つあります。また、直方体や立方体では、向かい合った面と面は［平行］です。さらに、この直方体のすべての面は長方形だから、頂点Bを通って辺ABに垂直な辺は［　］つ、辺ABに平行な辺は［　］つあります。

答え　❶ 面［　］　面［　］　面［　］　面［　］
❷ 面［　］　❸ 辺［　］　辺［　］
❹ 辺［　］　辺［　］　辺［　］

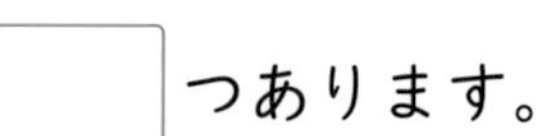

たいせつ
直方体や立方体では、となり合った面は垂直で、向かい合った面は平行です。

1 右の図の直方体を見て、答えましょう。

教科書 106〜107ページ

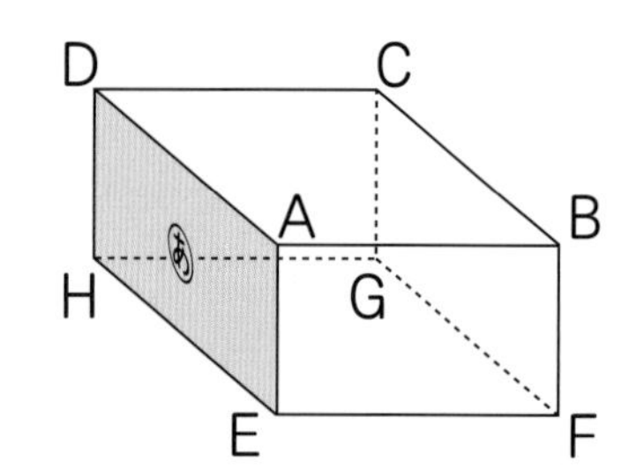

❶ 面あに垂直な面の数、平行な面の数
垂直（　　）　平行（　　）

❷ 辺ABに垂直な辺の数、平行な辺の数
垂直（　　）　平行（　　）

❸ 辺AEと辺EHは、どのように交わっていますか。
（　　）

❹ 頂点Bを通って、辺BCに垂直な辺はどれですか。
（　　）

直方体の１つの辺から見て、交わってなく、平行や垂直にならない辺は「ねじれの位置にある」というんだよ。

きほん2 直方体や立方体で面と辺の交わり方やならび方がわかりますか。

☆下の図の直方体で、面あに垂直な辺はどれですか。

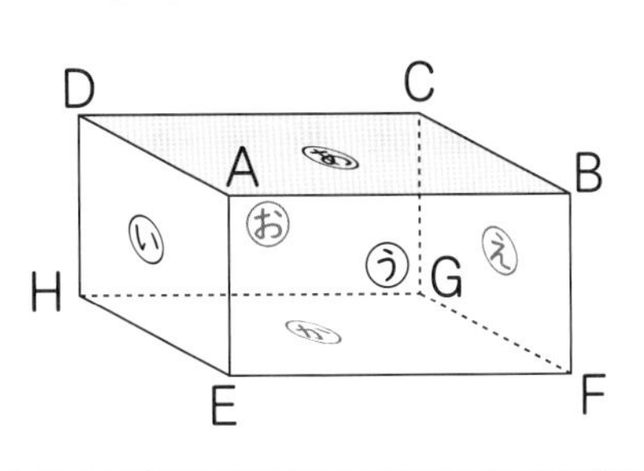

とき方 面いと面うは、ともに4つの角がすべて直角な長方形だから、辺AEは面あに［　　］です。同じように考えると、面あに垂直な辺は、ほかに［　　］つあります。

また、辺AEと面えは［　　］です。

答え 辺［　　］　辺［　　］
辺［　　］　辺［　　］

2 右の立方体の展開図を組み立てます。

教科書 108ページ 1

ア　セ　ス
あ　い
イ　ウ　シ　サ
う　え
エ　オ　コ　ケ
お　か
カ　キ　ク

❶ 辺アイに垂直な面はどれですか。

（　　　　）

❷ 辺アイに平行な面はどれですか。

（　　　　）

きほん3 直方体の見取図がかけますか。

☆下の図の続(つづ)きをかいて、直方体の見取図(みとりず)を完成(かんせい)させましょう。

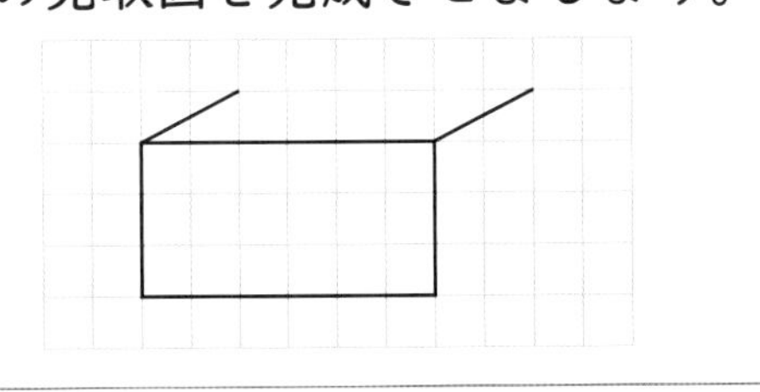

とき方 直方体や立方体などの全体の形がわかるようにかいた図を、［見取図］といいます。

見取図は、次のようにかきます。

1 正面の長方形か正方形をかく。
2 見えている辺をかく。
3 見えない辺は点線でかく。

見取図は、少しななめ上から見たようにかくと、3つの面が一目で見えるようにかけるね。また、平行な辺は平行になるようにかくよ。

答え 左の図に記入

3 右の図は、直方体の見取図をとちゅうまでかいたものです。続きをかいて、見取図を完成させましょう。

教科書 109ページ 3

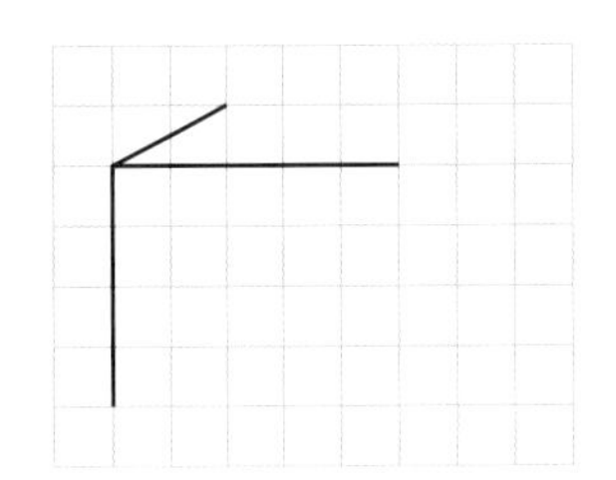

ポイント 見取図は、全体の形を見やすくかいた図なので、立体のおよその形がわかります。また、平行や垂直がわかりやすくなります。

勉強した日　月　日

学習の目標
平面上や空間にある点の位置を、長さの組を使って表してみよう。

おわったらシールをはろう

3 位置の表し方

きほんのワーク

教科書 下 110〜111ページ　答え 38ページ

きほん1 平面上の点の位置の表し方がわかりますか。

☆下の図で、点B（ビー）の位置（いち）は、点A（エー）をもとにして、（横 1cm、たて 2cm）と表すことができます。点Bと同じように、点C（シー）の位置を表しましょう。

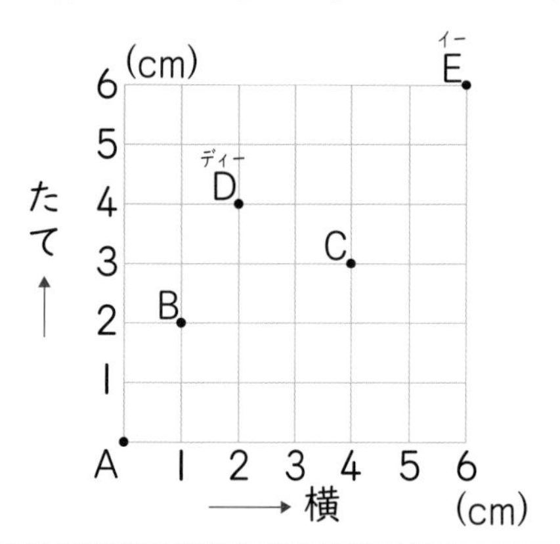

とき方　平面にある点の位置は、もとになる点からの2つの長さの組で表すことができます。
点Cは、点Aから横に4cm、たてに［　］cmの位置にあります。

答え　（横［　］cm、たて［　］cm）

1 きほん1の図を見て、答えましょう。　教科書 110ページ1

❶ 点Aをもとにして、点Dの位置を表しましょう。
（　　　　　　）

❷ 点Aをもとにして、点Eの位置を表しましょう。
（　　　　　　）

2 右の図で、点Bの位置は、点Aをもとにして、（東 3m、北 2m）と表すことができます。　教科書 110ページ1

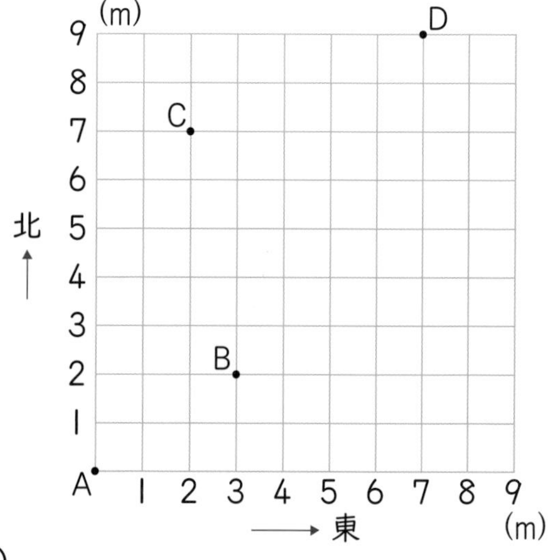

❶ 点Aをもとにして、点Cの位置を表しましょう。
（　　　　　　）

❷ 点Aをもとにして、点Dの位置を表しましょう。
（　　　　　　）

❸ 点Aをもとにして、点E（東 8m、北 5m）を右の図の中にかきましょう。

さんすうはかせ　平面上にある点の位置を表すには2つの長さ、空間にある点の位置を表すには3つの長さが必要（ひつよう）だよ。

きほん2 空間にある点の位置の表し方がわかりますか。

☆右の直方体で、頂点F（ちょうてん エフ）の位置は、頂点Aをもとにして、（横3cm、たて0cm、高さ5cm）と表すことができます。頂点Aをもとにして、頂点C、E、G（ジー）の位置をそれぞれ表しましょう。

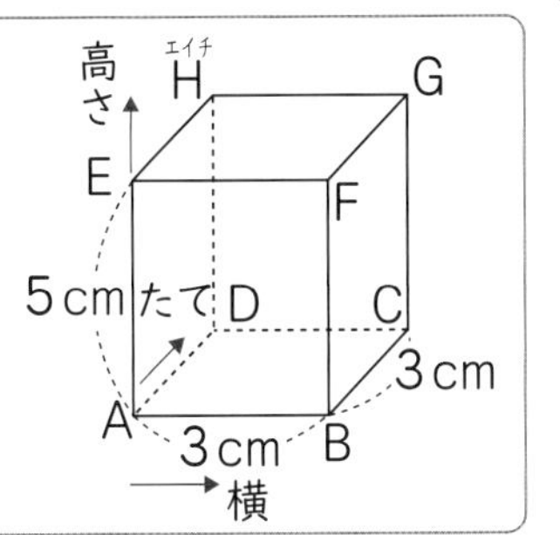

とき方 空間にある点の位置は、もとになる点からの横、たて、高さの3つの長さの組で表します。頂点Cは、頂点Aから横に3cm、たてに［　］cmの位置にあって、高さは0cmです。頂点Eは、頂点Aから横にもたてにも0cmで、高さだけ［　］cmの位置にあります。頂点Gは、頂点Aから横に［　］cm、たてに［　］cm、高さは［　］cmの位置にあります。

答え C（横［　］cm、たて［　］cm、高さ［　］cm）
E（横［　］cm、たて［　］cm、高さ［　］cm）
G（横［　］cm、たて［　］cm、高さ［　］cm）

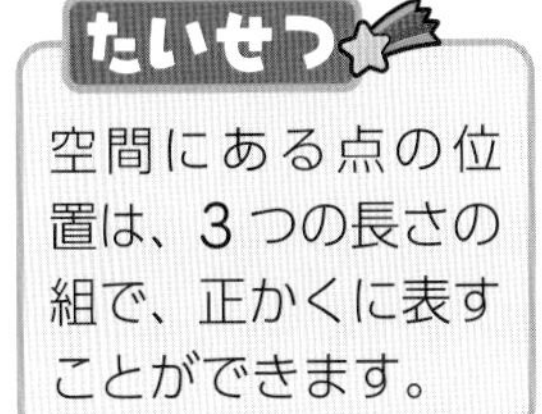

3 きほん2の直方体について、頂点Aをもとにしたとき、次のように表すことができる頂点はどれですか。 教科書 111ページ2

❶ （横0cm、たて3cm、高さ5cm）　（　　　）

❷ （横0cm、たて0cm、高さ0cm）　（　　　）

❸ （横0cm、たて3cm、高さ0cm）　（　　　）

頂点Aをもとにして、矢印（やじるし）の方向に長さの分だけ進んだところにある頂点を見つけよう。

4 右の図は、立方体の積（つ）み木を積んだものです。頂点Bの位置は、頂点Aをもとにして、（横1、たて0、高さ2）と表すことができます。 教科書 111ページ2

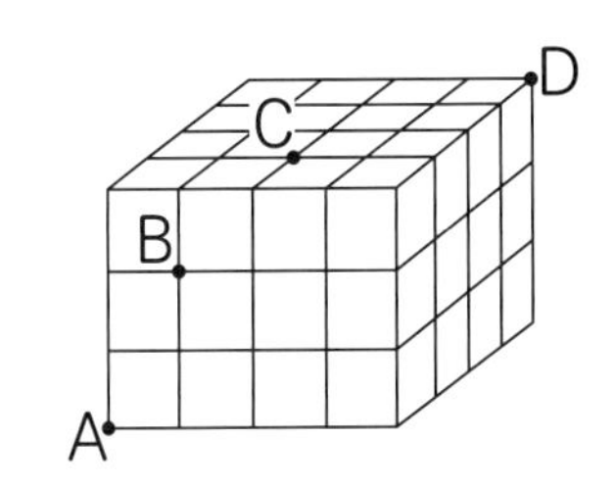

❶ 頂点Aをもとにして、頂点Cの位置を表しましょう。

（　　　）

❷ 頂点Aをもとにして、頂点Dの位置を表しましょう。

（　　　）

ポイント 空間にある点の位置は、横、たて、高さの順（じゅん）に表すことに注意しましょう。底（そこ）の部分となる平面上の点は、すべて高さが0の点と考えることができます。

勉強した日 月 日

練習のワーク①

教科書 ㊦ 100～113ページ　答え 39ページ

できた数 /10問中

おわったら シールを はろう

1 直方体と立方体 □にあてはまることばや数を書きましょう。

❶ 長方形だけでかこまれた形や、長方形と正方形でかこまれた形を □ といいます。

❷ 立方体の面の数は □ で、辺(へん)の数は □ で、頂点(ちょうてん)の数は □ です。

2 展開図・面や辺の垂直と平行 右の立方体の展開図(てんかいず)を組み立てます。

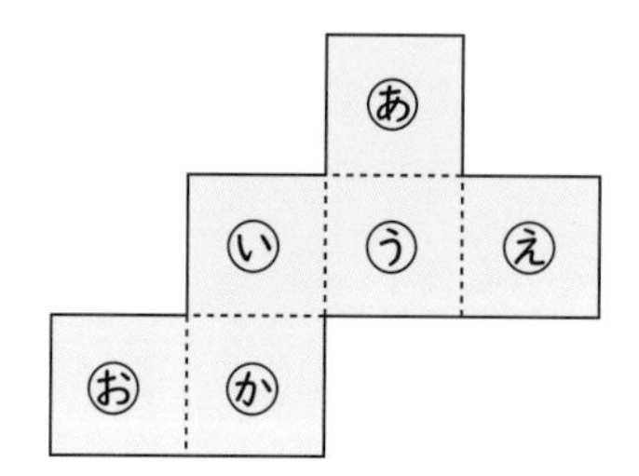

❶ 面あに平行な面はどれですか。

(　　　)

❷ 面あに垂直(すいちょく)な面はどれですか。

(　　　)

3 直方体・位置の表し方 右の直方体について答えましょう。

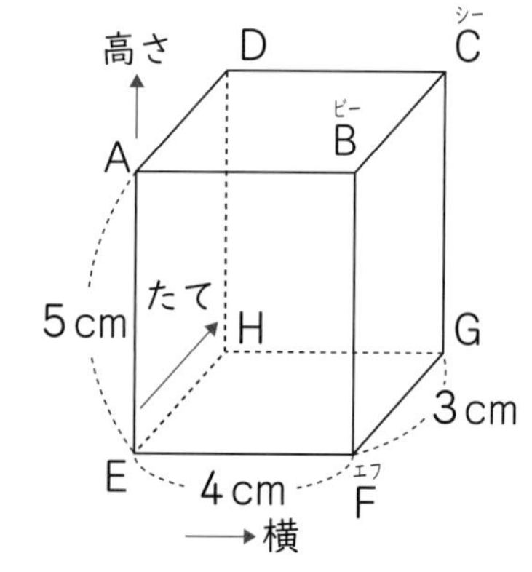

❶ 頂点D(ディー)を通って、辺DH(エイチ)に垂直な辺はどれですか。

(　　　)

❷ 頂点E(イー)をもとにして、次の頂点の位置(いち)をそれぞれ表しましょう。

A(エー) (　　　)

G(ジー) (　　　)

❸ 頂点Eをもとにして、(横4cm、たて3cm、高さ5cm)と表すことができる頂点はどれですか。

(　　　)

てびき

1 直方体と立方体

たいせつ

直方体⇒6つの長方形や、長方形と正方形でかこまれた立体
立方体⇒6つの正方形でかこまれた立体

2 展開図

問題の展開図を組み立ててできる立方体の見取図は、次のようになります。

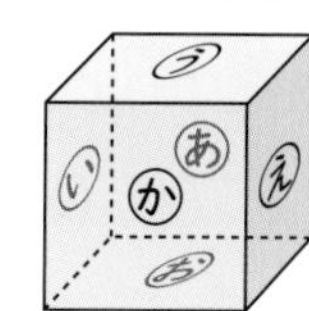

展開図を組み立てたときのようすがわかりにくいときは、実さいに展開図をかいて、切り取って組み立ててみることも大切です。

3 位置の表し方

空間にある点の位置は、ある点をもとにして、3つの長さの組(横□cm、たて□cm、高さ□cm)で表します。

できるナビ　展開図を組み立ててできる立方体や直方体を、見取図にかけるようにしましょう。

練習のワーク②

教科書 ㊦ 100～113ページ　答え 40ページ

できた数 /6問中

おわったら シールを はろう

1 直方体の見取図・展開図　たて 3cm、横 5cm、高さ 2cm の直方体があります。

❶ □に見取図をかきましょう。

❷ 展開図の続きをかきましょう。

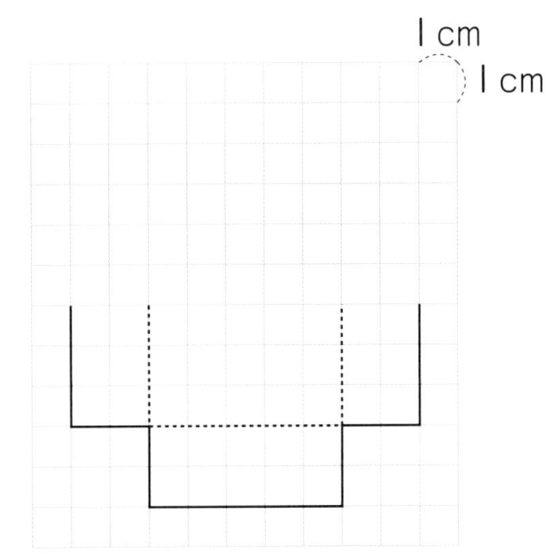

2 面や辺の垂直・平行　右の直方体について答えましょう。

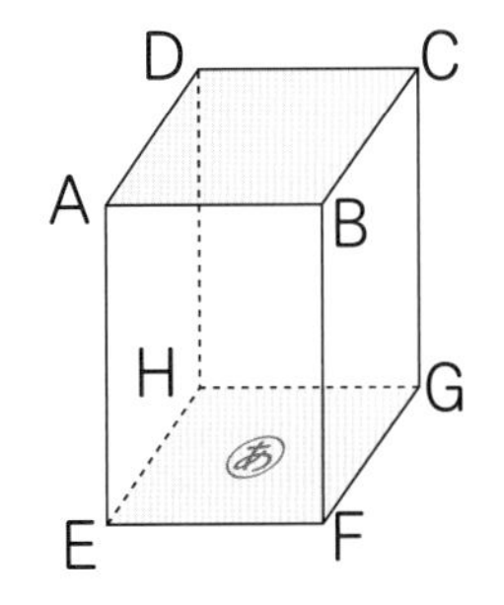

❶ 辺 AE に平行な辺はどれですか。

(　　　　　　　　)

❷ 辺 AD に平行な辺はどれですか。

(　　　　　　　　)

❸ 頂点 E を通って、辺 EF に垂直な辺はどれですか。

(　　　　　　　　)

❹ 面あに垂直な辺はどれですか。

(　　　　　　　　)

1 直方体の見取図・展開図

見取図のかき方

1 正面にたてが 2cm、横が 5cm の長方形をかく。
2 見えている辺をかく。平行になっている辺は、平行になるようにかくことに注意する。
3 見えない辺は点線でかく。

展開図のかき方

1 重なる辺は同じ長さになるようにかく。
2 切り開いた辺以外は点線でかく。

2 直方体や立方体では、**向かい合った面は平行で、となり合った面は垂直**です。

直方体を組み立てて、面と面、辺と辺、面と辺の位置関係をたしかめてみよう。

できるナビ　直方体や立方体の特ちょうを理かいして、見取図や展開図をかけるようになりましょう。

勉強した日　月　日

まとめのテスト①

時間20分　とく点　/100点　おわったらシールをはろう

教科書 ㊦ 100〜113ページ　答え 40ページ

1 よく出る 右の図は、たて3cm、横4cm、高さ2cmの直方体の展開図をとちゅうまでかいたものです。続きをかいて、展開図を完成させましょう。ただし、方がんの1めもりは1cmとします。

〔10点〕

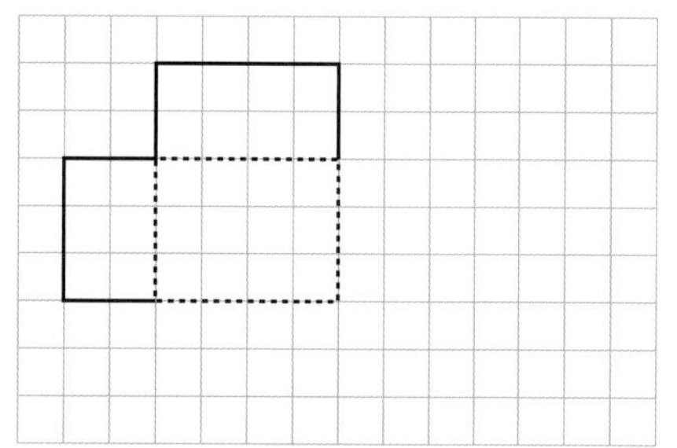

2 よく出る 右の展開図を組み立てます。

1つ10〔70点〕

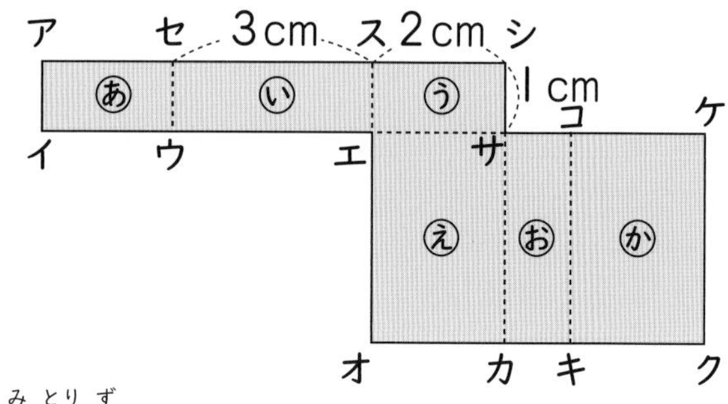

❶ この展開図を組み立ててできる立体の名前を答えましょう。

(　　　　)

❷ この展開図を組み立ててできる立体の見取図を右の□にかき、辺の長さもかき入れましょう。

❸ 辺クケの長さは何cmですか。

(　　　　)

❹ 面㋑に平行な面はどれですか。

(　　　　)

❺ 辺アセと重なる辺はどれですか。

(　　　　)

❻ 面㋐に垂直な面はどれですか。

(　　　　)

❼ 辺エオに垂直な面はどれですか。

(　　　　)

3 右の図で、点Bの位置は、点Aをもとにして、(横4m、たて1m)と表すことができます。点Aをもとにして、点C、Dの位置をそれぞれ表しましょう。

1つ10〔20点〕

C (　　　　)

D (　　　　)

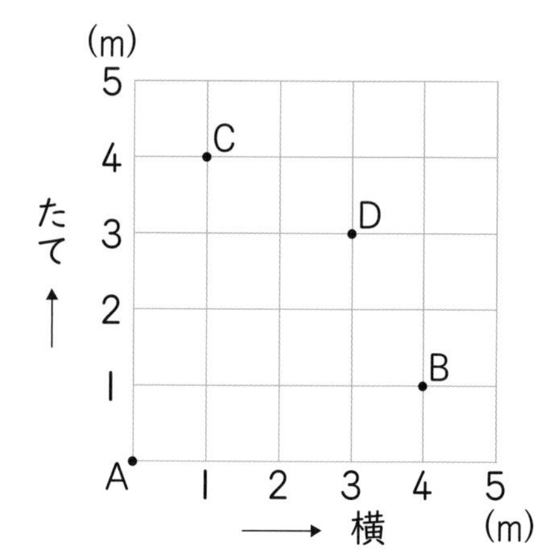

□展開図を組み立てたときのようすがわかったかな？
□平面上の点の位置を正かくに表せたかな？

まとめのテスト②

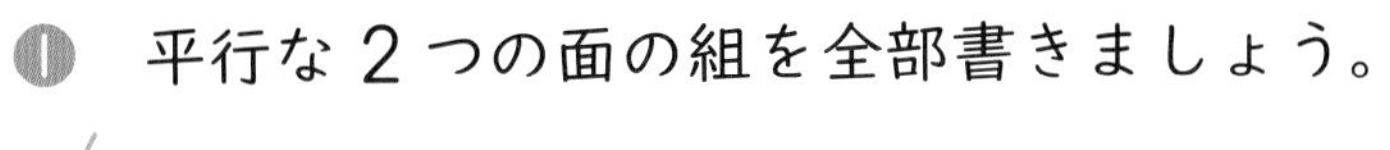

時間20分

とく点　/100点

おわったらシールをはろう

1 右の直方体の面と面、面と辺、辺と辺の関係(かんけい)について、答えましょう。 1つ10〔50点〕

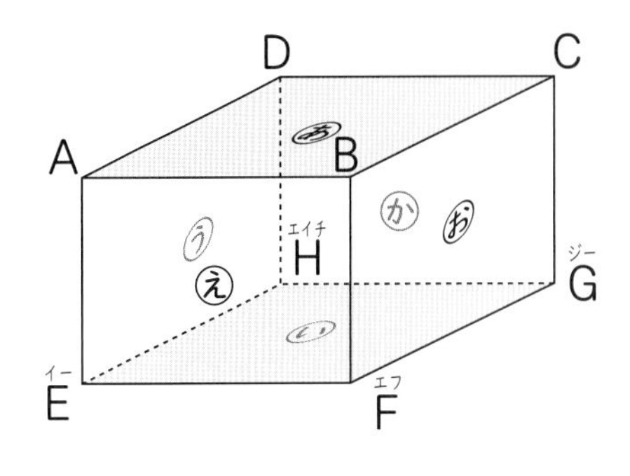

❶ 平行な2つの面の組を全部書きましょう。

(　　　　)

❷ 面㋒に垂直な面はどれですか。

(　　　　)

❸ 面㋔に垂直な辺はどれですか。 (　　　　)

❹ 辺AEに垂直な面はどれですか。 (　　　　)

❺ 辺AEに平行な辺はどれですか。 (　　　　)

2 次の図の中から、立方体の正しい展開図をすべて選(えら)び、記号で答えましょう。〔20点〕

㋐

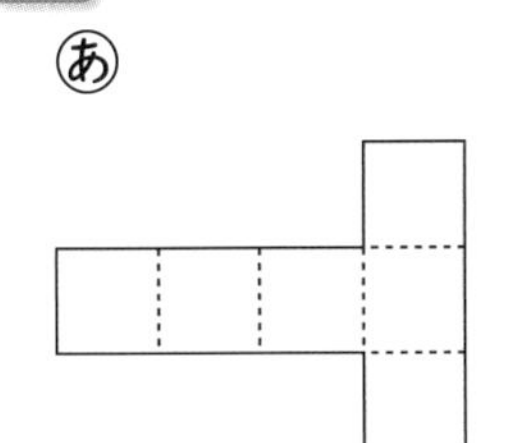

㋑

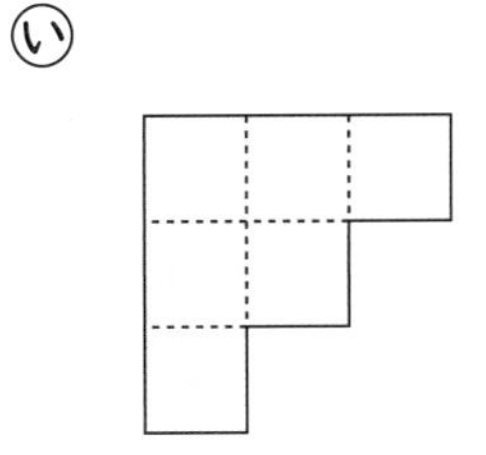

㋒

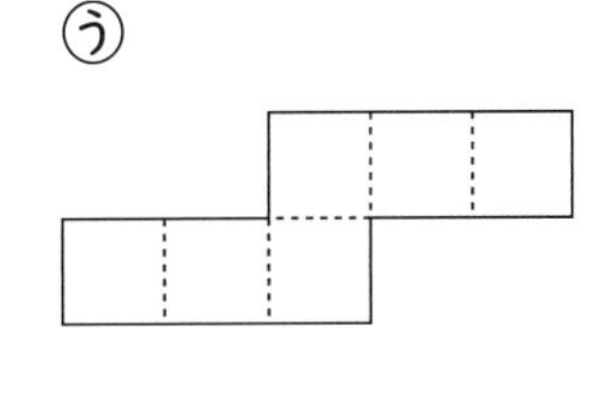

㋓

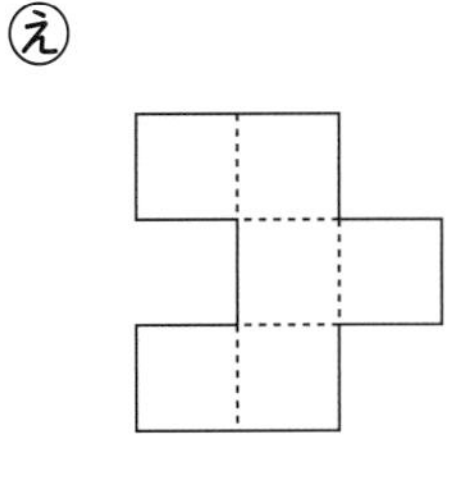

(　　　　)

3 5cmの長さのひごが8本、6cmの長さのひごが6本、7cmの長さのひごが4本、8cmの長さのひごが2本と、12このねん土玉があります。ひごはねん土玉を頂点(ちょうてん)にしてつなぎます。 1つ10〔30点〕

❶ 立方体を作ることができますか。

(　　　　)

❷ 直方体を1つ作るとき、ねん土玉を何こ使いますか。

(　　　　)

❸ 何種類(しゅるい)の直方体を作ることができますか。

(　　　　)

チェック
□直方体の面や辺の交わり方やならび方を理かいできたかな？
□立方体と直方体の辺、頂点の数や長さの関係を理かいできたかな？

学びのワーク 共通部分に注目して

●図を使って考える●

おわったら シールを はろう

教科書 ㊦114～115ページ　答え 41ページ

きほん1 図をかいて、共通部分を見つけられますか。

☆ | この重さが同じみかん 5 こをかごに入れて、重さをはかると 450 g でした。みかん 8 こを同じかごに入れて重さをはかると 630 g でした。みかん | この重さとかごの重さは、それぞれ何 g ですか。

とき方 それぞれの重さがわからないので、かりに決めて図をかきます。

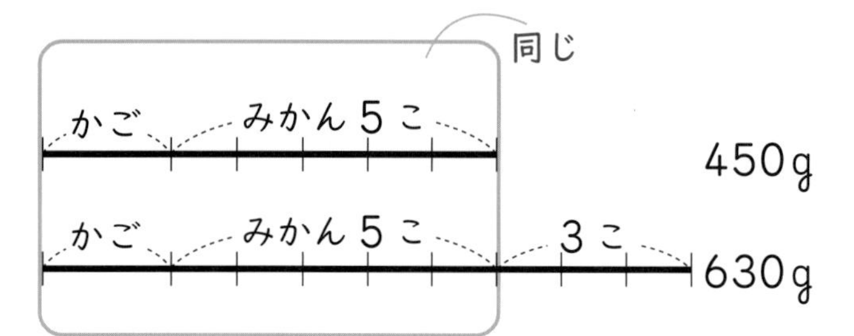

共通部分に注目しよう。
630−450＝180
で、180 g は、みかん 3 こ分の重さを表しているんだね。

上の図で、□の部分は同じだから、

(630−450)÷□＝□　　450−□×5＝□

答え みかん □ g　かご □ g

1 同じねだんのハンカチ 3 まいをプレゼント用に箱につめてもらうと、箱代とあわせて 1050 円でした。同じハンカチをもう 2 まいふやすと 1730 円になります。ハンカチ | まいのねだんと箱代はそれぞれいくらですか。 教科書 114ページ 1

式

答え（ハンカチ…　　　、箱…　　　）

2 ある水族館では、おとな | 人と子ども | 人の入館料金の合計は 2600 円で、おとな | 人と子ども 3 人の入館料金の合計は 4400 円です。おとなと子どもの入館料金はそれぞれいくらですか。 教科書 114ページ 1

式

答え（おとな…　　　、子ども…　　　）

一方の数量を消したり、共通な数量を消したりして、それぞれの数量を求める計算を「消去算」というよ。

きほん 2 共通部分がわかりますか。

☆えん筆５本とノート２さつのねだんは 725 円で、えん筆３本とノート２さつのねだんは 555 円です。このとき、えん筆｜本のねだんとノート｜さつのねだんはそれぞれいくらですか。

とき方 それぞれのねだんがわからないので、かりに決めて図をかきます。

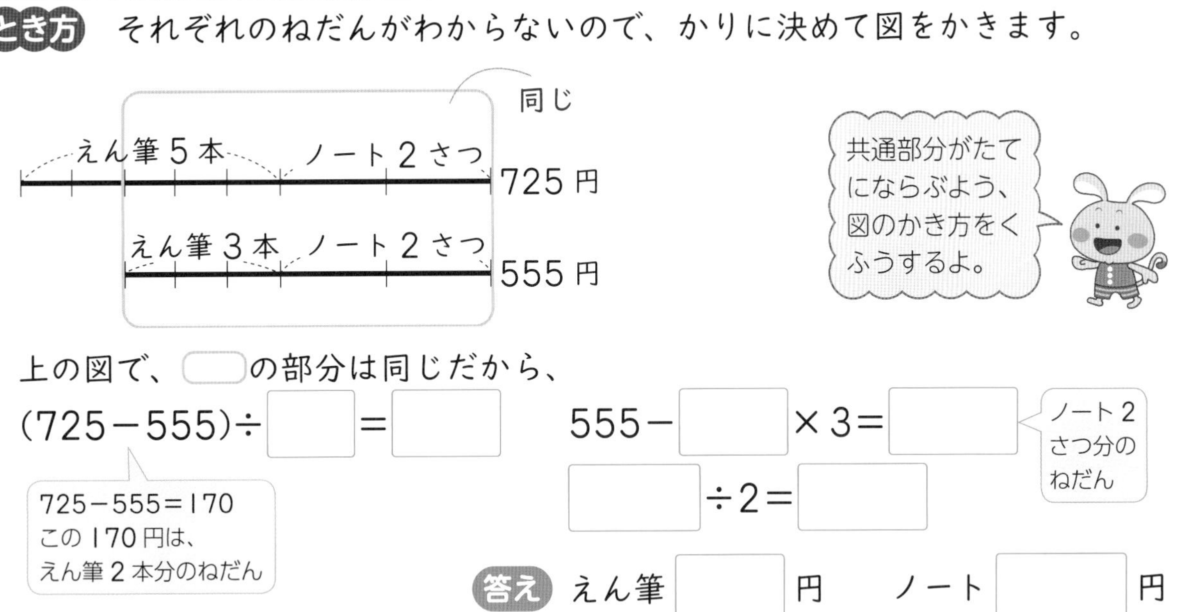

上の図で、□の部分は同じだから、

(725−555)÷□＝□　　555−□×3＝□（ノート２さつ分のねだん）

□÷2＝□

725−555＝170
この 170 円は、えん筆２本分のねだん

答え えん筆□円　ノート□円

3 ケーキ２ことプリン４このねだんは 1500 円、ケーキ２ことプリン｜このねだんは 900 円です。このとき、ケーキ｜このねだんとプリン｜このねだんはそれぞれいくらですか。

教科書 115ページ 2

式

答え（ケーキ…　　　、プリン…　　　）

4 りんご、なし、ももが｜こずつあります。りんごとなしの重さの合計は 630 g、なしとももの重さの合計は 600 g、りんごとももの重さの合計は 530 g でした。りんご、なし、ももの重さはそれぞれ何 g ですか。

教科書 115ページ 2

式

答え（りんご…　　　、なし…　　　、もも…　　　）

図をかいて考えます。図は、共通部分をたてにそろえるようにします。その上で、ちがっている部分について考えましょう。

1 ❶、❷の数の読み方を漢字で書きましょう。また、❸、❹の数は数字で書きましょう。　1つ4〔16点〕

❶ 368045291　(　　　　)

❷ 208405030050000　(　　　　)

❸ 百四十七億(おく)三千六百二万　(　　　　)

❹ 三十兆(ちょう)四千九百三十万　(　　　　)

2 計算をしましょう。わり算は商を整数で求(もと)め、わりきれないときはあまりも出しましょう。　1つ4〔36点〕

❶ 807×758　❷ 521×473　❸ 2300×50

❹ 160÷4　❺ 95÷5　❻ 416÷8

❼ 97÷23　❽ 108÷24　❾ 936÷312

3 次の数を四捨五入(ししゃごにゅう)して、(　)の中の位(くらい)までのがい数にしましょう。　1つ4〔16点〕

❶ 753631（千の位）　(　　　　)

❷ 1356（百の位）　(　　　　)

❸ 682013（一万の位）　(　　　　)

❹ 20942（千の位）　(　　　　)

4 計算をしましょう。　1つ4〔32点〕

❶ (65＋35)×24　❷ 65＋35×24

❸ 702÷(17−8)　❹ 45÷15＋16×2

❺ 89−(16÷2−4)　❻ 23＋5×8−3

❼ (51−9×3)÷4　❽ 51−(9＋3)÷4

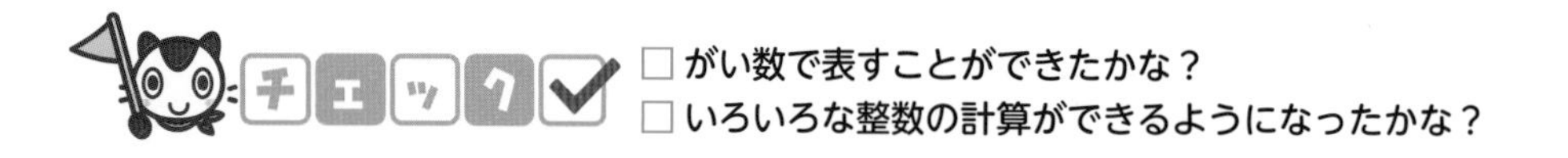

勉強した日　　月　　日

まとめのテスト②

時間 20分　とく点 /100点　おわったらシールをはろう

教科書 ㊦118～122ページ　答え 43ページ

1 計算をしましょう。わり算は、わりきれるまでしましょう。　1つ4〔40点〕

❶ $1.44+2.38$　❷ $0.165+6.835$

❸ $5.33-2.18$　❹ $7-3.536$

❺ 1.7×24　❻ 18.15×40

❼ 0.46×35　❽ $4.2\div12$

❾ $7.28\div28$　❿ $18\div75$

2 赤の色紙が42まい、青の色紙が5まいあります。赤の色紙のまい数は、青の色紙のまい数の何倍ですか。　1つ6〔12点〕

式

答え（　　　）

3 次の仮分数(かぶんすう)は帯分数(たいぶんすう)か整数に、帯分数は仮分数になおしましょう。　1つ4〔24点〕

❶ $2\frac{4}{5}$（　　）　❷ $\frac{26}{8}$（　　）　❸ $11\frac{1}{3}$（　　）

❹ $\frac{72}{9}$（　　）　❺ $\frac{45}{7}$（　　）　❻ $8\frac{8}{11}$（　　）

4 計算をしましょう。　1つ4〔24点〕

❶ $\frac{3}{6}+\frac{7}{6}$　❷ $1\frac{2}{4}+2\frac{1}{4}$　❸ $1\frac{2}{5}+\frac{1}{5}$

❹ $\frac{5}{7}+2\frac{3}{7}$　❺ $\frac{8}{3}-\frac{5}{3}$　❻ $5-3\frac{2}{9}$

□いろいろな小数の計算ができるようになったかな？
□分数のたし算とひき算ができるようになったかな？

1 次の角度は、それぞれ何度ですか。 1つ7〔28点〕

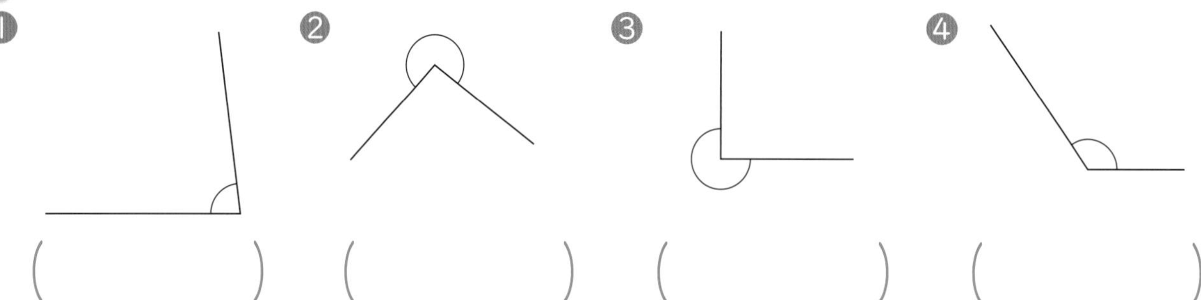

( ) ( ) ( ) ( )

2 右の図で、㋕と㋖の直線は平行です。

1つ8〔16点〕

❶ ㋐の角度は何度ですか。

( )

❷ ㋑の角度は何度ですか。

( )

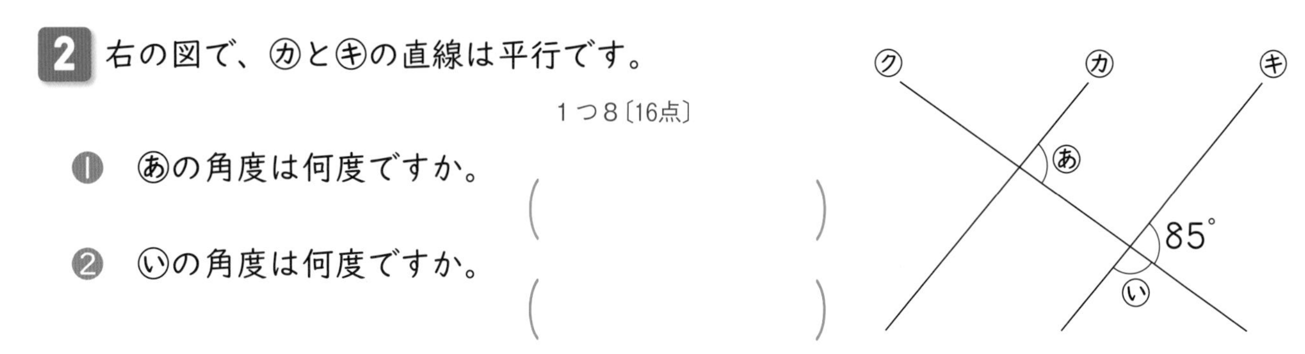

3 次の面積を( )の中の単位で求めましょう。 1つ7〔28点〕

❶ 1辺が26mの正方形の形をした花だんの面積(m^2)

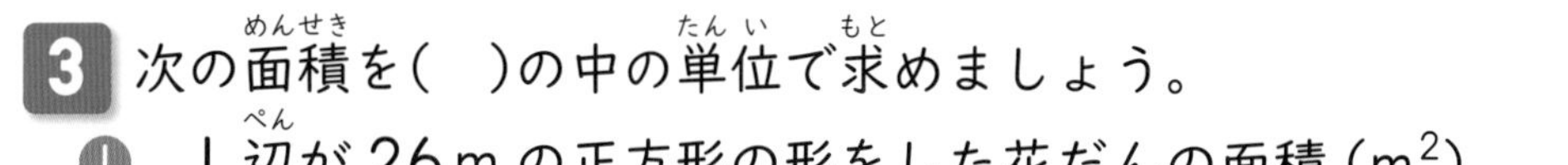

答え( )

❷ たてが5.5km、横が4000mの長方形の形をしたぶどう園の面積(km^2)

答え( )

4 下の形の、色のついた部分の面積を求めましょう。 1つ7〔28点〕

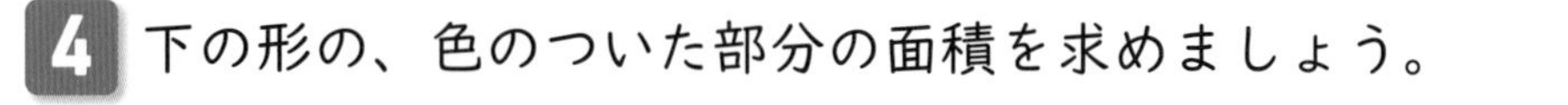

❶

答え( )

❷

答え( )

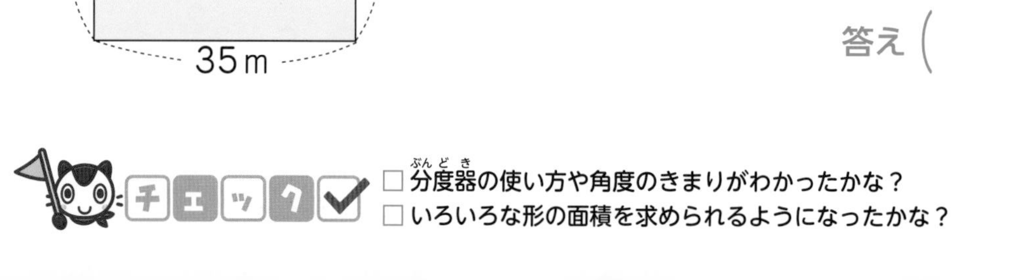

まとめのテスト④

時間20分　とく点　/100点　おわったらシールをはろう

教科書 ㊦ 118～122ページ　答え 44ページ

1 2本の対角線の長さが6cmと10cmで、対角線がそれぞれの真ん中で垂直に交わっている四角形があります。

1つ15〔30点〕

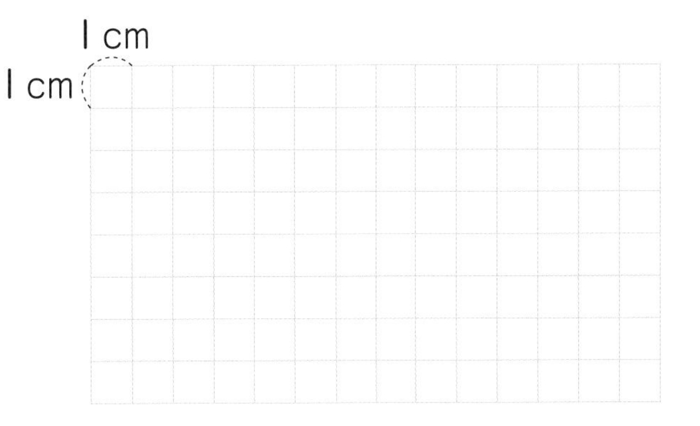

❶ 右の方がんにこの四角形をかきましょう。

❷ この四角形の名前をかきましょう。

(　　　　)

2 次の㋐～㋔のうち、正しいものをすべて選び、記号で答えましょう。〔25点〕

㋐ 正方形と台形は、2本の対角線の長さがいつでも等しい。
㋑ 平行四辺形は、向かい合った辺の長さと向かい合った角の大きさが等しい。
㋒ 4つの角がすべて直角な四角形は、すべて正方形である。
㋓ 向かい合った1組の辺が平行な四角形は台形である。
㋔ 平行四辺形の2本の対角線はいつでも垂直に交わる。

(　　　　)

3 右の直方体の展開図を組み立てます。

1つ15〔45点〕

ア　セ　あ　ス　シ　サ　コ　イ　い　う　え　お　ウ　エ　オ　カ　ケ　か　キ　ク

❶ 点セと重なる点はどの点ですか。

(　　　　)

❷ 辺ウエと重なる辺はどの辺ですか。

(　　　　)

❸ 面㋑に平行な面はどれですか。

(　　　　)

□いろいろな四角形の特ちょうがわかったかな？
□展開図を組み立てたときの立体のようすがわかったかな？

勉強した日　月　日

まとめのテスト⑤

時間20分　とく点　/100点　おわったらシールをはろう

教科書 下 118～122ページ　答え 44ページ

1 下の表は、たかしさんの学校でけがをした人数を調べたものです。　1つ10〔30点〕

けがをした人数の変わり方

月	4	5	6	7	8	9	10
けがをした人数(人)	18	あ	34	24	12	19	17

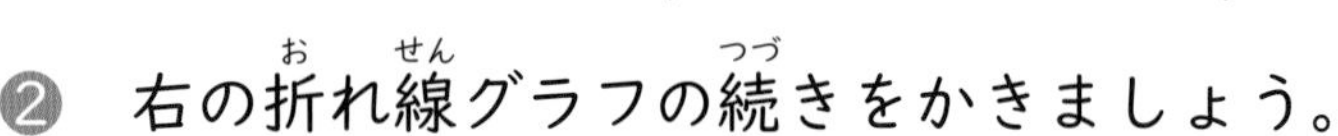

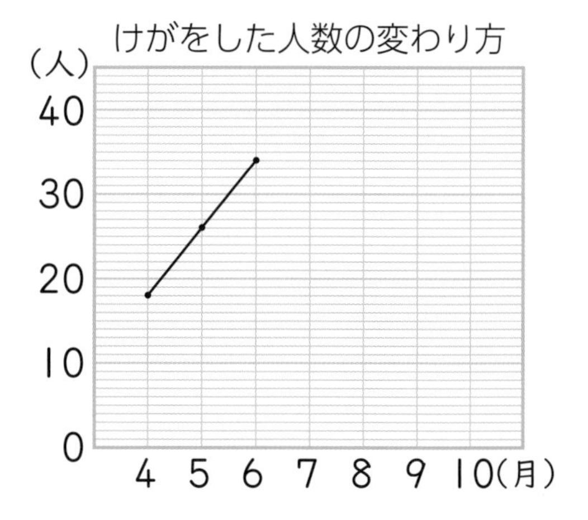

❶ 表のあにあてはまる数はいくつですか。

(　　　　)

❷ 右の折れ線グラフの続きをかきましょう。

❸ けがをした人数の変わり方がいちばん大きいのは、何月と何月の間ですか。

(　　　　)

2 右の表は、1組の全員にネコとイヌをかっているかどうかを調べてまとめたものです。　1つ10〔70点〕

ネコとイヌをかっているかいないか調べ(人)

		イヌ かっている	イヌ かっていない	合計
ネコ	かっている	ア	3	18
ネコ	かっていない	10	イ	ウ
合計		エ	15	40

❶ 表のア～エにあてはまる数を入れて、表を完成させましょう。

❷ ネコもイヌもかっていない人は何人ですか。

(　　　　)

❸ イヌをかっていて、ネコをかっていない人は何人ですか。

(　　　　)

❹ ネコをかっている人は何人ですか。

(　　　　)

ふろくの「計算練習ノート」28～29ページをやろう！

□折れ線グラフのかき方や読み取り方が正しく理かいできたかな？
□表のそれぞれのマスに入る数が、何を表しているか読み取れたかな？

夏休みのテスト②

●勉強した日　月　日

時間 30分

名前　とく点　／100点

おわったらシールをはろう

教科書 ㊤8～93ページ　答え 45ページ

1 下の数を数字で書きましょう。　1つ5〔10点〕

❶ 7000億の10倍の数

(　　　)

❷ 100億を140こ集めた数

(　　　)

2 4年3組の26人について、クロールと平泳ぎができるかできないかを調べました。クロールのできない人は全部で10人、平泳ぎのできる人は全部で16人でした。　1つ4〔12点〕

クロールと平泳ぎ調べ　(人)

		平泳ぎ できる	平泳ぎ できない	合計
クロール	できる			
クロール	できない		3	10
合計		16		26

❶ 平泳ぎができて、クロールのできない人は何人ですか。

(　　　)

❷ クロールと平泳ぎのどちらもできる人は何人ですか。

(　　　)

❸ 平泳ぎのできない人は、全部で何人ですか。

(　　　)

3 計算をしましょう。　1つ6〔24点〕

❶ 960÷4　❷ 78÷4

(　　　)(　　　)

❸ 762÷3　❹ 544÷6

(　　　)(　　　)

4 下の図のような三角形をかきましょう。　1つ5〔10点〕

❶

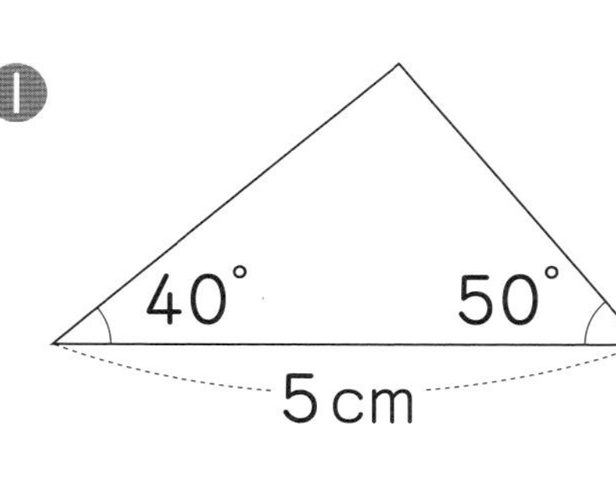

❷

5 計算をしましょう。　1つ6〔36点〕

❶ 4.67+2.83　❷ 0.517+3.49

(　　　)(　　　)

❸ 23.5+0.62　❹ 13.83−1.93

(　　　)(　　　)

❺ 4.232−3.65　❻ 4−0.017

(　　　)(　　　)

6 重さ485gのかごに、1.8kgのみかんを入れると、全体の重さは何kgになりますか。　1つ4〔8点〕

式

答え(　　　)

実力判定テスト

夏休みのテスト①

●勉強した日　月　日

時間30分

名前　　とく点　　/100点

おわったらシールをはろう

教科書　㊤8～93ページ　答え　45ページ

1 下の数の読み方を漢字で書きましょう。1つ4〔8点〕

❶ 6182570947

(　　　　　　)

❷ 3743111052000

(　　　　　　)

2 右の折れ線グラフは、4年1組の教室の気温の変わり方を表したものです。1つ4〔16点〕

(度) 教室の気温の変わり方

30, 20, 10, 0

8 9 10 11 0 1 2 3 4(時)

午前　午後

❶ いちばん気温が高いのは、何度で、それは何時ですか。

気温(　　　)　時こく(　　　)

❷ 気温の下がり方がいちばん大きいのは、何時と何時の間ですか。

(　　　　　　)

❸ 気温が変わっていないのは、何時と何時の間ですか。

(　　　　　　)

3 計算をしましょう。1つ4〔24点〕

❶ 150÷5　(　　　)

❷ 1200÷4　(　　　)

❸ 360÷6　(　　　)

❹ 87÷7　(　　　)

❺ 805÷8　(　　　)

❻ 457÷9　(　　　)

4 花の種が114こあります。3クラスで種を同じ数ずつ分けて植えるとき、1クラスは何この種を植えることになりますか。1つ5〔10点〕

式

答え(　　　　　　)

5 下の角度は何度ですか。1つ4〔12点〕

❶ (　　　)

❷ (　　　)

❸ (　　　)

6 計算をしましょう。1つ5〔30点〕

❶ 1.42+2.3　(　　　)

❷ 2.67+3.23　(　　　)

❸ 24.6+6.38　(　　　)

❹ 5.37−2.16　(　　　)

❺ 3.952−1.78　(　　　)

❻ 7−0.359　(　　　)

●勉強した日　　月　　日

実力判定テスト

冬休みのテスト①

時間 30分　名前　とく点 /100点　おわったらシールをはろう

教科書 ㊤94～130ページ、㊦2～57ページ　答え 46ページ

1 計算をしましょう。　1つ4〔16点〕

❶ 48÷16　(　　)

❷ 854÷32　(　　)

❸ 165÷29　(　　)

❹ 810÷90　(　　)

2 マンションの高さは、電柱の高さの8倍で、64mです。電柱の高さは、何mですか。　1つ4〔8点〕

式

答え(　　)

3 四捨五入して上から1けたのがい数にして、答えを見積もりましょう。　1つ4〔8点〕

❶ 493×711　(　　)

❷ 18963÷387　(　　)

4 1こ150円のりんごと1こ200円のなし、30円の箱があります。次の式はどんな買い物をするときの代金を求める式かを書きましょう。また、そのときの代金も求めましょう。　1つ4〔16点〕

❶ 150×4+30

(　　)

代金(　　)

❷ (150+200+30)×4

(　　)

代金(　　)

5 右の図で、㊄と㊅の直線、㊆と㊇の直線は、それぞれ平行です。4つの点A、B、C、Dを頂点とする四角形の名前を答えましょう。また、㋐～㋒の角度は、それぞれ何度ですか。　1つ4〔16点〕

四角形(　　)　㋐(　　)

㋑(　　)　㋒(　　)

6 計算をしましょう。　1つ4〔24点〕

❶ $\frac{2}{9}+\frac{11}{9}$　(　　)

❷ $1\frac{2}{7}+2\frac{3}{7}$　(　　)

❸ $\frac{14}{21}+2\frac{7}{21}$　(　　)

❹ $\frac{8}{6}-\frac{3}{6}$　(　　)

❺ $3\frac{4}{5}-1\frac{3}{5}$　(　　)

❻ $3-\frac{7}{15}$　(　　)

7 1こ120円のなしを買うとき、買う数を1こ、2こ、…と変えていきます。買う数と代金の変わり方を調べましょう。　1つ4〔12点〕

❶ 下の表を完成させましょう。

買う数(こ)	1	2	3	4	5
代金　(円)					

❷ 買う数を○こ、代金を△円として、○と△の関係を式に表しましょう。

(　　)

❸ なしを12こ買ったときの代金はいくらですか。

(　　)

●勉強した日　月　日

実力判定テスト

冬休みのテスト②

時間30分　名前　とく点　/100点　おわったらシールをはろう

教科書　㊤94〜130ページ、㊦2〜57ページ　答え　46ページ

1 計算をしましょう。　1つ5〔20点〕

❶ 398÷28　(　　)
❷ 623÷43　(　　)
❸ 792÷78　(　　)
❹ 6000÷50　(　　)

2 ある店のおにぎり１この重さは115gです。このおにぎり284この重さは約何kgですか。四捨五入して上から１けたのがい数にして、答えを見積もりましょう。　〔10点〕

(　　)

3 計算をしましょう。　1つ6〔24点〕

❶ 42−63÷7　(　　)
❷ 14×8−(54−28)　(　　)
❸ 102×56　(　　)
❹ 124×25　(　　)

4 入れ物に、さとうが$\frac{3}{8}$kg入っています。この入れ物に、さらにさとうを入れたところ、全体の重さは$\frac{11}{8}$kgになりました。入れたさとうの重さは何kgですか。　1つ5〔10点〕

式

答え(　　)

5 右の長方形ABCDの図を見て、いろいろな四角形を見つけましょう。　1つ4〔12点〕

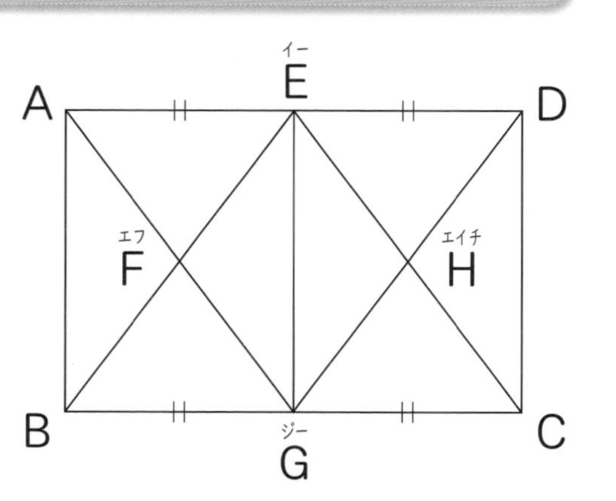

❶ 長方形は何こありますか。　(　　)

❷ ひし形は何こありますか。　(　　)

❸ 台形は何こありますか。　(　　)

6 正三角形の１辺の長さと、まわりの長さの関係について調べましょう。　1つ6〔24点〕

❶ １辺の長さが、1cm、2cm、3cm、…とふえていくと、まわりの長さはどのように変わるかを、下の表にまとめましょう。

１辺の長さ　(cm)	1	2	3	4	5
まわりの長さ(cm)					

❷ １辺の長さを□cm、まわりの長さを○cmとして、□と○の関係を式に表しましょう。

(　　)

❸ １辺の長さが12cmのとき、まわりの長さは何cmですか。

(　　)

❹ まわりの長さが144cmのとき、１辺の長さは何cmですか。

(　　)

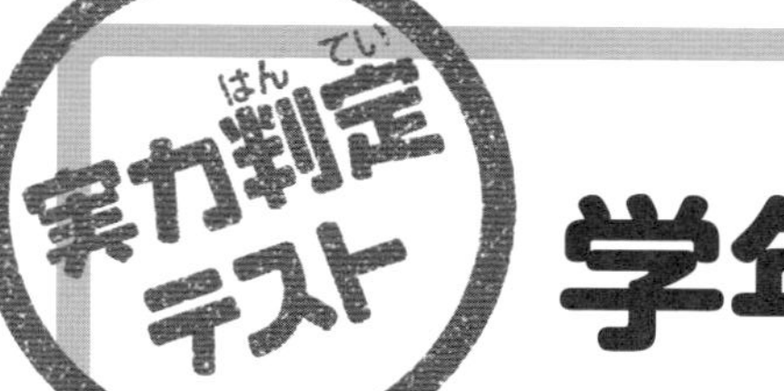

学年末のテスト②

時間 30分

名前　　とく点　／100点

おわったらシールをはろう

教科書 ㊤8～133ページ、㊦2～117ページ　答え 47ページ

1 下の折れ線グラフは、ある町の１年間の気温の変わり方を表したものです。　1つ5〔15点〕

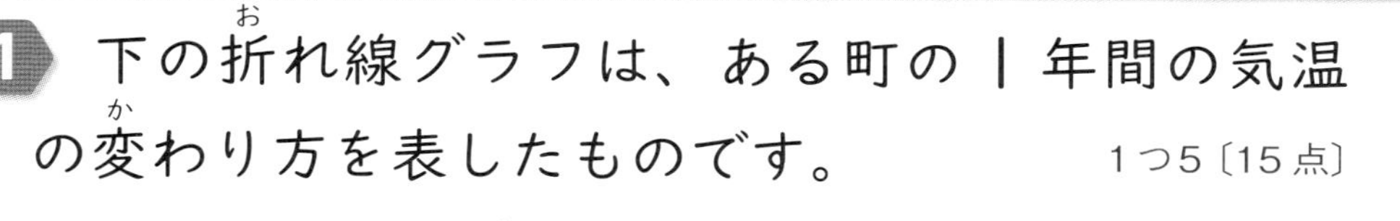

❶ いちばん気温が低いのは何度で、それは何月ですか。

気温(　　　)　月(　　　)

❷ 気温が１度上がっているのは、何月と何月の間ですか。

(　　　)

2 １組の三角じょうぎを組み合わせてできる、㋐、㋑の角度は何度ですか。　1つ5〔10点〕

❶ ❷

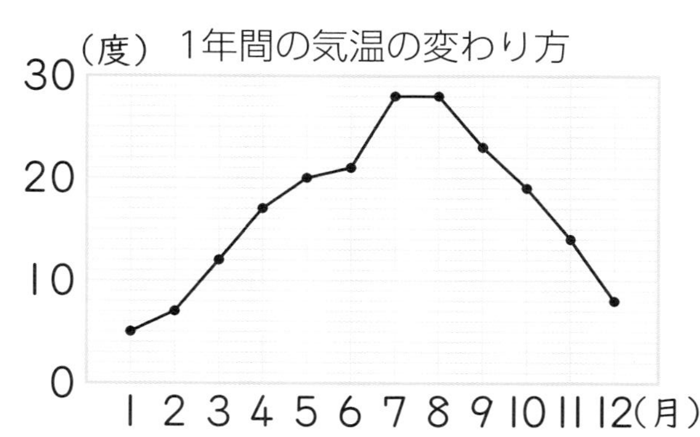

(　　　)　(　　　)

3 計算をしましょう。　1つ5〔20点〕

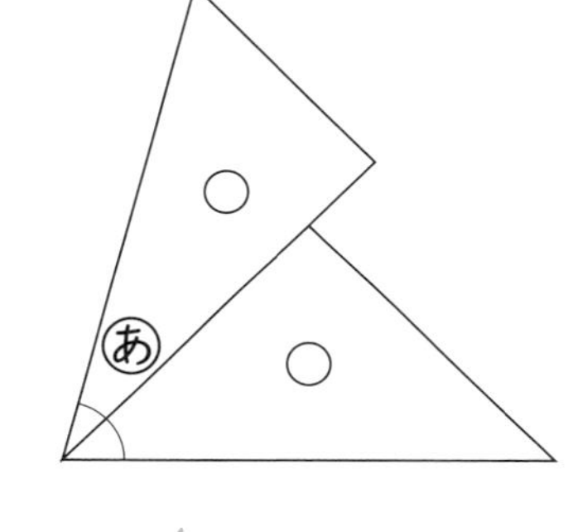

❶ $\frac{4}{5}+\frac{6}{5}$　(　　　)

❷ $1\frac{3}{4}+3\frac{2}{4}$　(　　　)

❸ $\frac{9}{8}-\frac{5}{8}$　(　　　)

❹ $2\frac{1}{7}-\frac{5}{7}$　(　　　)

4 四捨五入して百の位までのがい数にして、答えを見積もりましょう。　1つ5〔10点〕

❶ 489＋119　(　　　)

❷ 885－287－512　(　　　)

5 下の図のような平行四辺形をかきましょう。　〔10点〕

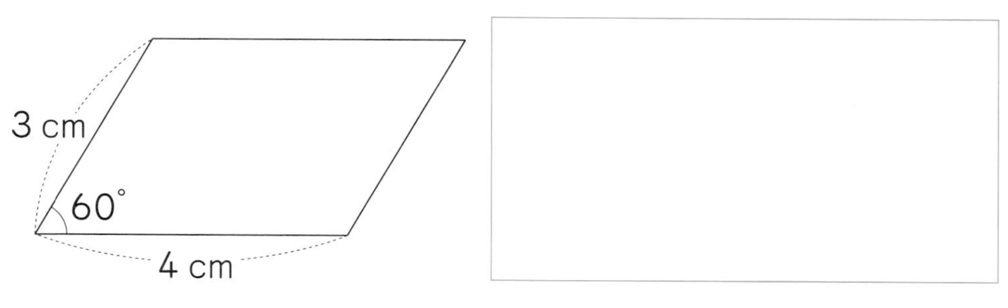

6 右の形の面積を求めましょう。　1つ5〔10点〕

式

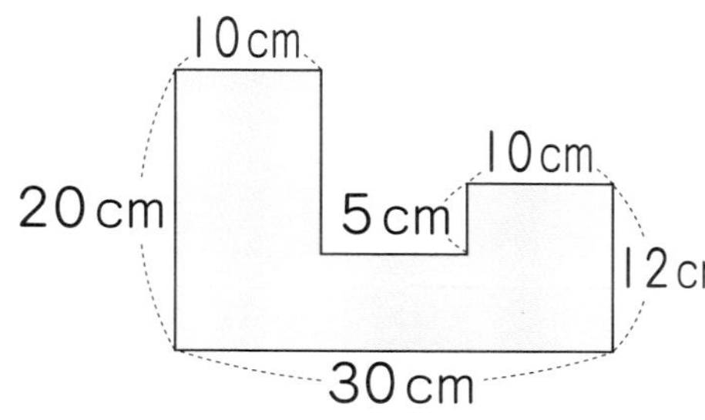

答え(　　　)

7 米が17.5kgあります。この米を3kgずつふくろにつめると、何ふくろできて何kgあまりますか。　1つ5〔10点〕

式

答え(　　　)

8 たて2cm、横3cm、高さ1cmの直方体の展開図をかきましょう。ただし、１つの方がんは１辺が1cmの正方形です。　〔15点〕

●勉強した日　月　日

実力判定テスト

学年末のテスト①

時間30分　名前　とく点　/100点　おわったらシールをはろう

教科書　㊤8～133ページ、㊦2～117ページ　答え　47ページ

1 0から9までの10まいのカードで、下の10けたの数をつくりました。　1つ4〔16点〕

4 2 5 0 3 6 1 8 7 9

❶ いちばん左の数字は何の位ですか。

(　　　)

❷ 2は、何が2こあることを表していますか。

(　　　)

❸ この数を四捨五入して、上から2けたのがい数と、一万の位までのがい数にしましょう。

上から2けた(　　　)

一万の位(　　　)

2 計算をしましょう。　1つ4〔16点〕

❶ 5.68＋1.45　❷ 0.697＋0.363

(　　　)　(　　　)

❸ 6.24－0.98　❹ 9－3.43

(　　　)　(　　　)

3 色紙をあきらさんは117まい、ちかさんは65まい持っています。あきらさんはちかさんの何倍の色紙を持っていますか。　1つ4〔8点〕

式

答え(　　　)

4 たてが36m、横が50mの長方形の形をした公園の面積は何m^2ですか。また、何aですか。

式　1つ6〔12点〕

答え(　　　、　　　)

5 下のような直線をひきましょう。　1つ6〔12点〕

❶ 点Aを通り、㋐の直線に垂直な直線

❷ 点Aを通り、㋐の直線に平行な直線

6 計算をしましょう。わり算はわりきれるまでしましょう。　1つ4〔24点〕

❶ 4.3×6　❷ 3.14×8

(　　　)　(　　　)

❸ 62.54×40　❹ 14.8÷8

(　　　)　(　　　)

❺ 83.2÷32　❻ 4.98÷6

(　　　)　(　　　)

7 右の直方体を見て、答えましょう。　1つ4〔12点〕

❶ 面あに平行な面はどれですか。

(　　　)

❷ 頂点Aを通って、辺ABに垂直な辺はどれですか。

(　　　)

❸ 辺ABに平行な辺の数を答えましょう。

(　　　)

実力判定テスト

まるごと

文章題テスト①

時間30分

名前　　とく点　　/100点

おわったらシールをはろう

いろいろな文章題にチャレンジしよう！

答え　48ページ

1 0、2、4、5、9の5この数字を1回ずつ使ってできる5けたの整数のうち、3番目に小さい数をつくり数字で答えましょう。〔10点〕

(　　　　)

2 4年生は137人います。6人ずつ長いすにすわっていくと、全員がすわるには、長いすは何こいりますか。

式　　1つ5〔10点〕

答え(　　　　)

3 水が5.4L入ったバケツと、2.28L入った花びんがあります。　1つ5〔20点〕

❶ 水はあわせて、何Lありますか。

式

答え(　　　　)

❷ 水のかさのちがいは、何Lですか。

式

答え(　　　　)

4 折り紙が481まいあります。この折り紙を13人で同じ数ずつ分けると、1人分は何まいになりますか。　1つ5〔10点〕

式

答え(　　　　)

5 あきらさんはシールを14まい持っています。兄さんはあきらさんの6倍のまい数のシールを持っています。兄さんはシールを何まい持っていますか。　1つ5〔10点〕

式

答え(　　　　)

6 $2\frac{5}{7}$Lのジュースがあります。そこへ$\frac{3}{7}$Lのジュースをたすと、ジュースは全部で何Lになりますか。　1つ5〔10点〕

式

答え(　　　　)

7 面積が128m²で、横の長さが16mの長方形の形をした畑があります。たての長さは何mですか。　1つ5〔10点〕

式

答え(　　　　)

8 同じコイン9まいの重さをはかったら、47.7gありました。　1つ5〔20点〕

❶ コイン1まいの重さは、何gですか。

式

答え(　　　　)

❷ コイン16まい分の重さは、何gですか。

式

答え(　　　　)

●勉強した日　月　日

実力判定テスト

まるごと

文章題テスト②

時間30分

名前　とく点　／100点

おわったらシールをはろう

いろいろな文章題にチャレンジしよう！

答え　48ページ

1 276cmのはり金を、8cmずつ切ると、8cmのはり金は何本とれて、何cmあまりますか。

式　1つ5〔10点〕

答え（　　）

2 重さ640gの箱に、3.52kgのりんごを入れると、全体の重さは何kgになりますか。　1つ5〔10点〕

式

答え（　　）

3 色紙が735まいあります。けんたさんのクラスの36人で同じ数ずつ分けると、1人分は何まいになって、何まいあまりますか。　1つ5〔10点〕

式

答え（　　）

4 長さが40cmのゴムひもA（エー）をいっぱいまでのばしたら120cmまでのび、長さが20cmのゴムひもB（ビー）をいっぱいまでのばしたら100cmまでのびました。ゴムひもAとゴムひもBでは、どちらがよくのびるといえるでしょうか。　〔10点〕

（　　）

5 1こ182円のアイスクリームを29こ買うと、代金はおよそいくらになりますか。四捨五入（ししゃごにゅう）して上から1けたのがい数にして、答えを見積（みつ）もりましょう。　〔10点〕

（　　）

6 みかさんのたん生日に、1こ670円のケーキと1こ260円のおかしをそれぞれ1こずつ買うことにしました。友だち3人で代金を等分すると、1人分は何円になりますか。（　）を使って、1つの式に表して、答えを求（もと）めましょう。

1つ5〔10点〕

（式…　　　答え…　　）

7 家から図書館までは4kmあります。$\frac{2}{3}$kmは歩き、残（のこ）りは電車に乗ります。電車に乗るのは何kmですか。

式　1つ5〔10点〕

答え（　　）

8 1辺（へん）が300mの正方形の形をした公園の面積（めんせき）は何aですか。また、何haですか。　1つ5〔10点〕

式

答え（　　、　　）

9 5.2Lのオレンジジュースを24人で等分すると、1人分はおよそ何Lになりますか。答えは四捨五入して、上から2けたのがい数で求めましょう。

1つ5〔10点〕

式

答え（　　）

10 ゆみさんの体重は30kg、弟の体重は24kgです。ゆみさんの体重は、弟の体重の何倍ですか。

式　1つ5〔10点〕

答え（　　）

教科書ワーク

答えとてびき

東京書籍版

算数4年

使い方

まちがえた問題は、もういちどよく読んで、なぜまちがえたのかを考えましょう。正しい答えを知るだけでなく、なぜそうなるかを考えることが大切です。

① 1億より大きい数を調べよう

2・3ページ きほんのワーク

きほん1 一億、一、千

答え 一億二千六百五十三万三千四百

❶ ① 四億三千百八十一万五千百七十六
② 八千二百六十五億四千三百万七千
③ 九千九百九十九億九

きほん2 千億、一兆、5、3084

答え 五兆三千八十四億

❷ ① 六兆四千百三十億五十二万
② 一兆五千四百二十三億八千万六千二十二

きほん3 10、10、529　答え 五百二十九兆

❸ ① 12303900000000
② 260000000000
③ 5000200040000
④ 1000000000000
⑤ 10100000000000

❹ ㋐ 5000億
㋑ 1兆

てびき 千万の位の左の位を一億の位、千億の位の左の位を一兆の位といいます。大きい数は、右から4けたごとに区切ると読みやすくなります。

❶ 一の位からそれぞれ数字を1つずつあてはめていって考えます。

①

千億の位	百億の位	十億の位	一億の位	千万の位	百万の位	十万の位	一万の位	千の位	百の位	十の位	一の位
			4	3	1	8	1	5	1	7	6

②

千億の位	百億の位	十億の位	一億の位	千万の位	百万の位	十万の位	一万の位	千の位	百の位	十の位	一の位
8	2	6	5	4	3	0	0	7	0	0	0

③

千億の位	百億の位	十億の位	一億の位	千万の位	百万の位	十万の位	一万の位	千の位	百の位	十の位	一の位
9	9	9	9	0	0	0	0	0	0	0	9

❷ 一兆をこえる数についても❶と同じように区切って考えましょう。

①

一兆の位	千億の位	百億の位	十億の位	一億の位	千万の位	百万の位	十万の位	一万の位	千の位	百の位	十の位	一の位
6	4	1	3	0	0	0	5	2	0	0	0	0

②

一兆の位	千億の位	百億の位	十億の位	一億の位	千万の位	百万の位	十万の位	一万の位	千の位	百の位	十の位	一の位
1	5	4	2	3	8	0	0	0	6	0	2	2

❸ ③ 千億の位から十億の位、千万の位から十万の位、千の位から一の位のそれぞれの数字が0となります。
④ 100億を100こ集めた数は1兆になります。

❹ 数直線のいちばん小さい1めもりは、1000億です。1000億が何こ分か考えます。

たしかめよう!

整数は、位が1つ左へ進むごとに、10倍になるしくみになっています。

4・5 ページ　きほんのワーク

きほん1　答え 4、6000、460

❶ ❶ 10倍した数…300億

$\frac{1}{10}$にした数…3億

❷ 10倍した数…5000億

$\frac{1}{10}$にした数…50億

❸ 10倍した数…2兆

$\frac{1}{10}$にした数…200億

❹ 10倍した数…7兆3000億

$\frac{1}{10}$にした数…730億

❺ 10倍した数…40兆

$\frac{1}{10}$にした数…4000億

❻ 10倍した数…263兆

$\frac{1}{10}$にした数…2兆6300億

きほん2　答え いちばん大きい数…987654321000

いちばん小さい数…100023456789

❷ ❶ 2987654310　❷ 3012456789

❸ ❶ 3331322221110000

❷ 1000011122223333

❸ 3323320221111000

てびき

❶ 整数を10倍すると、位は1けたずつ上がり、また、$\frac{1}{10}$にすると、位は1けたずつ下がります。

❷「30億より小さい」「30億より大きい」から、まず十億の位と一億の位の数を決めます。

❸ いちばん大きい数をつくるときは、左の位の数字が大きいほうが大きい数になります。いちばん小さい数をつくるときには、左の位の数字が小さいほうが小さい数になります。

たしかめよう!

0、1、2、3、4、5、6、7、8、9の10この数字を使うと、どんな大きさの整数でも表すことができます。

6・7 ページ　きほんのワーク

きほん1　5、2　答え 81026

```
    319
  ×254
   1276
  1595
  638
  81026
```

❶

❶
```
    216
  ×445
   1080
   864
  864
  96120
```

❷
```
    538
  ×156
   3228
  2690
  538
  83928
```

❸
```
    427
  ×364
   1708
  2562
 1281
 155428
```

きほん2　0　答え 236376

❷ ❶ 185785　❷ 154889

❸ 155342

❸ 式 195×208=40560　答え 40560円

きほん3　100、10、1000、1998000

答え 1998000

```
    3700
  ×540
    148
   185
 1998000
```

❹ ❶ 376000　❷ 702000

❸ 1600000　❹ 1008000

❺ 425000　❻ 3569000

てびき

❶ 数が大きくなっても、筆算のしかたは同じです。

❷ 筆算の真ん中の000は書かずに省くことができます。

❶
```
    365
  ×509
   3285
  1825
  185785
```

❷
```
    763
  ×203
   2289
  1526
  154889
```

❸
```
    506
  ×307
   3542
  1518
  155342
```

❸ 代金は、

1さつのねだん × 買う数 で求めるので、式は195×208です。筆算は、右のようになります。

```
    195
  ×208
   1560
  390
  40560
```

❹ くふうして計算します。終わりにある0を省いて計算し、その積の右に、省いた数だけの0をつけます。

❶ 4700×80=47×8×1000
=376000

❷ 7800×90=78×9×1000
=702000

❸ 320×5000=32×5×10000
=1600000

❹ 280×3600=28×36×1000
=1008000

❺ 1700×250=17×25×1000
=425000

❻ 430×8300=43×83×1000
=3569000

たしかめよう!

くふうして計算するときに省いた0を、さいごに書きわすれないように注意しましょう。

8 ページ　練習のワーク

1 ❶ 6兆
❷ 2兆8060億
❸ 3兆6000億
❹ 1000
❺ 1230

2 ❶ 二千六十八億五千九十万八千
❷ 七兆二百九億九千五百万四千七百

3 1000113333666777

4 ❶ 110772　❷ 165624

5 ❶ 453600　❷ 4050000

てびき　**1** ❶ 整数を10倍すると、位が1けたずつ上がります。
❷ 整数を$\frac{1}{10}$にすると、位が1けたずつ下がります。
❸ 360の右に0を10こつけた数になるので、3兆6000億です。
❹ 10億の10倍が100億、100億の10倍が1000億、1000億の10倍が1兆だから、1兆は10億の10×10×10＝1000(倍)です。
❺ 1230000000＝1230×1000000と考えます。

4 ❶

```
    724
  × 153
   2172
  3620
  724
 110772
```

❷

```
    206
  × 804
    824
 1648
 165624
```

5 ❶ 630×720＝63×72×100
＝453600
❷ 450×9000＝45×9×10000
＝4050000

たしかめよう!
終わりに0のあるかけ算は、0を省いて計算し、その積の右に、省いた0の数だけ0をつけます。

9 ページ　まとめのテスト

1 ❶ 500億
❷ 9500億
❸ 1兆1500億

2 ❶ 1000倍
❷ 10000倍
❸ 100000倍

3 ❶ 200570500000
❷ 804000000
❸ 2000500080000
❹ 1080000000000000
❺ 34094000000000

4 ❶ 1206万(12060000)
❷ 1億2060万(120600000)
❸ 1206億(120600000000)
❹ 120兆6000億(120600000000000)

1 8000億と1兆は2000億ちがいます。
4めもりで2000億なので、1めもりの大きさは500億です。
❷ ㋐は1兆より左に1めもりのところにあるので、1兆－500億＝9500億になります。
❸ ㋑は1兆より右に3めもりのところにあるので、1兆＋500億×3＝1兆1500億になります。

2 ❶ 位が3つ左に進んでいるので、
10×10×10＝1000(倍)です。
❷ 位が4つ左に進んでいるので、
10×10×10×10＝10000(倍)です。
❸ 位が5つ左に進んでいるので、
10×10×10×10×10＝100000(倍)です。

3 ❷ 1億を8こ集めた数は8億、100万を4こ集めた数は400万です。
❸ 1兆を2こ集めた数は2兆、1億を5こ集めた数は5億、1万を8こ集めた数は8万です。
❺ 100倍すると、位が2つ左に進むので、34兆940億になります。

4 ❶ 6700×1800
＝67×100×18×100
＝67×18×100×100
＝1206×100×100＝12060000
❷ 67万×180
＝67×10000×18×10
＝67×18×10000×10
＝1206×10000×10
＝120600000
❸ 67万×18万＝67×1万×18×1万
＝67×18×1万×1万
＝1206×1万×1万
＝1206億
1万×1万＝1億であることに注意しましょう。
❹ 67億×18000＝67×1億×18×1000
＝67×18×1億×1000
＝1206×1億×1000
＝120兆6000億

たしかめよう!

どんな整数も、10倍するごとにそれぞれの位は1つ上がります。例えば、1000倍は10×10×10=1000より、それぞれの位は3つ上がります。

② グラフや表を使って考えよう

10・11ページ きほんのワーク

きほん1 気温、1度、19、21、1、10、11

答え 19、21、1、10、11

1 ❶ 22度

❷ 29度、午後2時

❸ 午後4時から午後5時の間

きほん2 気温、直線

答え

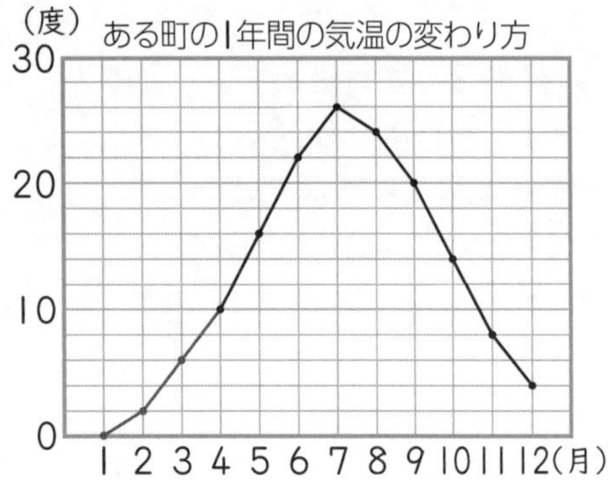

2

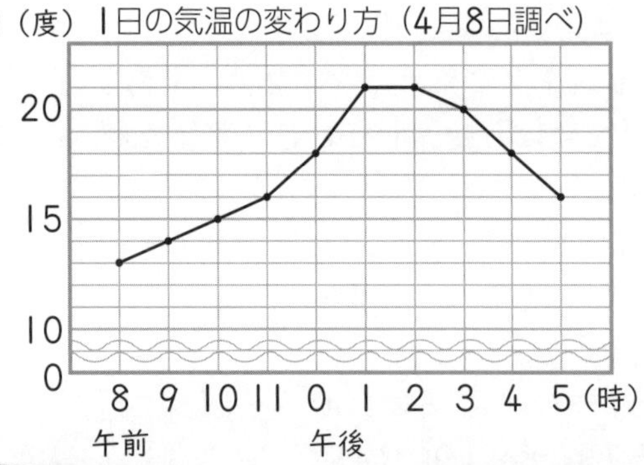

てびき **1** ❶ 8時のところの点を横に見ます。

❷ いちばん高いところにある点を、横に見ると気温、たてに見ると時こくがわかります。

❸ 折れ線グラフでは、線のかたむきが急であるほど、変わり方が大きいことを表しています。気温が下がっている午後2時から午後6時の間でかたむきがいちばん急なところを答えます。

2 横のじくに時こく、たてのじくに気温をとり、いちばん高い気温の21度が表せるようにめもりをつけることを考えます。

また、10度より低い気温のときがないので、10より小さいめもりを〜〜の印を使って、省くことができます。表題もわすれずに書きましょう。

たしかめよう!

気温のように、変わっていくもののようすを表すには、折れ線グラフを使います。

折れ線グラフでは、線のかたむきで変わり方がわかります。かたむきが急であるほど、変わり方が大きいことを表します。

12・13ページ きほんのワーク

きほん1 6、10

答え けがの原いんとけがをした場所(4月)(人)

原いん＼場所	校庭	教室	ろう下	体育館	合計
転ぶ	正一 6	正 5	0	0	11
ぶつかる	F 4	0	0	F 4	8
ひねる	T 2	正一 6	T 2	0	10
落ちる	0	0	一 1	T 2	3
合計	12	11	3	6	32

1 2組

けがをした場所と組(4月)(人)

場所＼組	1	2	3	4	合計
校庭	1	6	2	3	12
教室	4	2	2	3	11
ろう下	1	0	2	0	3
体育館	2	2	0	2	6
合計	8	10	6	8	32

きほん2 できる、できない

答え ㋐ 3　㋑ 2　㋒ 5

㋓ 2　㋔ 1　㋕ 3

㋖ 5　㋗ 3

2 ❶ 5人

❷ 9人

❸ 3人

❹ 16人

❺ 二重とびができなくて、あやとびのできる人、7人

てびき 表にまとめるとき、「正」の字を書いていくと、まちがわずに調べられます。また、数え落としがないよう、数えたものには印をつけておきましょう。

1 けがをした場所と組の2つに注目して、表に人数を書きなおします。

けがをした場所ごとの合計人数が、きほん1で求めた人数の合計とあっているかをかくにんしましょう。こうすると、数え落としや重なりがないかがわかります。

❷ 表は、次のようになります。

なわとび調べ　(人)

		二重とび		合計
		できる	できない	
あやとび	できる	16	(あ) 7	23
	できない	3	2	5
合計		19	9	28

① 表のいちばん右の合計のらんをたてに見ます。あやとびのできる人 23 人とできない人をあわせて 28 人なので、あやとびのできない人は、28－23＝5(人)

② 表のいちばん下の合計のらんを横に見ます。二重とびのできる 19 人とできない人をあわせて 28 人なので、二重とびのできない人は、28－19＝9(人)

③ あやとびのできない 5 人から、二重とびもあやとびもできない 2 人をひいて求めます。

④ 二重とびのできる 19 人から、③で求めた 3 人をひいて求めます。

⑤ (あ)には、二重とびができなくて、あやとびのできる人の数を書きます。

たしかめよう!

データを見やすく整理するためにまとめた表では、横とたての交わったところが、2 つのことがらにあてはまる数になります。表のそれぞれの場所には、どのような人が入るのか考えていきましょう。

14ページ　練習のワーク❶

❶ ① 横…月

たて…体重

② 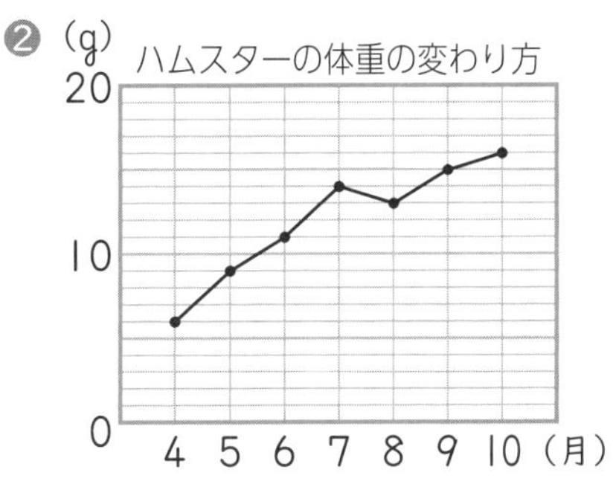

❷ ① 1 ぱん…8 人

2 はん…7 人

② 書き取りテストの点数　(人)

はん＼点数	10点	9点	8点	7点	6点	合計
1 ぱん	1	0	4	2	1	8
2 はん	2	2	1	2	0	7
合計	3	2	5	4	1	15

③ 8 点

てびき ❶ ① 横のじくには 4、5、6、…（月）と書かれているので、月をとっていることがわかります。たてのじくには、ハムスターの体重の変わり方を折れ線グラフに表すので、体重(g)をとります。

② まず、月ごとのハムスターの体重を表すところに点をうちます。

次に、それらの点を直線で結んで折れ線グラフをかきます。

❷ ② 表にまとめるときは、横とたての合計も出して、たしかめもわすれずにしましょう。

③ ②の表の 1 ぱんのらんを横に見ていきます。いちばん大きい数は 4 で、8 点だった人数です。

15ページ　練習のワーク❷

❶ ① 気温…32 度

月…8 月

② こう水量…40 mm

月…12 月

③ 気温…27 度

こう水量…200 mm

④ 正しくない。

❷ (あ) □　(い) ○　(う) △　(え) 大

(お) 7　(か) 3　(き) 14　(く) 3

(け) 11　(こ) 10　(さ) 8　(し) 25

てびき ❶ 左のたてのじくと折れ線グラフが最高気温、右のたてのじくとぼうグラフがこう水量を表しています。

それぞれの 1 めもりの大きさを正しく読み取りましょう。

④ 7 月から 8 月の間は、最高気温は上がっていますが、こう水量はへっているので正しくありません。

❷ 表中の「合計 7 こ」より、(あ)にあてはまる形は□とわかります。

また、「小が 5 こ」より、(う)にあてはまる形は△です。

たしかめよう!

❶で、月ごとの最高気温を読むときは、折れ線グラフを見ます。こう水量を読むときは、ぼうグラフを見ます。たてのじくの左右に数字が書かれています。左に(度)が、右に(mm)が書かれているので、折れ線グラフで左のめもりを、ぼうグラフで右のめもりを使います。このように、右と左のめもりの使い分けに注意しましょう。

16ページ まとめのテスト①

1 ❶ 住んでいる町別の生まれた月調べ（人）

住んでいる町＼月	4～6月	7～9月	10～12月	1～3月	合計
南町	4	1	2	3	10
北町	2	3	3	2	10
合計	6	4	5	5	20

❷ 南町に住んでいる、7～9月に生まれた人

2 ❶

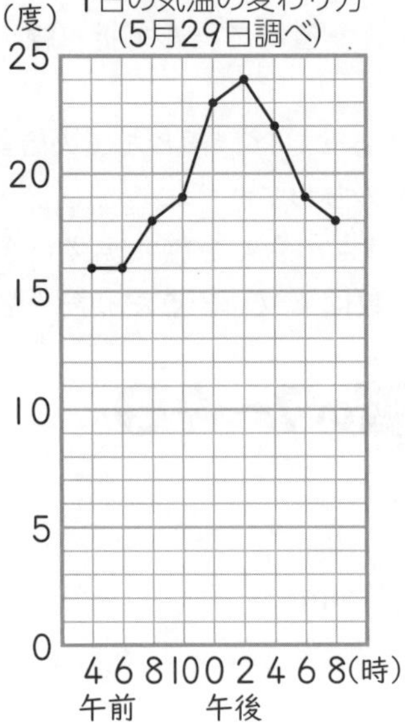

❷ 午前4時から午前6時の間

てびき

1 ❷ 表を見て人数がいちばん少ないところをさがします。

2 ❶ 自分でめもりを決めるときは、この問題のように15度より低い気温がなければ、次の図のように15度までのとちゅうのめもりを〰の印を使って省くことができます。

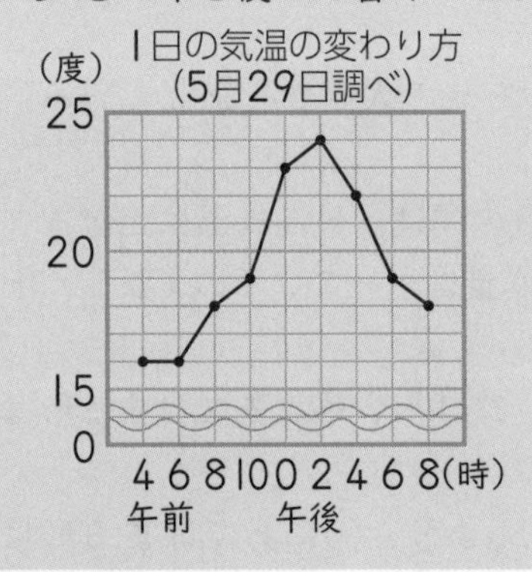

たしかめよう!

気温の変わり方を表した折れ線グラフでは、線のかたむいていないところは、気温の変化がないことを表しています。

17ページ まとめのテスト②

1 ㋐、㋒

2 ❶ ㋐ 3　㋑ 2　㋒ 5　㋓ 4
㋔ 1　㋕ 5　㋖ 7　㋗ 3

❷ ふみやさん

3 ❶ 月…1月
気温の差…5度

❷ 最低気温

てびき

1 ㋓は、いろいろな場所の気温なので、折れ線グラフにはあいません。
㋑や㋔は、ぼうグラフにするとくらべやすくなります。

2 科学読み物と伝記の好き(○)、きらい(△)によって、○○、○△、△○、△△の4つのグループに分けられます。

3 2本の折れ線グラフを読み取ります。

❶ 点(•)と点(▪)の間がいちばんあいている月をさがします。

❷ 最低気温のほうが、かたむきが急になっているので、変わり方が大きいといえます。

たしかめよう!

折れ線グラフでは、変わり方の大きさを折れ線のかたむき具合でたしかめることができます。

③ わり算のしかたを考えよう

18・19ページ きほんのワーク

ふくしゅう 9本

きほん1 わり、6、2、20　答え 20

1 式 $90 \div 3 = 30$　答え 30まい

2 式 $100 \div 5 = 20$　答え 20こ

3 ❶ 10　❷ 30　❸ 40
❹ 60　❺ 30　❻ 50
❼ 60　❽ 70　❾ 80

きほん2 9、3、300　答え 300

4 ❶ 100　❷ 100　❸ 300
❹ 200　❺ 200　❻ 400
❼ 700　❽ 400　❾ 500

てびき

❶ [全部のまい数]÷[分ける人数]＝[1人分のまい数] より、式は $90 \div 3$ です。
計算は10の9こ分を3つに分けるので、$9 \div 3 = 3$ より、10の3こ分の30になります。

❷ [全部のこ数]÷[分ける人数]＝[1人分のこ数] より、式は $100 \div 5$ です。
計算は10の10こ分を5つに分けるので、$10 \div 5 = 2$ より、10の2こ分の20になります。

❸ 10の何こ分かを考えます。

❹ 100の何こ分かを考えます。

❹ 12　÷6＝2
1200÷6＝200

❺ 14　÷7＝2
1400÷7＝200

❻ 36　÷9＝4
3600÷9＝400

❼ 49　÷7＝7
4900÷7＝700

❽ 20　÷5＝4
2000÷5＝400

❾ 40　÷8＝5
4000÷8＝500

20・21ページ　きほんのワーク

きほん1　÷　2、6 ➡ 1、8 ➡ 6、1、8 ➡ 0

答え 26

❶ ❶
```
   18
4)72
  4
  32
  32
   0
```
❷
```
   27
2)54
  4
  14
  14
   0
```
❸
```
   28
3)84
  6
  24
  24
   0
```
❹
```
   13
6)78
  6
  18
  18
   0
```
❺
```
   18
5)90
  5
  40
  40
   0
```
❻
```
   12
8)96
  8
  16
  16
   0
```

きほん2　÷　2、8 ➡ 1、5 ➡ 1、2　　答え 23、3

❷ ❶
```
   29
2)59
  4
  19
  18
   1
```
❷
```
   18
5)93
  5
  43
  40
   3
```
❸
```
   26
3)80
  6
  20
  18
   2
```

けん算
2×29＋1
＝59

けん算
5×18＋3
＝93

けん算
3×26＋2
＝80

❸ ❶ 21あまり1
❷ 10あまり2

❹ 式 58÷5＝11あまり3
答え 11人に分けられて、3本あまる。

てびき
❶ わり算の筆算は、大きい位から計算していきます。
❷ あまりのあるわり算では、あまりがわる数より小さくなっているかに気をつけます。
けん算は わる数 × 商 ＋ あまり の計算をして、それが わられる数 になるかをたしかめます。
問題に「けん算をしましょう」と書かれていなくてもけん算はするようにしましょう。
❸ 筆算のとちゅう、ひいて0になるときがあります。そのときは0を書かずに、となりに一の位の数をおろして計算を続けます。
筆算は、次のようになります。

❶
```
   21
4)85
  8
   5   ← 0は書かない
   4
   1
```
❷
```
   10
7)72
  7
   2   ← 0は書かない
   0
   2
```

❹ 全部の本数 ÷ 1人分の本数 ＝ 分ける人数 より、式は58÷5です。筆算は、右のようになります。
```
   11
5)58
  5
   8
   5
   3
```

たしかめよう!
あまりのあるわり算の答えのけん算は、次の式を使います。
わる数 × 商 ＋ あまり ＝ わられる数

22・23ページ　きほんのワーク

きほん1　1 ➡ 4 ➡ 8、3　　答え 148あまり3

❶ ❶
```
   157
5)787
  5
  28
  25
   37
   35
    2
```
❷
```
   113
6)679
  6
   7
   6
   19
   18
    1
```
❸
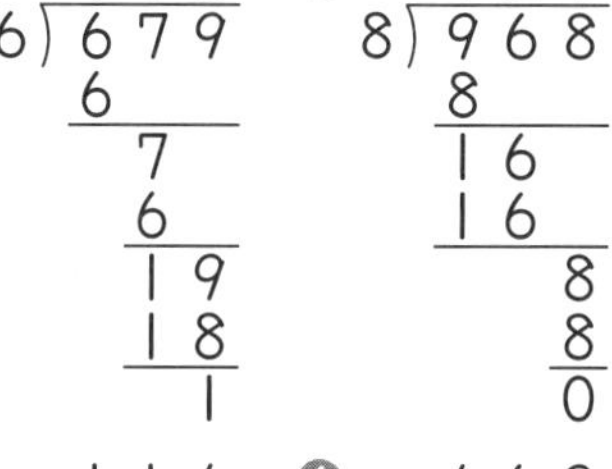
```
   121
8)968
  8
  16
  16
    8
    8
    0
```
❹
```
   214
4)856
  8
   5
   4
   16
   16
    0
```
❺
```
   114
5)570
  5
   7
   5
   20
   20
    0
```
❻
```
   469
2)939
  8
  13
  12
   19
   18
    1
```

きほん2　1 ➡ 0、0 ➡ 7、1　　答え 107あまり1

❷ ❶ 110あまり4
❷ 309
❸ 204

❸ 式 312÷3＝104　　答え 104人

❹ 式 856÷8＝107　　答え 107ふくろ

てびき
❶ わられる数が3けたになっても、筆算は、大きい位から計算します。❷～❺は数のおろし方に注意しましょう。
❷ わり算の筆算は九九を使って、たてて → かけて → ひいて → おろす をくり返して、計算を進めます。商がたたない位には0をたてることに注意しましょう。筆算は、次のように

なります。

❶
```
   110
7)774
  7
   7
   7
    4
```
❷
```
   309
3)927
  9
   27
   27
    0
```
❸
```
   204
4)816
  8
   16
   16
    0
```

❸ 全部のまい数÷1人分のまい数＝分ける人数より、式は312÷3です。筆算は、右のようになります。商がたたない位には0をたてることに注意しましょう。
```
   104
3)312
  3
   12
   12
    0
```

❹ 全部のみかんのこ数÷1つのふくろに入れるみかんのこ数＝ふくろの数より、式は856÷8です。筆算は、右のようになります。
```
   107
8)856
  8
   56
   56
    0
```

24・25ページ きほんのワーク

きほん1 8、4 ➡ 3、0　答え 43

❶ ❶ 67　❷ 77あまり2　❸ 54

きほん2 ÷、20、9、29　答え 29

❷ ❶ 49　❷ 19　❸ 13
❹ 23　❺ 12

❸ 16(グループ)

きほん3 10、7、17 ➡ 17、170　答え 170

❹ ❶ 90　❷ 80　❸ 240
❹ 60　❺ 90　❻ 90

てびき ❶ (3けた)÷(1けた)の筆算で、百の位に商がたたないときは、十の位の数までふくめた数で計算を始めます。筆算は、次のようになります。

❶
```
   67
2)134
  12
   14
   14
    0
```
❷
```
   77
4)310
  28
   30
   28
    2
```
❸
```
   54
7)378
  35
   28
   28
    0
```

❷ わられる数をわり算しやすい2つの数に分けます。

❸ 全部の人数÷1つのグループの人数＝グループの数より、式は80÷5です。

❹ ❶❷❹❺❻ わられる数のいちばん右の0を省いて商を求めて、その商に0を1つつけます。

❸ 72÷3の商を利用することができます。72を60と12に分けて考えた答えの24の10倍で240です。

60÷3＝20
12÷3＝4
あわせて 24

たしかめよう! わり算では、わられる数のいちばん大きい位の数が、わる数より小さいときは、次の位の数までふくめた数で計算を始めます。

26ページ 練習のワーク

❶ ❶ 15あまり4　❷ 14
❸ 20あまり1　❹ 133あまり1
❺ 41あまり2　❻ 205

❷ 式 542÷6＝90あまり2
答え 90まいになって、2まいあまる。

❸ 式 238÷7＝34　答え 34ふくろ

❹ 式 960÷8＝120　答え 120こ

❺ ❶ 13　❷ 14　❸ 240

てびき ❶

❶
```
   15
5)79
  5
  29
  25
   4
```
❷
```
   14
6)84
  6
  24
  24
   0
```
❸
```
   20
3)61
  6
   1
```
❹
```
   133
7)932
  7
  23
  21
   22
   21
    1
```
❺
```
    41
6)248
  24
    8
    6
    2
```
❻
```
   205
4)820
  8
   20
   20
    0
```

❷ 全部のまい数÷分ける人数＝1人分のまい数より、式は542÷6です。
筆算は、右のようになります。
```
    90
6)542
  54
     2
```

❸ 全部のこ数÷1ふくろに入れるこ数＝ふくろの数より、式は238÷7です。
筆算は、右のようになります。
```
    34
7)238
  21
   28
   28
    0
```

❺ わられる数をくふうしましょう。
❸ 120÷5を、120を100と20に分けて計算し、商の24を10倍するとよいでしょう。

27ページ まとめのテスト

1 ❶ 22　❷ 600　❸ 107

2 答え 218あまり3
けん算 4×218＋3＝875
```
   218
4)875
  8
   7
   4
   35
   32
    3
```

3 式 144÷3＝48　答え 48人

4 式 185÷9＝20あまり5
答え 20本できて、5cmあまる。

5 式 113÷5＝22あまり3
(22＋1＝23)　答え 23こ

6 式 65÷5＝13　　答え 13倍

てびき

1

❶
```
   22
3)66
  6
  -
   6
   6
   -
   0
```
❷
```
    600
9)5400
  54
  ---
     0
```
❸
```
   107
5)535
  5
  -
   35
   35
   --
    0
```

2 わり算の答えのけん算は、［わる数］×［商］＋［あまり］の計算をして、それが［わられる数］になるかをたしかめます。

3 ［全部の人数］÷［バスの数］＝［1台分の人数］だから、式は 144÷3 です。筆算は、右のようになります。
```
    48
3)144
  12
  --
   24
   24
   --
    0
```

5 ［4年生の人数］÷［1この長いすにすわる人数］＝［長いすのこ数］だから、式は 113÷5 です。答えは、あまりの3人がすわる長いすを1こふやします。
```
    22
5)113
  10
  --
   13
   10
   --
    3
```

6 何倍かを求めるので、わり算で計算します。

④ 角の大きさの表し方を調べよう

28・29ページ きほんのワーク

きほん1 角、2、4　　答え ㋑

❶ ㋐の角、㋕の角

❷ ㋑→㋓→㋒→㋐

❸ 3直角

きほん2 分度器　　答え 50

❹ ㋐ 75°　　㋑ 140°　　㋒ 45°
　㋓ 125°

てびき

❶ それぞれの角に三角じょうぎの直角のところをあててみて、直角より小さい角を見つけます。㋓の角は直角で、㋑、㋒、㋔の角は直角より大きい角です。

❷ ㋐は1直角の大きさ、㋑は3直角と4直角の間の大きさ、㋒は1直角と2直角の間の大きさ、㋓は3直角の大きさです。角を大きい順に記号でならべると、㋑→㋓→㋒→㋐です。

❸ 図の角に三角じょうぎの直角のところをあてていくと、ちょうど3こ分になるので、この角の大きさは3直角です。

❹ 角の大きさをはかるには、分度器を使います。分度器の中心を、角の頂点に合わせてめもりをよみます。そのとき、0°の線を合わせたほうのめもりをよむことに注意しましょう。辺の長さが短くてめもりがよみにくいときは、のばしてからはかります。

たしかめよう!

度(°)は、角の大きさの単位です。
角の大きさのことを角度ともいいます。
1直角は90°です。

30・31ページ きほんのワーク

きほん1 125、55　　答え 55

❶ 55°

❷ ㋐ 135°　　㋑ 45°

きほん2 50、50、230、
130、130、230　　答え 230

❸ ㋐ 200°　　㋑ 300°　　㋒ 345°

きほん3 答え

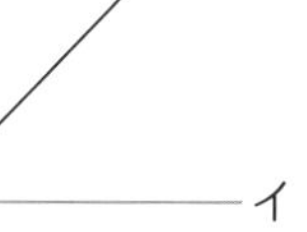
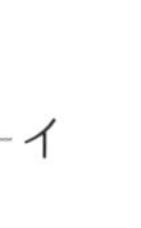

❹ ❶　❷

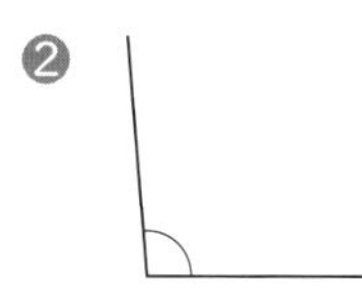

❸

❺ ❶

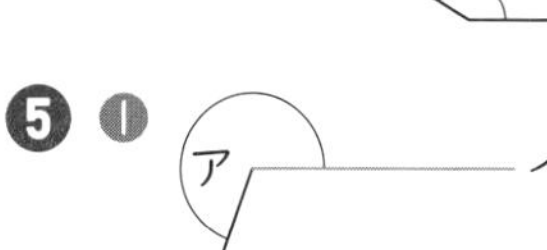

❷

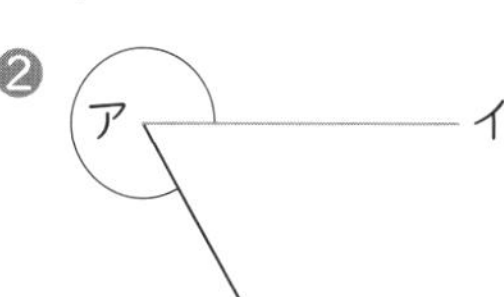

てびき

❶ ㋑の角も 180−125＝55 より、55°で、向かい合った㋐と㋑の角度は等しくなっています。

❷ ㋐ 180−45＝135 より、135°です。
㋑ 180−㋐＝180−135＝45 より、45°です。

❸ 180°より大きい角度をはかるときは、分度器ではかれる角度を180°にたしたり、360°からひいたりします。
㋐ 180＋20
㋑ 360−60
㋒ 360−15 と考えます。

❺ ❶ 250＝180＋70 と考えます。また、250＝360－110 と考えることもできます。
❷ 300＝180＋120 や、300＝360－60 と考えます。

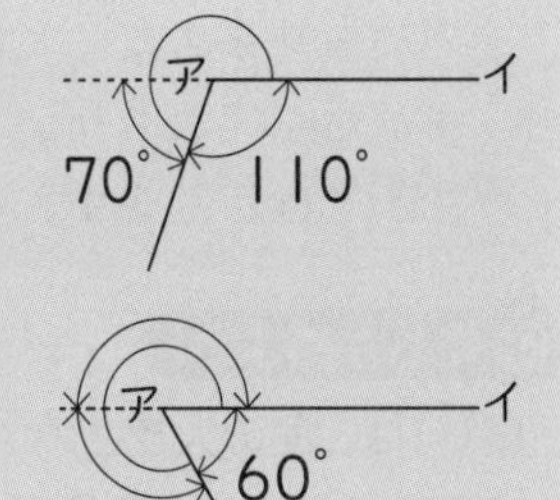

たしかめよう!

分度器の使い方をくふうすると、いろいろな大きさの角をかくことができます。

たしかめよう!

❶ 分度器を使ってはかるときは、分度器の内側と外側のどちらの目もりを読んでいるのか注意しましょう。また、角の辺が短いときは、辺をのばしてからはかります。

❷ **2本の直線が交わってできる角度**
右の図のⓐとⓤ、ⓘとⓔのように、向かい合った角の大きさは等しくなります。

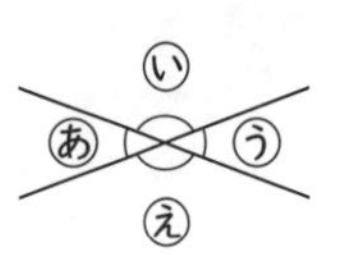

❸ **180°より大きい角のはかり方**
分度器ではかれる角の大きさをはかって、180°にたしたり、360°からひいたりして求めます。

32・33ページ きほんのワーク

きほん1 答え

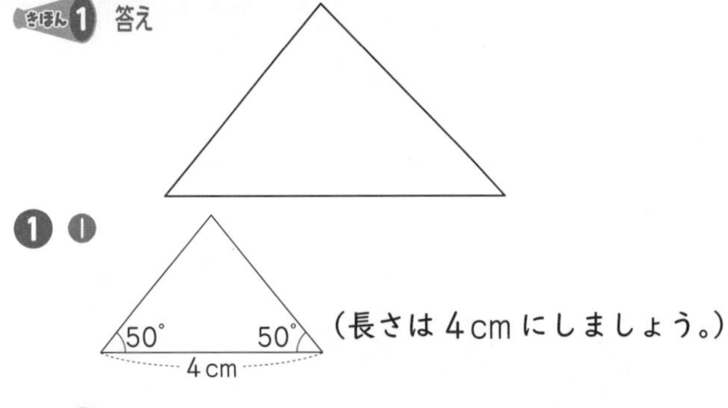

❶ ❶ （長さは 4cm にしましょう。）

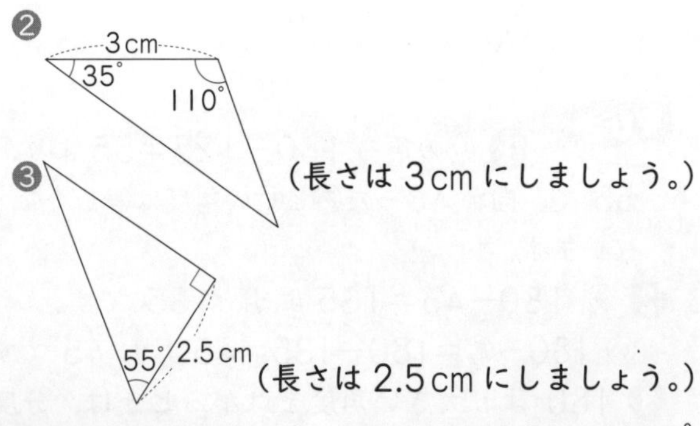

❷ （長さは 3cm にしましょう。）

❸ （長さは 2.5cm にしましょう。）

❷ 図はてびきを参しょう、角の大きさ…(すべて)60°

きほん2 答え 45、180、60、30、120

❸ ⓐ 150°　ⓘ 135°　ⓤ 90°
ⓔ 15°　ⓞ 105°　ⓚ 150°

てびき

❶ ❶ まず、じょうぎを使って長さ 4cm の辺をひいてから、50°の角を2つかきます。
❷ まず、じょうぎを使って長さ 3cm の辺をひいてから、35°と 110°の角をかきます。
❸ まず、じょうぎを使って長さ 2.5cm の辺をひいてから、55°の角と 90°(直角)の角をかきます。

❷ 正三角形は3つの辺の長さがどれも等しいので、コンパスを使ってかくことができます。

❸ ⓐ 90＋60＝150 より、150°です。
ⓘ 180－45＝135 より、135°です。
ⓔ 45－30＝15 より、15°です。
ⓞ 45＋60＝105 より、105°です。
ⓚ 180－30＝150 より、150°です。

たしかめよう!

三角じょうぎの角度を覚えましょう。

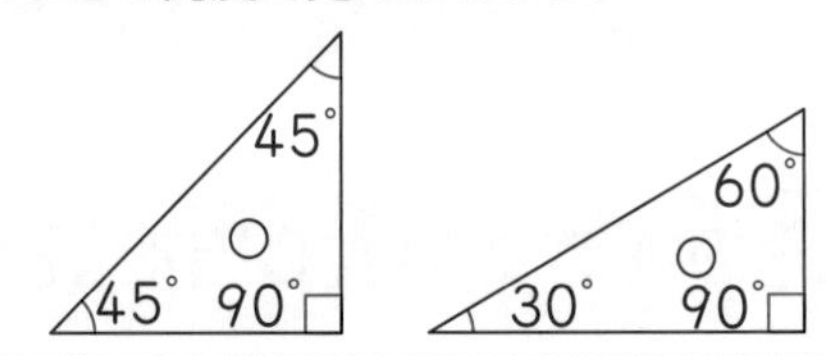

34ページ 練習のワーク

❶ ❶ 1　❷ 270　❸ 360、4
❹ 180、2

❷ ❶

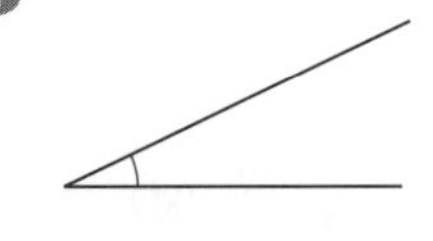

❷

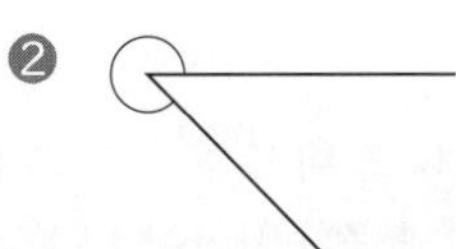

❸ ⓐ 130°　ⓘ 50°　ⓤ 130°

❹ （長さは 5cm にしましょう。）

40°　50°　5cm

てびき

❶ 1直角＝90°をもとにして考えます。

❷ ❷ 180°より大きい角をかくには、くふうをします。315＝360－45 と考えましょう。

❸ あ 180－50＝130 より、130°です。
い 180－あ＝180－130＝50 より、50°です。
う 180－50＝130 より、130°です。
2つの直線が交わってできる、向かい合った角の大きさは等しくなっています。
❹ 角をかくときは、じょうぎと分度器を使います。

❷ ② 180°より大きい角のかき方
180°より何度大きいのか、360°より何度小さいのか、を考えます。

1 あ 50°　い 350°　う 240°
2 ①

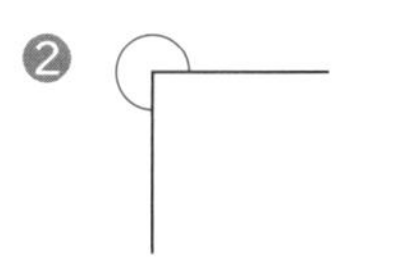

②

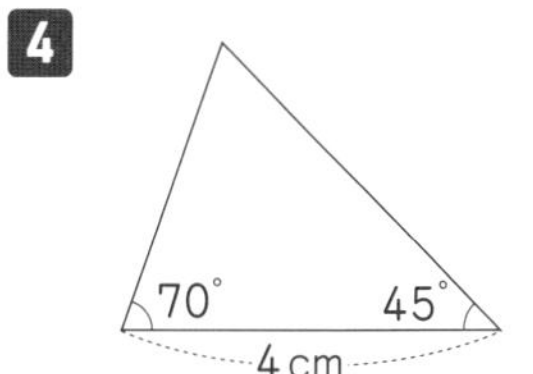

3 あ 105°　い 15°
4
（長さは 4 cm にしましょう。）

てびき　1 い 分度器ではかれる 10°を 360°からひきます。
う 分度器ではかれる角度を 180°にたしたり、360°からひいたりします。
3 あ 45＋60＝105 より、105°です。
い 45－30＝15 より、15°です。
4 まず、4 cm の辺をじょうぎでひきます。次に、両はしの点を頂点として、分度器で 70°と 45°の角をかきます。

⑤ 小数のしくみを調べよう

36・37 ページ きほんのワーク

きほん1 3、0.03、1.43　答え 1.43

❶ ①

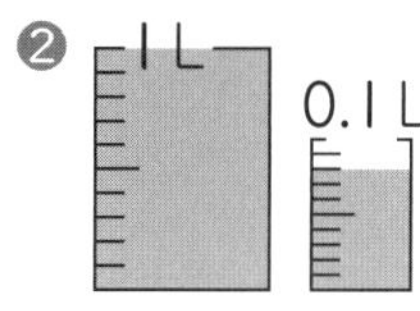

②

❷ 0.36 L
❸ ① 7こ　② 20こ
❹ ㋐ 0.79 m　㋑ 1.13 m
きほん2 0.001、12　答え 12、30
❺ ㋐ 5.394 m　㋑ 5.411 m
きほん3 0.02、0.006、3.426　答え 3.426
❻ ① 3.58 m　② 4.034 km
❼ ① 1.782 kg　② 0.873 kg

てびき　❶ ① 2.35 L は、2 L と 0.3 L と 0.05 L をあわせたかさなので、1 L のます2こと 0.1 L のます3こに色をぬり、0.05 L は 0.1 L のますの 10 等分されためもりの5つめまで色をぬります。
② 1.08 L は、1 L と 0.08 L をあわせたかさなので、1 L のます1こと 0.1 L のますの 10 等分されためもりの8つめまで色をぬります。
❷ 0.1 L を3こ集めたかさが 0.3 L です。
0.1 L のますのいちばん小さい1めもりは、0.01 L で、めもり6こ分で 0.06 L です。
全部あわせると 0.36 L です。
❸ ② 0.2 は 0.20 と考えると、
0.01 を 20 こ集めたかさとわかります。
❹ いちばん小さい1めもりは、0.01 m を表しています。
㋐ 0.7 m と、めもり9こ分の長さです。
㋑ 1.1 m と、めもり3こ分の長さです。
❺ いちばん小さい1めもりは、0.001 m を表しています。
㋐ 5.39 m と、めもり4こ分の長さです。
㋑ 5.41 m と、めもり1こ分の長さです。
❻ ① 1 m＝100 cm だから、10 cm は 1 m の $\frac{1}{10}$ で 0.1 m、1 cm は 0.1 m の $\frac{1}{10}$ で 0.01 m です。58 cm は、50 cm が 0.5 m、8 cm が

0.08m なので、あわせて 0.58m です。

❷ 1km＝1000m だから、100m は 1km の $\frac{1}{10}$ で 0.1km、10m は 0.1km の $\frac{1}{10}$ で 0.01km、1m は 0.01km の $\frac{1}{10}$ で 0.001km です。

34m は、30m が 0.03km、4m が 0.004km なので、あわせて 0.034km です。

7 1kg＝1000g だから、100g は 1kg の $\frac{1}{10}$ で 0.1kg、10g は 0.1kg の $\frac{1}{10}$ で 0.01kg、1g は 0.01kg の $\frac{1}{10}$ で 0.001kg です。

❶ 782g は、700g と 80g と 2g をあわせた重さで、0.782kg です。

❷ 873g は、800g と 70g と 3g をあわせた重さで、0.873kg です。

たしかめよう!

小数と長さ

1km＝1000m をもとにする。

0.1km＝100m

0.01km＝10m

0.001km＝1m

小数と重さ

1kg＝1000g をもとにする。

0.1kg＝100g

0.01g＝10g

0.001g＝1g

38・39 ページ きほんのワーク

きほん1 6、3、7、6 答え 6、3、7、6

1 ❶ $\frac{1}{10}$ ❷ 1000

❸ 7、4、9、3 ❹ 2

❺ $\frac{1}{1000}$、0.001

2 ❶ ＞ ❷ ＜ ❸ ＜ ❹ ＜

きほん2 1、2、1、2

答え 48、480、0.48、0.048

3 ❶ 19 ❷ 0.019

きほん3 700、10、4、714 答え 714

4 ❶ 8こ

❷ 13こ

❸ 309こ

❹ 410こ

てびき **2** ❶ $\frac{1}{100}$ の位の数字の大きさをくらべます。

2.75 の $\frac{1}{100}$ の位の数字は 5、2.705 の $\frac{1}{100}$ の位の数字は 0 なので、2.75 のほうが大きい数です。

❷ $\frac{1}{10}$ の位の数字の大きさをくらべます。

12.09 の $\frac{1}{10}$ の位の数字は 0、12.101 の $\frac{1}{10}$ の位の数字は 1 なので、12.101 のほうが大きい数です。

❸ $\frac{1}{100}$ の位の数字の大きさをくらべます。

0.008 の $\frac{1}{100}$ の位の数字は 0、0.01 の $\frac{1}{100}$ の位の数字は 1 なので、0.01 のほうが大きい数です。

❹ $\frac{1}{10}$ の位の数字の大きさをくらべます。

3.567 の $\frac{1}{10}$ の位の数字は 5、3.6 の $\frac{1}{10}$ の位の数字は 6 なので、3.6 のほうが大きい数です。

3 ❶ 100 倍すると、小数点は右へ 2 けたうつるので、19 になります。

❷ $\frac{1}{10}$ にすると、小数点は左へ 1 けたうつるので、一の位の 0 の左に 0 を 1 つ書いてから、小数点をうつします。

4 ❸ 3 は 0.01 を 300 こ集めた数、0 は 0.01 を 0 こ集めた数、9 は 0.01 を 9 こ集めた数なので、あわせて 0.01 を 309 こ集めた数です。

❹ 4 は 0.01 を 400 こ集めた数、0.1 は 0.01 を 10 こ集めた数なので、あわせて 0.01 を 410 こ集めた数です。

たしかめよう!

0.1 ………………………… 1 の $\frac{1}{10}$

0.01 … $\left(0.1 の \frac{1}{10}\right)$ …… 1 の $\frac{1}{100}$

0.001 … $\left(0.01 の \frac{1}{10}\right)$ … 1 の $\frac{1}{1000}$

40・41 ページ きほんのワーク

ふくしゅう ❶ 0.9 ❷ 2.3 ❸ 0.7 ❹ 0.6

きほん1 2.86 1.1、0.11

35、286、321 答え 3.21

1 式 1.46＋2.66＝4.12 答え 4.12L

きほん2 4、2、5 答え 4.25

2 ❶ 7.2 ❷ 15.51 ❸ 37

❹ 10.28

きほん3 0.85 1、0、6 ➡ 1、0、6 答え 1.06

3 ❶ 1.51 ❷ 1.91 ❸ 13.8

❹ 2.852

てびき

1 ペットボトルに入っている麦茶のかさ＋ポットに入っている麦茶のかさで計算します。

2 たてにそろえたときに数字の書かれていないけたがあるときは、0を書いてから計算をします。

小数点より右の最後の0は消しておきます。

❶ $$\begin{array}{r} 5.04 \\ +2.16 \\ \hline 7.20 \end{array}$$ ❷ $$\begin{array}{r} 2.00 \\ +13.51 \\ \hline 15.51 \end{array}$$

❸ $$\begin{array}{r} 0.16 \\ +36.84 \\ \hline 37.00 \end{array}$$ ❹ $$\begin{array}{r} 7.302 \\ +2.978 \\ \hline 10.280 \end{array}$$

3 ❶ $$\begin{array}{r} 4.73 \\ -3.22 \\ \hline 1.51 \end{array}$$ ❷ $$\begin{array}{r} 5.20 \\ -3.29 \\ \hline 1.91 \end{array}$$

❸ $$\begin{array}{r} 20.64 \\ -\ \ 6.84 \\ \hline 13.80 \end{array}$$ ❹ $$\begin{array}{r} 5.000 \\ -2.148 \\ \hline 2.852 \end{array}$$

たしかめよう!

小数のたし算・ひき算では、位をそろえて書いて、整数のたし算・ひき算と同じように計算します。和や差の小数点は、上の小数点にそろえてうつことに注意しましょう。

42ページ 練習のワーク

1 ❶ 1.326kg
❷ 0.395km

2 ❶ 0.845 ❷ 42.07 ❸ 5.318

3 ❶ 9.44 ❷ 5.27 ❸ 12.46
❹ 2.77

4 式 1.78＋2.65＝4.43 答え 4.43kg

5 式 3.8－0.27＝3.53 答え 3.53L

1 ❶ 1000g＝1kg、100g＝0.1kg、10g＝0.01kg、1g＝0.001kgを使います。

326gは、300gと20gと6gをあわせた重さです。

300gは0.3kg、20gは0.02kg、6gは0.006kgなので、あわせて0.326kgです。

❷ 1000m＝1km、100m＝0.1km、10m＝0.01km、1m＝0.001kmを使います。

395mは、300mと90mと5mをあわせた長さです。

300mは0.3km、90mは0.09km、5mは0.005kmなので、あわせて0.395kmです。

2 ❶ 0.1が8こで0.8、0.001が45こで0.045で、あわせて0.845です。

3 ❶ $$\begin{array}{r} 5.98 \\ +3.46 \\ \hline 9.44 \end{array}$$ ❷ $$\begin{array}{r} 6.05 \\ -0.78 \\ \hline 5.27 \end{array}$$

❸ $$\begin{array}{r} 8.00 \\ +4.46 \\ \hline 12.46 \end{array}$$ ❹ $$\begin{array}{r} 7.00 \\ -4.23 \\ \hline 2.77 \end{array}$$

4 全体の重さは、入れ物の重さ＋みその重さで計算します。

$$\begin{array}{r} 1.78 \\ +2.65 \\ \hline 4.43 \end{array}$$

5 残りのかさは、ひき算で計算します。

3.8は3.80と考えて、位をそろえて計算します。

$$\begin{array}{r} 3.80 \\ -0.27 \\ \hline 3.53 \end{array}$$

43ページ まとめのテスト

1 ❶ 0.076 ❷ 0.224 ❸ 3276

2 ❶ 22.28 ❷ 2.206 ❸ 1.34
❹ 19.22 ❺ 13.65 ❻ 2

3 ❶ > ❷ <

4 301.24

5 ❶ 式 2.58＋0.78＝3.36 答え 3.36L
❷ 式 2.58－0.78＝1.8 答え 1.8L

てびき

1 ❶ ひき算で求めることができます。

$$\begin{array}{r} 3.276 \\ -3.2 \\ \hline 0.076 \end{array}$$

3.276－3.2＝0.076

❷ ひき算で求めることができます。

$$\begin{array}{r} 3.500 \\ -3.276 \\ \hline 0.224 \end{array}$$

3.5－3.276＝0.224

❸ 3は0.001を3000こ集めた数、0.2は0.001を200こ集めた数、0.07は0.001を70こ集めた数、0.006は0.001を6こ集めた数です。あわせて0.001を3276こ集めた数です。

2 ❶ $$\begin{array}{r} 19.30 \\ +\ \ 2.98 \\ \hline 22.28 \end{array}$$ ❷ $$\begin{array}{r} 1.209 \\ +0.997 \\ \hline 2.206 \end{array}$$

❸ $$\begin{array}{r} 7.02 \\ -5.68 \\ \hline 1.34 \end{array}$$ ❹ $$\begin{array}{r} 23.00 \\ -\ \ 3.78 \\ \hline 19.22 \end{array}$$

❺ 左から順に、2.15－1.9を計算し、その差に13.4をたします。筆算は、次のようになります。

$$\begin{array}{r} 2.15 \\ -1.9 \\ \hline 0.25 \end{array}$$ $$\begin{array}{r} 0.25 \\ +13.4 \\ \hline 13.65 \end{array}$$

❻ 左から順に、9－0.52を計算し、その差から6.48をひきます。筆算は、次のようになります。

$$\begin{array}{r} 9.00 \\ -0.52 \\ \hline 8.48 \end{array}$$ $$\begin{array}{r} 8.48 \\ -6.48 \\ \hline 2.00 \end{array}$$

3 ❷ $\frac{1}{10}$ の位の数字の大きさをくらべます。

4.01 の $\frac{1}{10}$ の位の数字は 0、4.1 の $\frac{1}{10}$ の位の数字は 1 なので、4.1 のほうが大きい数です。

4 0、1、2、3、4 の数字を 1 つずつ使ってできる 300 にいちばん近い整数は 301 です。

5 ❶ ［ポットに入っている水のかさ］＋［入れる水のかさ］で考えます。

$$\begin{array}{r} 2.58 \\ +\,0.78 \\ \hline 3.36 \end{array}$$

❷ ［ポットに入っている水のかさ］－［使う水のかさ］で考えます。

$$\begin{array}{r} 2.58 \\ -\,0.78 \\ \hline 1.8\not{0} \end{array}$$

● 考える力をのばそう

44・45 ページ　学びのワーク

きほん1　1600、1600、800
2400、2400、1200、1200、800
答え 800

❶ 式 500－80＝420　420÷2＝210
答え 210cm

❷ 式 28－2＝26　26÷2＝13　13＋2＝15
答え おとな…15 人、子ども…13 人

❸ 式 54÷2＝27　27－5＝22　22÷2＝11
答え 11cm

きほん2　36、36、42　答え 42

❹ 式 340－30－30－40＝240　240÷3＝80
80＋30＝110　110＋40＝150
答え えん筆…80 円、ボールペン…110 円、サインペン…150 円

てびき　❶～❸ とき方は 2 通りあります。

❶《1》ちがいの 80cm を全体からひくと、同じ長さだけ残ると考えます。
5m＝500cm なので、500－80＝420
420÷2＝210 より、210cm が短いひもの長さになります。

長い／短い　80cmひく　短いひも 2 本で 420cm

《2》ちがいの 80cm をたすと同じ長さになると考えて、500＋80＝580
580÷2＝290　290－80＝210
290cm は長いひもの長さなので、注意しましょう。

長い／短い　80cmたす　長いひも 2 本で 580cm

❷《1》ちがいの 2 人を全体からひくと、同じ人数だけ残ると考えて、28－2＝26
26÷2＝13 より、13 人が子どもの人数になります。おとなの人数は、13＋2＝15 より、15 人です。

おとな／子ども　2 人ひく　子どもの人数の2倍で26人

《2》ちがいの 2 人をたすと、同じ人数になると考えて、28＋2＝30　30÷2＝15 より、15 人がおとなの人数になります。子どもの人数は、15－2＝13 より、13 人です。

おとな／子ども　2 人たす　おとなの人数の2倍で30人

❸ 長方形のまわりの長さが 54cm なので、たてと横の長さの和は、54÷2＝27 だから、たてと横の長さで 27cm と表します。
《1》ちがいの 5cm を全体からひくと、同じ長さだけ残ると考えて、27－5＝22
22÷2＝11 より、11cm が横の長さになります。

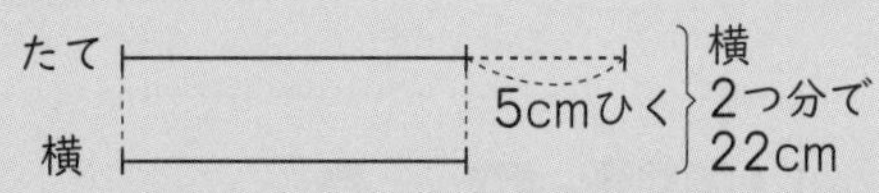

《2》ちがいの 5cm をたすと同じ長さになると考えて、27＋5＝32　32÷2＝16 より、16cm がたての長さになります。横の長さは、16－5＝11 より 11cm です。

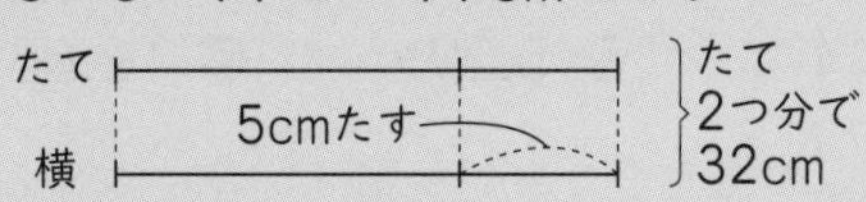

❹ 問題文を正しく読み取り、ちがいがはっきりとわかる図に表してみます。えん筆がいちばん安く、それより 30 円高いのがボールペン、さらに 40 円高いのがサインペンです。

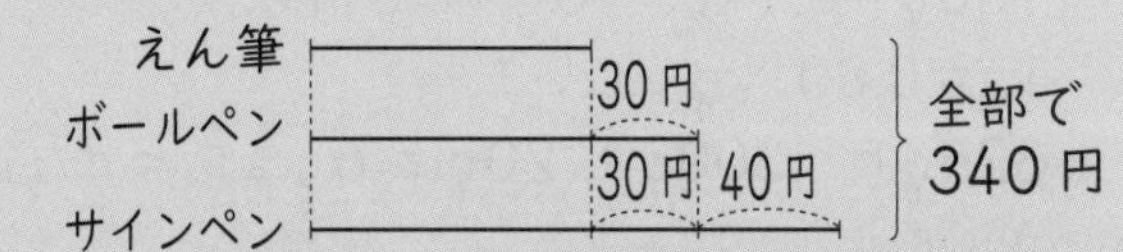

とき方はいろいろありますが、えん筆のねだんを先に求めるとき方が、計算がかんたんです。ちがいの 30 円、30 円、40 円を全体からひくと、340－30－30－40＝240 より、240 円がえん筆 3 本分の代金とわかります。えん筆のねだんは、240÷3＝80 より、80 円です。ボールペンのねだんは、80＋30＝110 より、110 円、サインペンのねだんは、110＋40＝150 より、150 円です。
図をよく見て、はじめに 30 を 2 回ひくことに注意しましょう。

● そろばん

46・47ページ きほんのワーク

きほん1 1、2、6、0、61256207、1、25.1
答え 61256207、25.1

❶ ❶ 16893088
❷ 3.2
❸ 68.5

❷ ❶
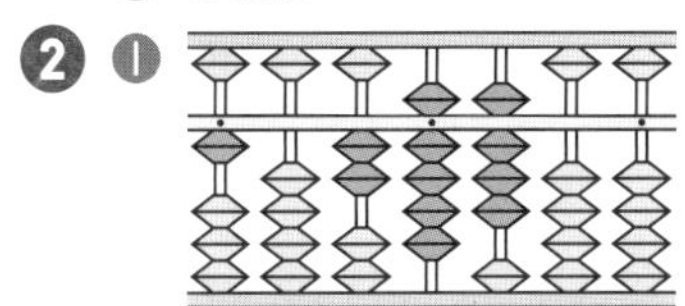
❷
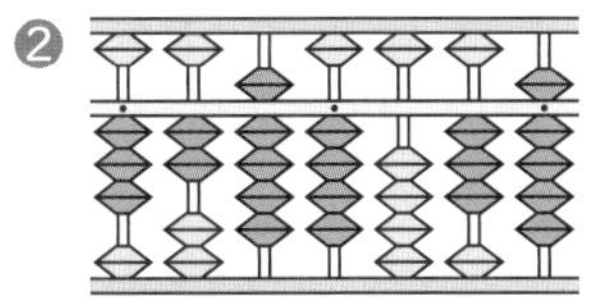
❸
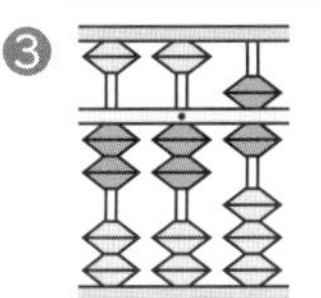
❹
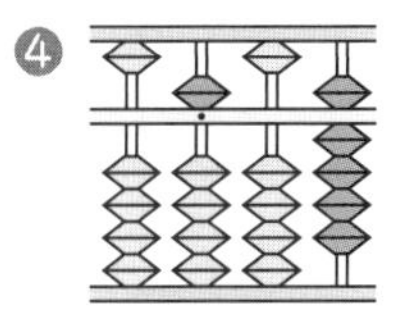

きほん2 答え 14.2、3.4

❸ ❶ 9.7　❷ 10.7　❸ 3.87
❹ 2.2　❺ 3.8　❻ 1.36
❼ 8兆　❽ 49億　❾ 5億
❿ 35兆

たしかめよう!
そろばんでは、
定位点の1つを一の位と決めて、
左へ順に、十の位、百の位、…、
右へ順に、小数第一位、小数第二位、…となっていて、
たし算やひき算は大きい位から順に計算をします。

⑥ わり算の筆算を考えよう

48・49ページ きほんのワーク

きほん1 ÷、4　答え 4

❶ ❶ 2　❷ 3　❸ 3

きほん2 4、4、20　答え 4あまり20

❷ ❶ 1あまり10
❷ 4あまり30
❸ 5あまり10
❹ 7あまり30
❺ 9あまり40
❻ 8あまり60

きほん3 ÷　3➡6、6➡0　答え 3

❸ ❶ 4　❷ 3　❸ 3　❹ 3

きほん4 ÷　4➡8、8➡5　4、5　答え 4、5

❹ ❶ 5あまり3　❷ 4あまり5
❸ 2あまり4　❹ 2あまり7

てびき
❶ 10をもとにして考えます。
❶ 60は10が6こ、30は10が3こです。
❷ 150は10が15こ、50は10が5こです。
❸ 210は10が21こ、70は10が7こです。

❷ 10をもとにして考えるときは、あまりの大きさに気をつけましょう。
❶ 40÷30は、4÷3=1あまり1より、商は1、あまりは10が1こで10になります。
❷ 270÷60は、27÷6=4あまり3より、商は4、あまりは10が3こで30になります。
❸ 360÷70は、36÷7=5あまり1より、商は5、あまりは10が1こで10になります。
❹ 450÷60は、45÷6=7あまり3より、商は7、あまりは10が3こで30になります。
❺ 850÷90は、85÷9=9あまり4より、商は9、あまりは10が4こで40になります。
❻ 700÷80は、70÷8=8あまり6より、商は8、あまりは10が6こで60になります。

❸ 2けたの数でわるときは、わる数を何十の数とみて商の見当をつけます。商のたつ位にも注意しましょう。

```
❶      4      ❷      3      ❸      3
  11)44         12)36         23)69
     44            36            69
      0             0             0

❹      3
  31)93
     93
      0
```

❹ あまりのあるときは、
[わる数]×[商]+[あまり]の計算をして[わられる数]になるかたしかめます。

```
❶      5      ❷      4      ❸      2
  11)58         21)89         43)90
     55            84            86
      3             5             4

❹      2
  29)65
     58
      7
```

あまりはわる数よりも小さくなるよ。

たしかめよう!
商の見当をつけるのがむずかしいときは、わられる数とわる数の両方を何十の数とみると、商の見当がつけやすくなります。

50・51 ページ きほんのワーク

きほん1 9、2、1、6　答え 3あまり16

❶ ❶ 2あまり27　❷ 5あまり9
❸ 6あまり3

きほん2 2、2、4　答え 4あまり5

❷ ❶ 4あまり2　❷ 5あまり1
❸ 3あまり14　❹ 5あまり12

❸ 式 98÷25=3あまり23
答え 3つできて、23cmあまる。

きほん3 ÷、50　7➡3、3、6、2、4　7、24
答え 7、24

❹ ❶ 7あまり21　❷ 8あまり19
❸ 6あまり9

❺ 式 120÷18=6あまり12
答え 6人に分けられて、12まいあまる。

てびき ❶❷ 見当をつけた商が大きすぎたときは、商を小さくしていきます。また、小さすぎたときは大きくしていきます。

❶ ❶ 2
32)91
64
27

❷ 5
12)69
60
9

❸ 6
13)81
78
3

❷ ❶ 4
18)74
72
2

❷ 5
19)96
95
1

❸ 3
25)89
75
14

❹ 5
15)87
75
12

❸ わり算で求めます。
あまりがわる数より小さいことを、たしかめましょう。

3
25)98
75
23

❹ わられる数が3けたになっても、筆算のしかたは同じです。商が何の位にたつか注意して計算しましょう。

❶ 7
37)280
259
21

❷ 8
43)363
344
19

❸ 6
19)123
114
9

❺ 全部のシールのまい数÷1人分のまい数を計算します。

6
18)120
108
12

たしかめよう!
見当をつけた商のことを「かりの商」といいます。

52・53 ページ きほんのワーク

きほん1 ÷　1、1、2➡4、2、0　答え 14、20

❶ ❶ 32　❷ 21あまり27
❸ 18　❹ 31あまり3
❺ 19　❻ 42あまり6

❷ 式 394÷12=32あまり10
答え 32こになって、10こあまる。

きほん2 1➡4、7➡0、4、7　答え 10あまり47

❸ ❶ 60あまり11　❷ 30あまり22
❸ 40　❹ 20

きほん3 ÷、800、800、1000、1000、4
答え 4、92

❹ ❶ 2あまり174　❷ 4
❸ 8あまり63

てびき ❶

❶ 32
29)928
87
58
58
0

❷ 21
38)825
76
65
38
27

❸ 18
42)756
42
336
336
0

❹ 31
32)995
96
35
32
3

❺ 19
24)456
24
216
216
0

❻ 42
17)720
68
40
34
6

❷ 全部のビーズのこ数÷分ける人数=1人分のこ数より、式は394÷12です。

32
12)394
36
34
24
10

❸ 商の一の位の0を書きわすれないようにしましょう。

❶ 60
13)791
78
11

❷ 30
23)712
69
22

❸ 40
17)680
68
0

❹ 20
39)780
78
0

❹ ❶ 2
373)920
746
174

❷ 4
189)756
756
0

❸ 8
117)999
936
63

たしかめよう!
わり算の筆算では、大きい位から順に計算をします。位はたてにきちんとそろえて書きます。商がたたないときは、1つ下の位からたてて、計算を始めます。商のと中や終わりに0がたつときは、0を書きわすれないように注意しましょう。

54・55 ページ　きほんのワーク

きほん1　18、3　　答え 3

1　❶ 5　　❷ 6　　❸ 9
　❹ 4　　❺ 4　　❻ 16

きほん2　210、5、42　　答え 42

2　❶ 120　　❷ 15　　❸ 6

きほん3　6、2、6、200　　答え 6 あまり 200

3　❶ 9 あまり 50
　❷ 7 あまり 200
　❸ 2 あまり 3500

4　❶ 6、2、5、3
　❷ 0、6、8、1、0、3、3、8、8
　❸ 3、9、0、1、7、8、2、3、2、3、4

てびき

1 ❶ 70÷14 の商は、わられる数とわる数を 7 でわると、
70 → 10、14 → 2 となるので、10÷2 の商と同じ 5 になります。
❷ 90÷15 の商は、わられる数とわる数を 3 でわると、
90 → 30、15 → 5 となるので、30÷5 の商と同じ 6 になります。
❸ 360÷40 の商は、わられる数とわる数を 10 でわると、
360 → 36、40 → 4 となるので、36÷4 の商と同じ 9 になります。
❹ 280÷70 の商は、わられる数とわる数を 10 でわると、
280 → 28、70 → 7 となるので、28÷7 の商と同じ 4 になります。
❺ 25×4=100 だから、100÷25 の商は、4 になります。
❻ 400÷25 の商は、わられる数とわる数に 4 をかけると、
400 → 1600、25 → 100 となるので、1600÷100 の商と同じ 16 になります。

2 わる数の 0 とわられる数の 0 を、同じ数だけ消してから計算します。

❶
```
      120
 60)7200
    6
    12
    12
     0
```
❷
```
        15
 400)6000
      4
      20
      20
       0
```
❸
```
          6
 950)5700
      570
        0
```

3 0 を消したわり算で、あまりに消した 0 の数だけ 0 をつけるのをわすれないようにします。

❶
```
      9
 70)680
    63
     50
```
❷
```
         7
 400)3000
      28
      200
```
❸
```
           2
 5000)13500
       100
       3500
```

4 九九やひき算を使って、わり算でかくれている数を見つけます。おろす数の大きさは変わらないので、先にそれをうめると考えやすくなります。

❶ 7ア×2=1ウ2、
206−1ウ2=54 より、ウには 5 が入り、152 とわかり、アは 6 です。542−5エ2 =10 より、エは 3 です。また、イは 2 です。
```
        27
 7ア)206イ
     1ウ2
      542
      5エ2
       10
```
❷ 4ウ×1=48 より、ウは 8 です。商の十の位の筆算がないのでアは 0 です。オと 3 はそのまま下におろすので、オは 0、キは 3 です。
カ03−2クケ=15 より、カは 3、クは 8、ケは 8 です。
5エ−48=3 より、エは 1 です。48×イ=288 より、イ=288÷48=6 です。
```
        1アイ
 4ウ)5エオ3
     48
      カ0キ
      2クケ
        15
```
❸ 4−サ=0 よりサは 4 です。
26×イ=ケコ4 よりイは 4 または 9 で、イが 9 のときは、
26×9=234 より、キとケは 2、クとコは 3 です。
1ウエ−オカ=23 より、アは 3 で、オは 7、カは 8 です。ウは 0、エは 1 です。
イが 4 のときも同じように調べます。
```
        アイ
 26)1ウエ4
     オカ
      キク4
      ケコサ
         0
```

56 ページ　練習のワーク

1　❶ 11
　❷ 12 あまり 10

2　❶ 3　　❷ 2 あまり 23
　❸ 8 あまり 9　　❹ 20 あまり 10
　❺ 13　　❻ 19 あまり 42

3　❶ 6 あまり 119　　❷ 3
　❸ 4　　❹ 2 あまり 127

4　式 485÷23=21 あまり 2
　答え 21 まいになって、2 まいあまる。

5　❶ 6 あまり 600
　❷ 16

てびき ❶ ❶ 10をもとにして考えます。22÷2=11と同じ商です。
❷ 73÷6=12あまり1から考えます。10をもとにしているので、あまりは10になります。

❷
❶
```
     3
32)96
   96
    0
```
❷
```
     2
24)71
   48
   23
```
❸
```
      8
18)153
   144
     9
```
❹
```
      20
33)670
   66
    10
```
❺
```
      13
25)325
   25
    75
    75
     0
```
❻
```
      19
47)935
   47
   465
   423
    42
```

❸
❶
```
        6
129)893
    774
    119
```
❷
```
        3
323)969
    969
      0
```
❸
```
        4
205)820
    820
      0
```
❹
```
        2
416)959
    832
    127
```

❹ 全部のまい数÷分ける人数=1人分のまい数より、式は485÷23です。
```
      21
23)485
   46
    25
    23
     2
```
❺ わられる数の0とわる数の0を、同じ数ずつ消してから計算します。消した0の数だけあまりに0をつけることをわすれないようにしましょう。

❶
```
         6
900)6000
    54
     600
```
❷
```
        16
500)8000
    5
    30
    30
     0
```

57ページ まとめのテスト

1 ❶ 3あまり8　❷ 5あまり15
❸ 41　❹ 13
❺ 3あまり1　❻ 5

2 式 25×5+5=130
130÷30=4あまり10　答え 4あまり10

3 式 672÷12=56　答え 56まい

4 式 846÷28=30あまり6
答え 30cmになって、6cmあまる。

5 式 18000÷600=30　答え 30週間

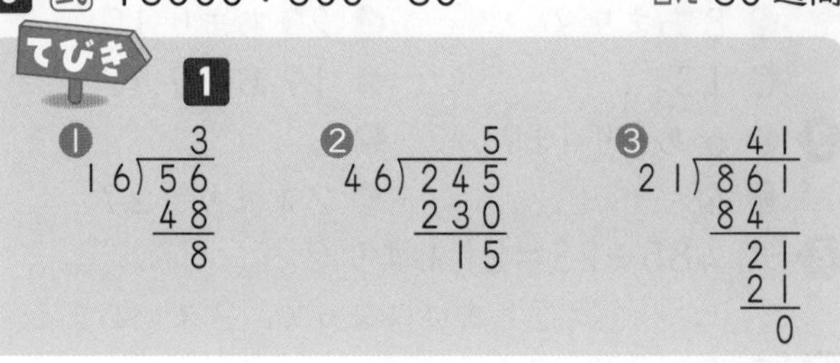

❹
```
      13
42)546
   42
   126
   126
     0
```
❺
```
        3
293)880
    879
      1
```
❻
```
         5
700)3500
    35
     0
```

2 ある数は、わる数×商+あまりの式にあてはめて求めるので、25×5+5=130です。

3 全部の折り紙のまい数÷分ける人数=1人分のまい数より、式は672÷12です。
```
      56
12)672
   60
    72
    72
     0
```

4 8m46cm=846cmになおして計算します。
全部の赤いひもの長さ÷分ける人数=1人分の長さより、式は846÷28です。
```
      30
28)846
   84
     6
```

5 ゲーム機の代金÷1週間分のちょ金=週の数より、式は18000÷600です。筆算では、商の一の位に0を書きわすれないようにしましょう。
```
          30
600)18000
    18
     0
```

倍の見方

58・59ページ 学びのワーク

きほん1 8、7　答え 7
❶ 式 36÷4=9　答え 9倍
きほん2 8、960　答え 960
❷ 式 3×6=18　答え 18こ
❸ 式 120×4=480　答え 480まい
きほん3 30、30、6　答え 6
❹ 式 84÷7=12　答え 12ページ
❺ 式 76÷4=19　答え 19こ

てびき ❶ ゆうきさんの4本をもとにするので、式は36÷4です。

けんじさん　36本
ゆうきさん　4本
0　1　□倍

❷ 3こを1とみたとき、6にあたる数を求めるので、式は3×6です。

皿の上　3こ
箱の中
0　1　6倍

❸ 120まいを1とみたとき、4にあたる数を求めるので、式は120×4です。

つよしさん　120まい
兄
0　1　4倍

❹ 絵本のページ数を□ページとして、かけ算の式に表すと、答えが求めやすくなります。
□×7＝84 だから、□にあてはまる数は、わり算を使って、84÷7 で求めます。

$$\begin{array}{r} 12 \\ 7\overline{)84} \\ \underline{7} \\ 14 \\ \underline{14} \\ 0 \end{array}$$

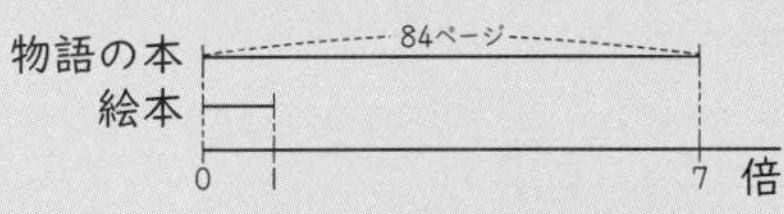

❺ 妹が持っているおはじきの数を□として、かけ算の式に表すと、答えが求めやすくなります。
□×4＝76 だから、□にあてはまる数は、わり算を使って、76÷4 で求めます。

$$\begin{array}{r} 19 \\ 4\overline{)76} \\ \underline{4} \\ 36 \\ \underline{36} \\ 0 \end{array}$$

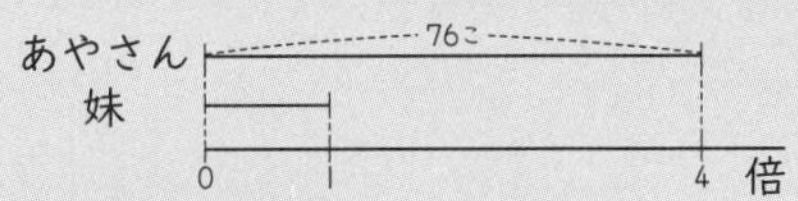

たしかめよう！
何倍かを求めるときや、１にあたる大きさを求めるときは、わり算を使います。

60・61ページ 学びのワーク

きほん❶ 60、120、60、60、60
3、120、60、2、2　答え ない、3、2

❶ 赤いゴムひも
❷ ❶ 式 80÷20＝4　90÷30＝3
答え お店A…4倍　お店B…3倍
❷ お店A
❸ ゴムひもB
❹ りんご

てびき ❶ もとにする大きさを１とみたとき、くらべられる大きさがどれだけにあたるかをくらべます。赤いゴムひもは、もとにする大きさを１とみたときくらべられる大きさは３倍に、青いゴムひもは、もとにする大きさを１とみたときくらべられる大きさは２倍になっています。赤いゴムひものほうがよくのびるゴムひもといえます。

❷ ❶ お店A、お店Bそれぞれのきゅうりのねだんについて、式は、
［ねあがり後のねだん］÷［ねあがり前のねだん］
です。お店Aは 80÷20＝4 より4倍、お店Bは 90÷30＝3 より3倍にねあがりしました。
❷ ❶より、お店Aのほうがねだんの上がり方が大きいといえます。

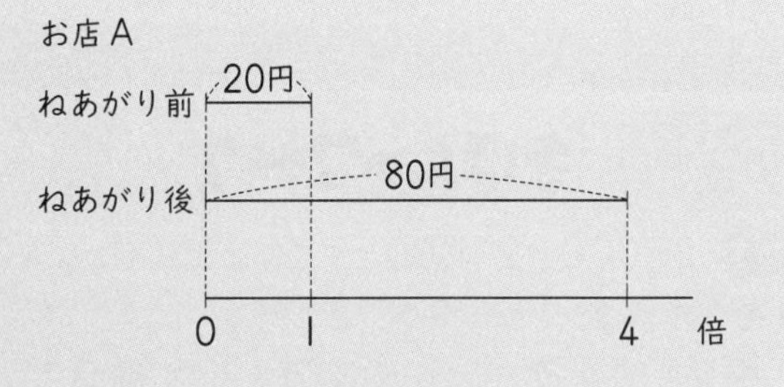

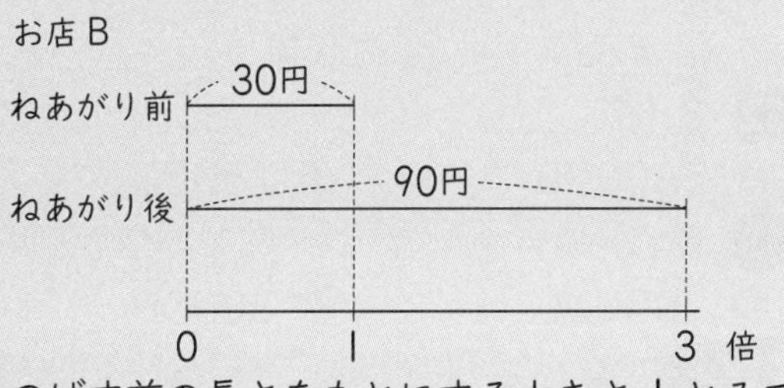

❸ のばす前の長さをもとにする大きさ１とみて、のばした後の長さをくらべられる大きさとしてどれだけにあたるかを求めます。
ゴムひもA…24÷12＝2 より、
2倍の長さにのびました。
ゴムひもB…18÷6＝3 より、
3倍の長さにのびました。
よくのびるのは、ゴムひもBといえます。

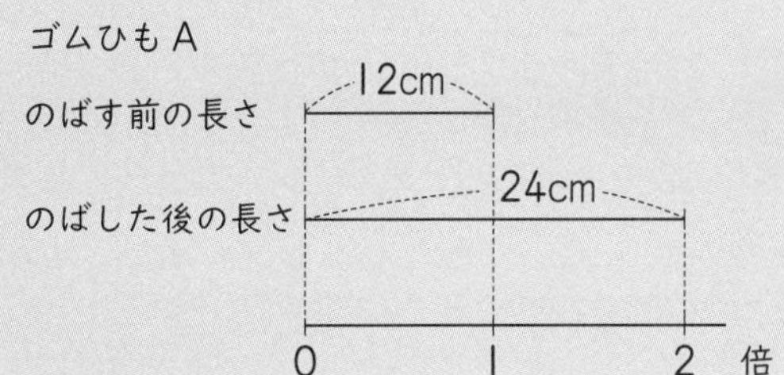

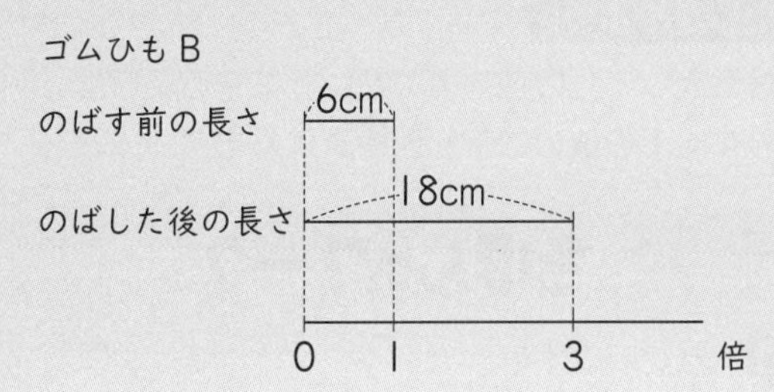

❹ りんご１こ、もも１このねあがり前のねだんをもとにする大きさ１とみて、ねあがり後のねだんをくらべられる大きさとしてどれだけにあたるかを求めます。
りんご…360÷120＝3 より、3倍
もも　…480÷240＝2 より、2倍
にねあがりしました。
ねだんの上がり方が大きいのはりんごといえます。

⑦ およその数の表し方と使い方を調べよう

62・63ページ きほんのワーク

きほん1 23000、24000　答え 23000、24000

❶ ❶ ㋐ 4万　㋓ 5万
❷ ㋐ 約4万　㋑ 約4万　㋒ 約5万
㋓ 約5万　㋔ 約5万

きほん2 8、9　答え 29

❷ ❶ 260000　❷ 25000

きほん3 8、3　答え 300000

❸ ❶ 700000　❷ 30000

てびき ❶ 45000よりも小さい数は4万に近い数です。45000と、45000よりも大きい数は5万に近い数です。

❶ ㋐ 41500は45000よりも小さい数なので、4万に近い数です。
㋓ 47260は45000よりも大きい数なので、5万に近い数です。

❷ 45000より小さい㋐、㋑は4万に近い数なので約4万です。45000より大きい㋒、㋓、㋔は5万に近い数なので約5万です。

❷ (　)の中の位の1つ下の位で四捨五入します。

❸ 上から1けたのがい数にするときは、上から2つめの位で四捨五入します。

たしかめよう!
四捨五入して□の位までのがい数にするときは、□の位のすぐ下の位の数字を四捨五入します。

64・65ページ きほんのワーク

きほん1 205、214　答え 205、214

❶ 275m以上285m未満

❷ ❶ 5、6、7、8、9　❷ 4

きほん2 300、100、100、700
200、100、500
300、100、500
答え 700、たりる、こえる

❸ ❶ たりる　❷ 約200円

❹ 買える

てびき ❶ その数が入らない「未満」を使って表します。数を小数まで広げて考えると、284.9mなども求めるはんいに入ることに注意しましょう。

280になるはんい(285はふくまない)
270　275　280　285　290

❷ ❶ 百の位の数字が4なので、十の位で四捨五入して7500になるのは5、6、7、8、9が□に入るときです。

❷ □に入る数字が4のときだけです。

❸ ❶ ねだんを多めに考えて、それぞれのねだんを切り上げ、その合計が1000円以下であればよいです。

ポテトチップス　130円→200円
チョコレート　285円→300円
あめ　98円→100円
クッキー　325円→400円

200＋300＋100＋400＝1000より、
1000円なので、たります。

❷ ポテトチップス　130円→100円
チョコレート　285円→300円
あめ　98円→100円
クッキー　325円→300円

100＋300＋100＋300＝800より、
800円です。
1000円札ではらうと、
おつりは1000－800＝200となり、
約200円です。

❹ ちょ金の金がくを少なめに考えます。それぞれ切り捨てて、

1月　455円→400円
2月　310円→300円
3月　362円→300円　です。

合計は400＋300＋300＝1000より、
1000円なので、買えます。

66・67ページ きほんのワーク

きほん1 200、200、80000　答え 80000

❶ ❶ 見積もり…2400000　計算…2403270
❷ 見積もり…560000　計算…559496
❸ 見積もり…2000000　計算…1984872

❷ 約60kg

きほん2 50000、200、50000、200、250
答え 250

❸ ❶ 見積もり…30　計算…33
❷ 見積もり…50　計算…47

❹ 約3000円

❺ 約15か月分

てびき ❶ ❶ 4000×600＝2400000
❷ 700×800＝560000
❸ 400×5000＝2000000

❷ 300×200＝60000より、60kgです。

❸ ❶ 9000÷300=30
❷ 10000÷200=50
❹ 90000÷30=3000 より 3000 円です。
❺ 3000÷200=15 より、15 か月分になります。

たしかめよう!
積や商は上から 1 けたのがい数で計算すると、かんたんに見積もることができます。

68ページ 練習のワーク❶

❶ ㋑、㋒
❷ ❶ 17000 ❷ 360000
❸ 760000 ❹ 800000
❸ いちばん小さい数…7050
いちばん大きい数…7149
❹ ❶ 9000 ❷ 2000
❸ 1200000 ❹ 400

てびき ❶ がい数で表してよいものは、
・くわしい数がわかっていても、目的におうじて、およその数で表せばよいとき
・グラフ用紙のめもりの関係で、くわしい数をそのまま使えないとき
・ある時点の人口など、くわしい数をつきとめるのがむずかしいとき などです。
㋐は、100m を泳いで順位を決める、泳ぐのにかかった時間をきそう場合などがあるので、がい数ではなく、正かくな時間を知る必要があります。㋓は、得点が試合の勝ちまたは負けを決めるので、がい数ではなく、正かくな得点を記録する必要があります。
❷ ❶ 百の位の数 4 を四捨五入します。
❷ 百の位の数 6 を四捨五入します。
❸ 千の位の数 6 を四捨五入します。
❹ 一万の位の数 2 を四捨五入します。
❸ 十の位で四捨五入します。十の位の数が 5、6、7、8、9 のとき、百の位の数が 0→1 となります。つまり、いちばん小さい数の百の位は 0、十の位は 5 です。十の位の数が 0、1、2、3、4 のとき、百の位の数が 1 のときは 1 のままです。つまり、いちばん大きい数の百の位は 1、十の位は 4 です。
❹ ❶ 4000+5000=9000
❷ 9000−7000=2000
❸ 40000×30=1200000
❹ 80000÷200=400

69ページ 練習のワーク❷

❶ ㋑
❷ 1439、960
❸ ❶ 上から 2 けた
❷ 上から 1 けた
❹ 約 32000 円

てびき ❶ 千の位が 2 であり、百の位で四捨五入して 3000 になる数を考えると、百の位が 5 以上のときです。もっとも小さい整数は 2500 です。
また、千の位が 3 であり、百の位で四捨五入して 3000 になる数を考えると百の位が 5 未満のときです。もっとも大きい整数は 3499 です。
❷ 上から 1 けたのがい数にするので、それぞれ上から 2 つめの位で四捨五入します。
1439 は 4 を切り捨てて 1000、899 は十の位の 9 を切り上げて 900、960 は 6 を切り上げて 1000、1632 は 6 を切り上げて 2000 です。
500 は上から 1 けたのがい数なので、四捨五入の必要はありません。
❸ ❶ 百の位の数が 4 なので、上から 3 つめの位で四捨五入すると、37000 になります。
❷ 千の位の数が 7 なので、上から 2 つめの位で四捨五入すると、40000 になります。
❹ 上から 1 けたのがい数にすると、一人分の入園料は 400 円、人数は 80 人になります。
400×80=32000(円)

70ページ まとめのテスト

1 150 以上 249 以下
2 約 5700m
3 ❶ 千の位
❷ 約 393000 人
❸ 約 19000 人
4 ㋐、㋑、㋒、㋔
5 約 2100 円

てびき 1 十の位で四捨五入していることに注意しましょう。いちばん小さい整数は 150、いちばん大きい整数は 249 です。
2 歩いた道のりをそれぞれ四捨五入して百の位までのがい数にして、
歩いた道のりの合計を見積もると、

1400+1200+900+900+700+600
=5700 より、5700m です。

3 ❶ 上から3つめの位で四捨五入します。それぞれ千の位で四捨五入します。

❷ 約何万何千人かを求めるので、百の位を四捨五入します。A 市の人口は約 206000 人、B 市の人口は約 187000 人です。2つの人口の和は、206000+187000=393000 より、約 393000 人です。

4 ㋐〜㋕の数を四捨五入して一万の位までのがい数にすると、次のようになります。千の位で四捨五入します。

㋐ 230000 ㋑ 230000 ㋒ 230000
㋓ 240000 ㋔ 230000 ㋕ 220000

5 上から1けたのがい数にして、代金を見積もると、70×30=2100 より、約 2100 円です。

● プログラミングを体験しよう！

71ページ 学びのワーク

きほん1 ㋐ 千 ㋑ 0 ㋒ 4 ㋓ 0
㋔ 一万 ㋕ 十万

❶ 結果の記号 B
数字 300000

てびき 千の位で四捨五入した結果を書き出すので、まずは、どのような6けたの数をあてはめるとどのような結果になるかを考えます。
千の位の数字が 0〜4 のときは、四捨五入すると千の位以下の数字がすべて0になります。
千の位の数字が 5〜9 のときは、四捨五入すると、一万の位の数字が1ふえて、千の位以下の数字はすべて0になります。
千の位の数字が 5〜9 だったとして、一万の位の数字が9であるときは、十万の位へ1くり上がり、一万の位以下の数字がすべて0になることに注意します。
このとき、書き出されるのは結果Bで、一万の位が9ではないときの結果Cと、結果が分かれることに注意しましょう。
❶の 295411 は、千の位の数字が5であり、一万の位が9であることをたしかめます。
上記の考えをもとにすると、書き出されるのは結果Bで、300000 であることがわかります。

⑧ 計算のやくそくを調べよう

72・73ページ きほんのワーク

きほん1 150、120、150、120、230
答え 500−(150+120)=230

❶ 式 1000−(250+180)=570
答え 570 円

❷ ❶ 500 ❷ 880 ❸ 352
❹ 650 ❺ 825 ❻ 1922

きほん2 4、4、140、250 答え 250

❸ ❶ 28 ❷ 3 ❸ 99 ❹ 7

きほん3 32、7、39 答え 39

❹ ❶ 46 ❷ 32 ❸ 22 ❹ 8

てびき ❶ ( )の中を先に計算します。
1000−(250+180)=1000−430
=570

❷ ( )の中を先に計算します。
❶ 1200−(500+200)=1200−700
=500
❷ 580+(720−420)=580+300
=880
❸ (28+16)×8=44×8=352
❹ 25×(43−17)=25×26=650
❺ (215−50)×5=165×5=825
❻ (17+14)×62=31×62=1922

❸ 44×8=352
❹ 25×26: 150, 50, 650
❺ 165×5=825
❻ 31×62: 62, 186, 1922

❸ 式の中のかけ算やわり算は、たし算やひき算より先に計算します。
❶ 20+4×2=20+8=28
❷ 75−12×6=75−72=3
❸ 59+240÷6=59+40=99
❹ 13−90÷15=13−6=7

❹ ❶ 8×6−4÷2=48−2
=46
❷ 8×(6−4÷2)=8×(6−2)
=8×4
=32
❸ (8×6−4)÷2=(48−4)÷2
=44÷2
=22
❹ 8×(6−4)÷2=8×2÷2
=16÷2
=8

74・75 ページ　きほんのワーク

きほん1　22、176、272、96、176　答え ＝

❶ (210＋50)×2＝260×2＝520
210×2＋50×2＝420＋100＝520

きほん2　4、4、4、1500、60、1440　答え 1440

❷ ❶ 855　❷ 816　❸ 31904

きほん3　100、177、100、900　答え 177、900

❸ ❶ 133　❷ 55　❸ 600
❹ 67000

きほん4　28、280、100、2800
答え 280、2800

❹ ❶ 2400　❷ 240　❸ 24000

てびき　❷ ❶ 95×9＝(100−5)×9
＝100×9−5×9＝900−45＝855
❷ 102×8＝(100＋2)×8
＝100×8＋2×8＝800＋16＝816
❸ 997×32＝(1000−3)×32
＝1000×32−3×32
＝32000−96＝31904

❸ ❶ 26＋93＋14＝26＋14＋93
＝40＋93＝133
❷ 1.8＋45＋8.2＝1.8＋8.2＋45
＝10＋45＝55
❸ 4×6×25＝4×25×6＝100×6＝600
❹ 67×8×125＝67×1000＝67000

❹ ❶ かけられる数が 8 の 10 倍で、かける数が 3 の 10 倍なので、積は 10×10＝100 より、100 倍になります。24×100＝2400
❸ かけられる数が 8 の 10 倍、かける数が 3 の 100 倍なので、積は 10×100＝1000 より、1000 倍になります。
24×1000＝24000

たしかめよう!

計算がかんたんになるように、分配のきまりと交かんのきまりと結合のきまりを使って、計算のしかたをくふうしましょう。

分配のきまり
- (□＋○)×△＝□×△＋○×△
- (□−○)×△＝□×△−○×△

交かんのきまり
- □＋○＝○＋□
- □×○＝○×□

結合のきまり
- (□＋○)＋△＝□＋(○＋△)
- (□×○)×△＝□×(○×△)

76 ページ　練習のワーク

❶ ❶ 145　❷ 84　❸ 31
❹ 384　❺ 187　❻ 800

❷ ❶ 問題…㋒　代金…1000 円
❷ 問題…㋑　代金…680 円
❸ 問題…㋐　代金…520 円

❸ 式 (例)4×5＝20　答え 20 こ

❶ ❶ 400−(300−45)
＝400−255＝145
❷ 4＋16×5＝4＋80＝84
❸ 71−48÷6×5＝71−8×5
＝71−40＝31
❹ 96×4＝(100−4)×4
＝100×4−4×4
＝400−16＝384
❺ 29＋87＋71＝87＋29＋71
＝87＋(29＋71)
＝87＋100＝187
❻ 32×25＝(8×4)×25
＝8×(4×25)
＝8×100＝800

❷ ❶ (120＋80)は、ジュースとゼリーを 1 組にした代金を表しています。
❷ 120×5 は、ジュース 5 本分の代金を表しています。
❸ 80×5 は、ゼリー 5 こ分の代金を表しています。

❸ (例)右のように、4 こずつのかたまりに分けて考えることができます。

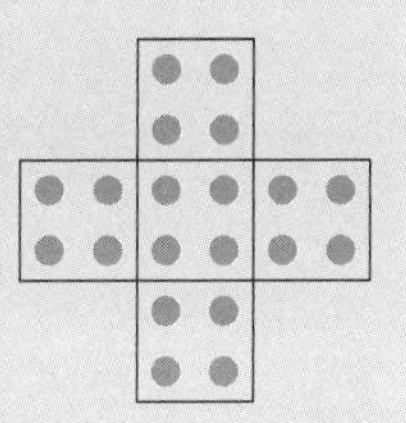

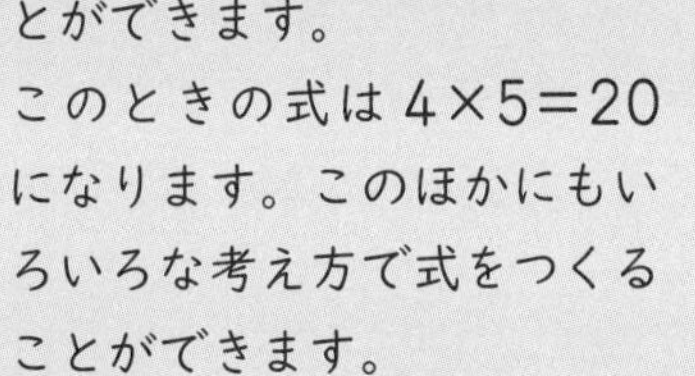

このときの式は 4×5＝20 になります。このほかにもいろいろな考え方で式をつくることができます。

77 ページ　まとめのテスト

1 ❶ 47　❷ 63　❸ 83
❹ 40　❺ 162　❻ 43000

2 ❶ 9　❷ 23
❸ 35　❹ 21

3 ❶ −
❷ (例)−、＋、÷

4 式 230＋70×4＝510　答え 510 円

5 式 (550＋170)÷3＝240　答え 240 円

6 式 600÷2＋110×5＝850　答え 850 円

てびき

1 ❶ 17+9+21=17+30=47

❷ 36÷4×7=9×7=63

❸ 35+6×8=35+48=83

❹ 58−(2×6+6)
=58−(12+6)
=58−18=40

❺ 29×6−84÷7
=174−12=162

❻ 8×43×125
=43×8×125
=43×(8×125)
=43×1000
=43000

2 ❶ (7×3+6)÷3
=(21+6)÷3
=27÷3=9

❷ 7×3+6÷3=21+2=23

❸ 7×(3+6÷3)
=7×(3+2)
=7×5=35

❹ 7×(3+6)÷3=7×9÷3
=63÷3=21

3 ❶ ×を先に計算すると、
6×5□2×3=30□6で、これが24になるので、□に−を入れます。

❷ ほかに、+、÷、−や÷、+、−や×、÷、÷や÷、×、÷も考えられます。

4 [コンパス1つのねだん]+[えん筆4本の代金]
なので、230+70×4=230+280=510
より、510円です。

5 (550+170)÷3=720÷3=240より、
240円です。

6 えん筆は半ダースだから、代金は半分になります。
600÷2+110×5=300+550=850
より、850円です。

⑨ 直線の交わり方やならび方に注目して調べよう

78・79ページ きほんのワーク

きほん1 垂直　答え ㋒

❶ ㋓の直線と㋕の直線

きほん2 答え

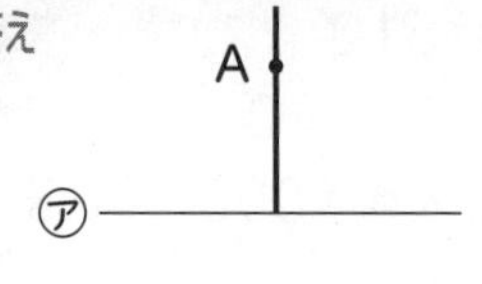

❷ ❶（例）

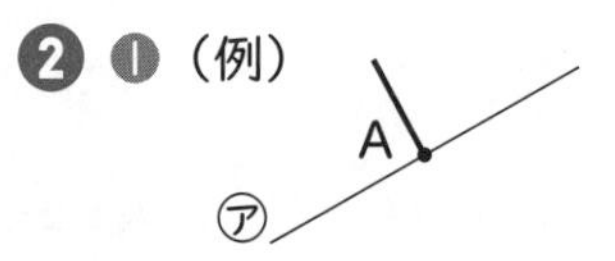

❷

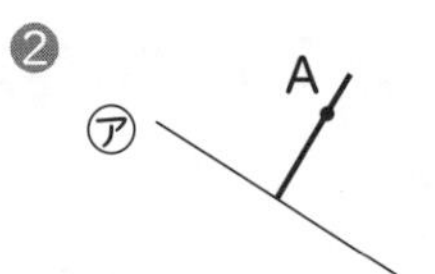

きほん3 平行、㋐、㋒、平行　答え ㋐、㋒

❸ ㋓の直線と㋕の直線

きほん4 70、70、110、110

答え 70、70、110

❹ ㋐ 65°　㋑ 115°　㋒ 65°

てびき

❶ 垂直であるかは、三角じょうぎの直角の部分をあてて、調べることができます。
㋕の直線のように、㋐の直線と交わっていなくても、図のように垂直の関係になっていれば垂直といえます。

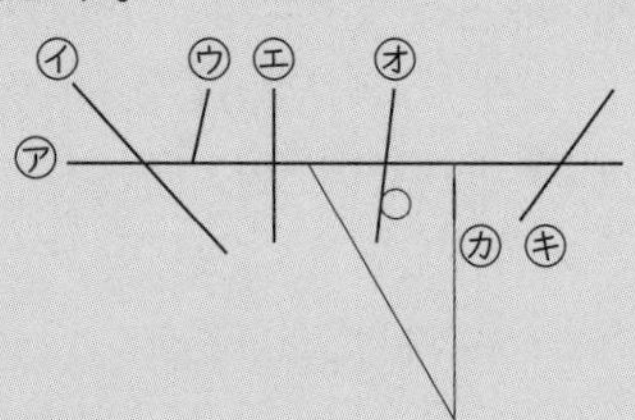

❷ 2まいの三角じょうぎを使って、垂直な直線をひくことができます。

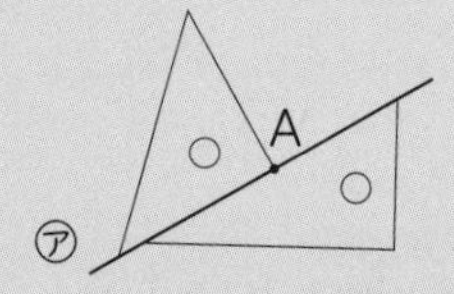

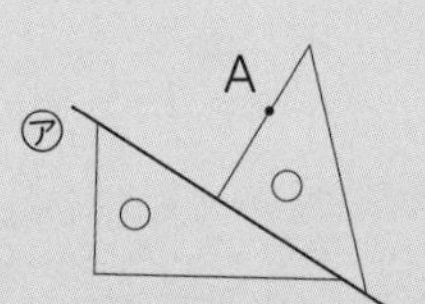

❸ ㋐の直線に垂直に交わっている㋓と㋕の直線は「平行」です。

❹

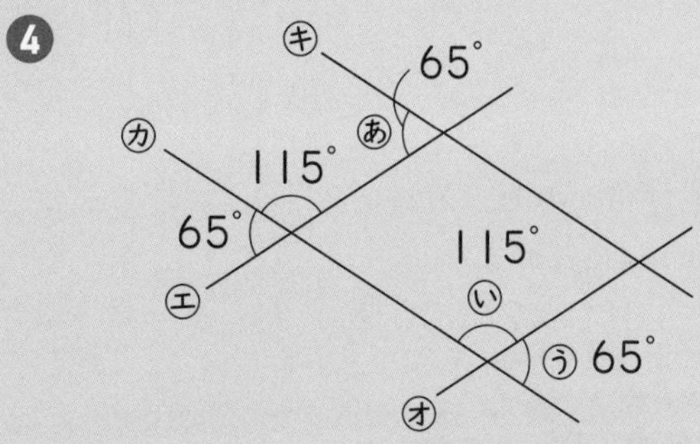

求める角度は、上のようになります。
㋕と㋖の直線は平行で、それに㋓の直線が交わっているので、㋐の角度は65°です。
また、65°の右側の角度は180−65=115
より115°です。
㋓と㋔の直線は平行で、それに㋕の直線が交わっているので、㋑の角度は115°です。㋒の角度は180−115=65より65°です。

たしかめよう！
平行な直線は、ほかの直線と等しい角度で交わります。

80・81ページ きほんのワーク

 答え

A

㋐

1 ❶

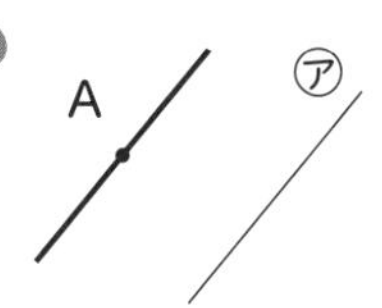

❷

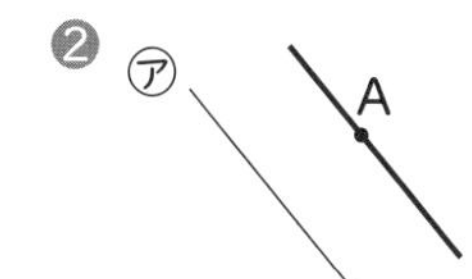

きほん2 台形、平行四辺形　　答え ㋐、㋔、㋓、㋕

2

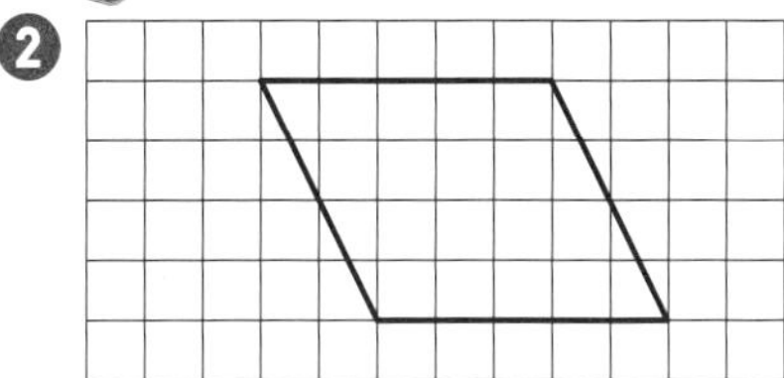

3 辺AD…9cm
角A…110°

きほん3 答え

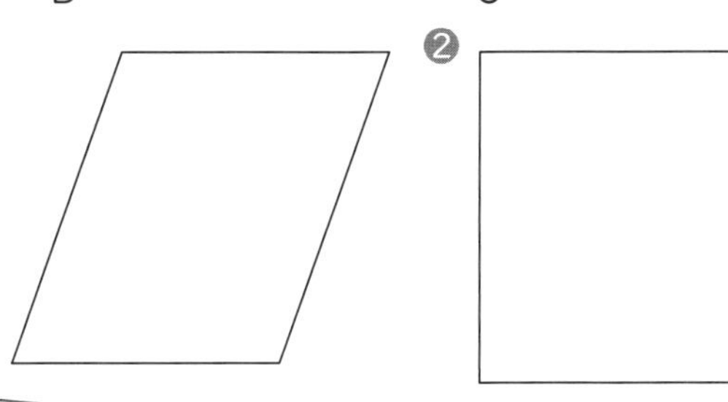

4 ❶ ❷

てびき

1 2まいの三角じょうぎを使って、平行な直線をひくことができます。

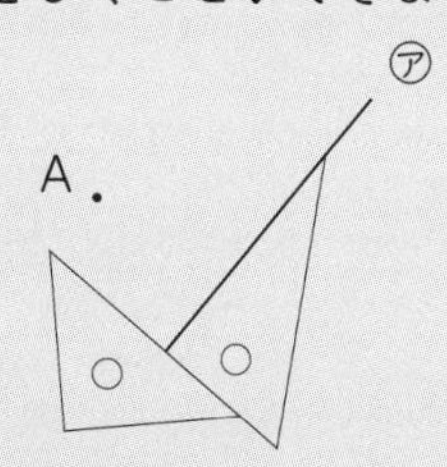

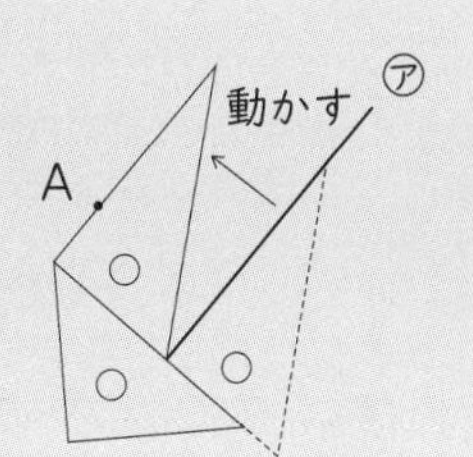

2 方がんを使うと、かんたんに平行四辺形をかくことができます。

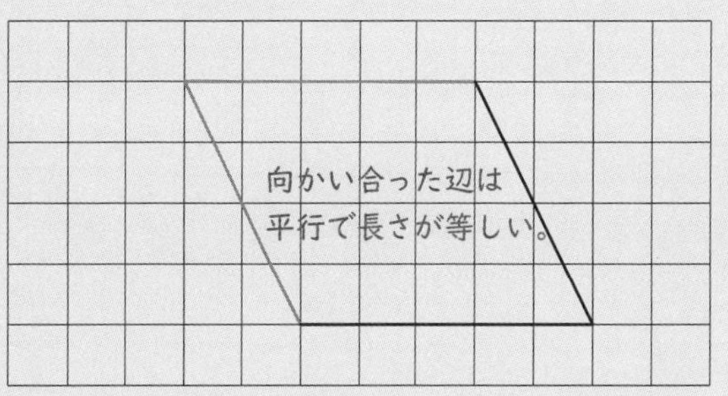

平行四辺形の向かい合った辺の長さは等しいことから、方がんを利用して、上の図のように2つの辺それぞれに平行で同じ長さの辺をかきます。

3 平行四辺形では、向かい合った辺の長さは等しいので、辺ADの長さは辺BCの長さと等しい9cmになります。

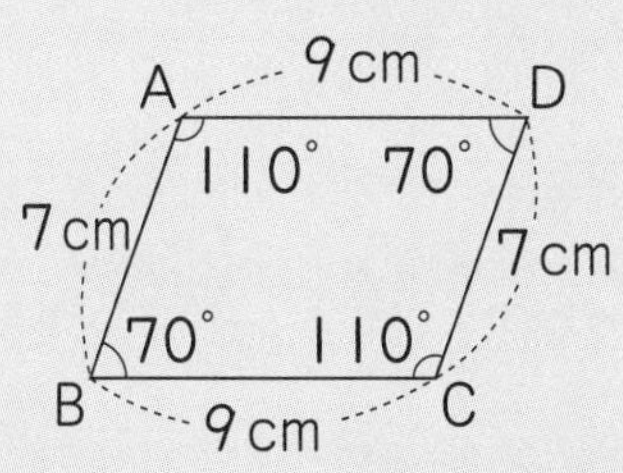

また、向かい合った角の大きさも等しいので、角Aの大きさは角Cの大きさと等しい110°になります。

4 ❷ 角Bの大きさが90°のときは、長方形になります。

たしかめよう!

平行四辺形の、向かい合った辺の長さは等しく、向かい合った角の大きさも等しくなります。

82・83ページ きほんのワーク

きほん1 ひし形、辺、角　　答え BC、C

1 ❶ 3.5cm　❷ 3.5cm
❸ 3.5cm　❹ 60°
❺ 120°

2

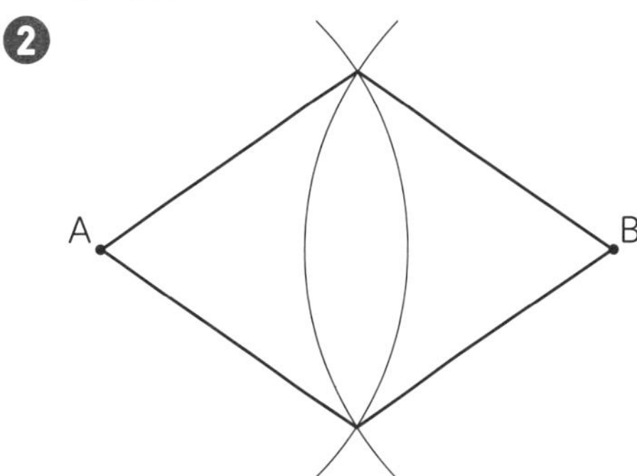

きほん2 対角線　　答え 正方形、ひし形、長方形

3 ❶ ○　❷ ×　❸ ○　❹ ×

4 ❶ 直角三角形
❷ 平行四辺形

てびき ❶ ❶❷❸ 辺の長さがすべて等しい四角形なので、3.5cm です。
❹❺ ひし形の向かい合った角の大きさは等しいです。

❷ ひし形は辺の長さがすべて等しいので、コンパスを使ってかくことができます。

❸ ❷ 長方形の対角線が交わってできる4つの角のうち大きさが等しいのは、向かい合った2組の角だけです。
❸ 長方形は対角線の長さが等しい四角形です。
❹ 対角線が交わった点から、4つの頂点までの長さがすべて等しい四角形には、正方形と長方形があります。

❹ ❶ 長方形の4つの角はすべて直角なので、1本の対角線で切ると、2つの直角三角形ができます。
❷ 2つの直角三角形を、もとの長方形の辺が合うようにならべると、次のような平行四辺形や二等辺三角形ができます。

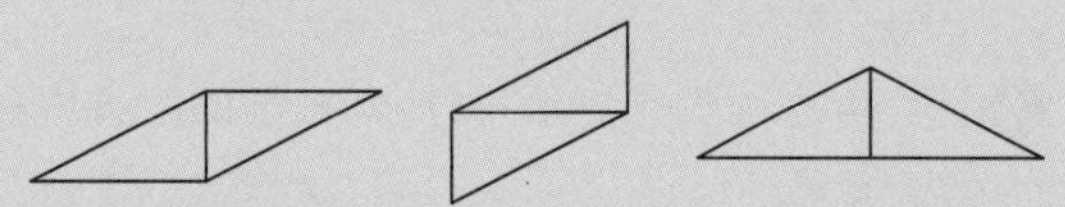

たしかめよう!

四角形の対角線の特ちょう

- 平行四辺形は、2本の対角線がそれぞれの真ん中の点で交わる。
- ひし形は、2本の対角線がそれぞれ真ん中の点で垂直に交わる。
- 長方形は、2本の対角線の長さが等しく、それぞれの真ん中の点で交わる。
- 正方形は、2本の対角線の長さが等しく、それぞれの真ん中の点で、垂直に交わる。

84ページ 練習のワーク

❶ ❶ 直角
❷ 平行

❷

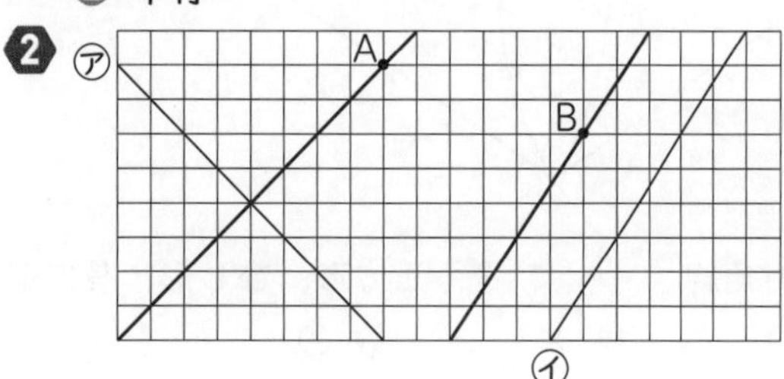

❸ (例)

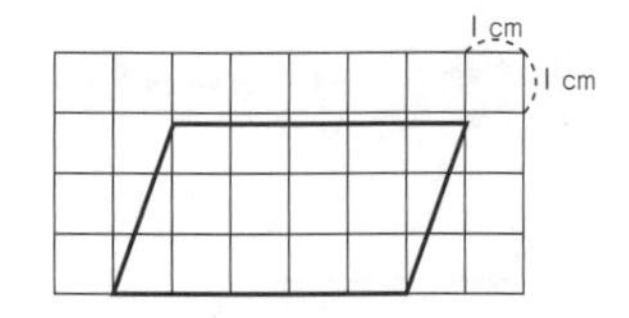

❹ ❶ 平行　❷ 平行　❸ 等しい
❹ 対角線

てびき ❶ 三角じょうぎを使うと、垂直や平行をたしかめることができます。
垂直をかくにんするには直角の部分をあてます。
平行をかくにんするには平行な直線をひくときと同じように、三角じょうぎを動かします。

❷

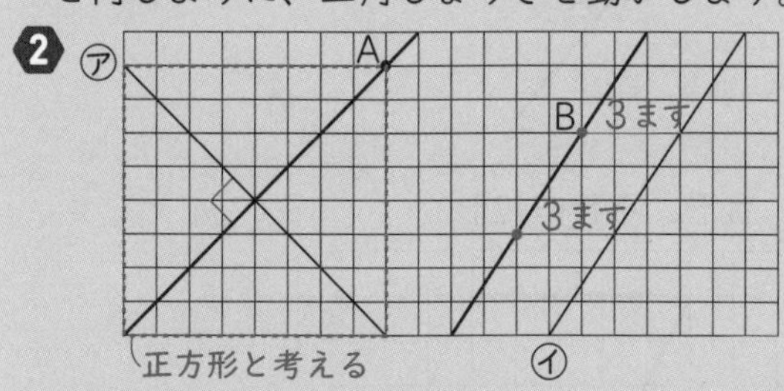

ア ㋐の直線を1辺が8ます分の長さの正方形の対角線の1本と考えると、もう1本の対角線をひけば、㋐の直線に垂直になります。
イ ㋑の直線と点Bの間は3ます分です。ほかの部分で㋑の直線から3ます分の点をとって、点Bと直線で結べば、㋑と平行な直線になります。

❸

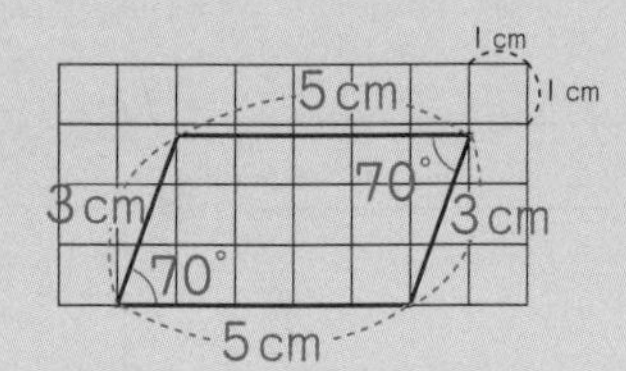

上の図のように、方がんのたての長さが4cmなので、5cmの辺を方がんの横の辺にひくとよいです。
分度器を使って70°の角をはかり、3cmの直線をかきます。平行四辺形の向かい合った辺の長さ、角の大きさは等しいことを利用して残りの部分をかきます。

❹ ❶❷ 向かい合った1組の辺が平行か、2組の辺が平行かによって、台形または平行四辺形という名前になります。
❸ 辺の長さがすべて等しい四角形は、正方形とひし形があります。
❹ どのような四角形でも、向かい合った頂点を結んだ直線を対角線といいます。

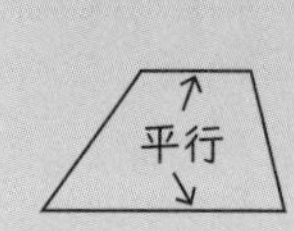

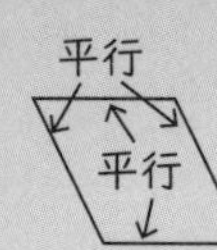

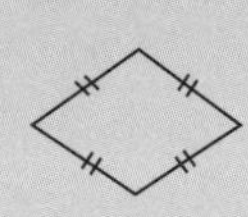

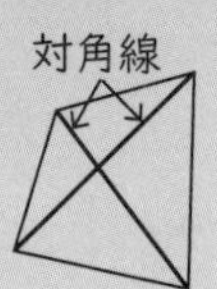

たしかめよう!

向かい合った頂点を結んだ直線を、「**対角線**」といいます。

85ページ まとめのテスト

1 ① 平行　② 垂直　③ 80

2 ①

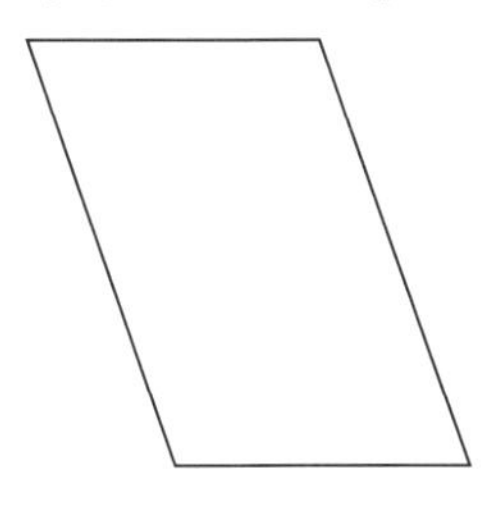

②

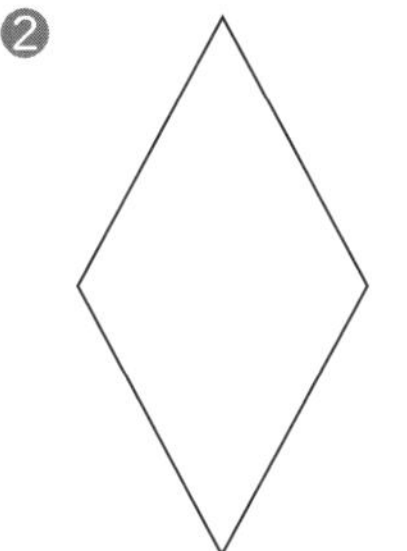

③

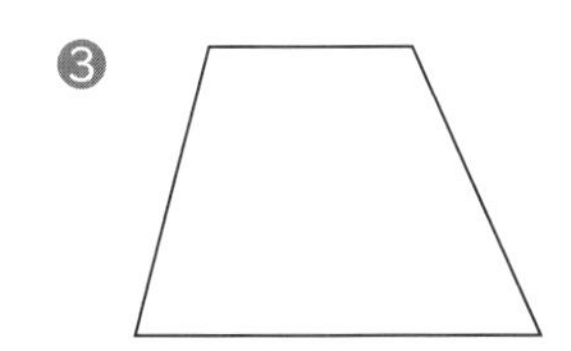

④

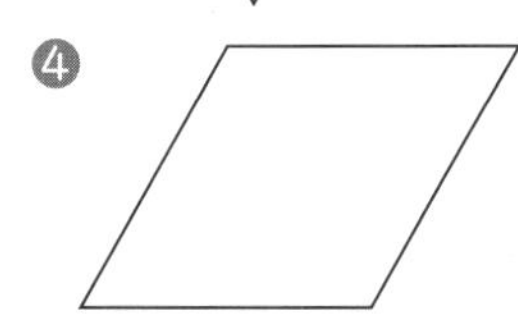

3 ① (あ)、(い)、(え)、(お)　② (あ)、(お)
③ (あ)、(お)　④ (あ)、(い)

てびき

1 ① ㋒の直線に㋐の直線と㋑の直線は 80° で交わっているので平行です。

② ㋐の直線と㋓の直線が交わってできる角が直角(90°)になっているので垂直です。

③ ㋑の直線に㋒の直線と㋔の直線は 80° で交わっているので平行です。

㋔の直線の右側の角は 80° です。

その左にとなり合う角は、$180-80=100$ で、100°、(か)の角の大きさは、$180-100=80$ で、80° です。

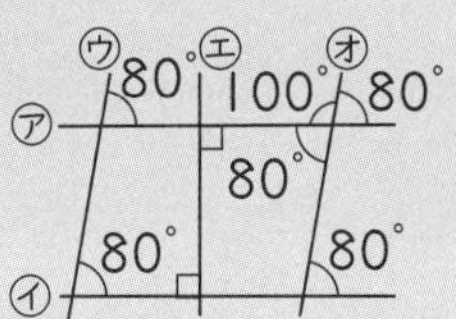

2 四角形は、じょうぎと分度器とコンパスを使ってかきます。

3 ① 向かい合った 2 組の辺が平行な四角形は、台形以外があてはまります。

② 4 つの辺がすべて等しい四角形は、正方形とひし形です。

③ 2 本の対角線がそれぞれの真ん中の点で垂直に交わる四角形は、正方形とひし形です。

④ 2 本の対角線の長さが等しい四角形は正方形と長方形です。

たしかめよう!

平行な直線は、ほかの直線と等しい角度で交わります。

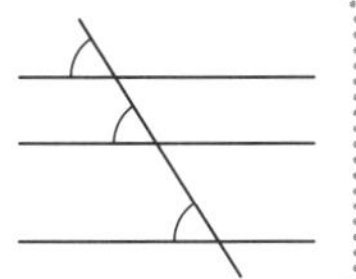

⑩ 分数をくわしく調べよう

86・87ページ きほんのワーク

ふくしゅう 5、$\frac{8}{5}$

きほん1 $\frac{5}{4}$、$1\frac{1}{4}$、$\frac{8}{4}$　答え $\frac{2}{4}$、$\frac{4}{4}$、$1\frac{1}{4}\left(\frac{5}{4}\right)$、$\frac{8}{4}$

1 ① $\frac{3}{4}$　② $\frac{7}{7}$、1　③ 4、$1\frac{1}{3}$
④ $\frac{8}{6}$、8　⑤ $3\frac{1}{4}$

きほん2 2、2、$2\frac{2}{5}$、$\frac{13}{5}$　答え >

2 ① $5\frac{3}{10}$　② 6

3 ① <　② <　③ >　④ <

てびき

1 分数には、分子が分母より小さい「真分数」と、分子と分母が同じか、分子が分母より大きい「仮分数」があります。また、整数と真分数の和で表される「帯分数」もあります。

数直線で表すと、分数の大きさがわかります。

① 0　$\frac{1}{4}$　$\frac{3}{4}$　1

② 0　$\frac{1}{7}$　1

③ 0　$\frac{1}{3}$　1　$\frac{4}{3}\left(1\frac{1}{3}\right)$　2

④ 0　$\frac{1}{6}$　1　$\frac{8}{6}$

2 ① $53\div10=5$ あまり 3 より、$\frac{53}{10}=5\frac{3}{10}$

② $60\div10=6$ より、$\frac{60}{10}=6$

3 分数の大きさをくらべるには、帯分数か仮分数のどちらかになおしてくらべます。

① $\frac{25}{8}$ は、$25\div8=3$ あまり 1 より、帯分数になおすと $3\frac{1}{8}$ になります。

または、$2\frac{5}{8}$ は、$8\times2+5=21$ より、仮分数になおすと $\frac{21}{8}$ になります。

帯分数になおしたものか仮分数になおしたものをくらべると、$2\frac{5}{8}$ より $\frac{25}{8}$ のほうが大きいです。

② $13\div5=2$ あまり 3 より、$\frac{13}{5}=2\frac{3}{5}$

または、$5\times3=15$ より、$3=\frac{15}{5}$

$\frac{13}{5}$ と $\frac{15}{5}$、または $2\frac{3}{5}$ と 3 の大きさをくらべ

ると、$\frac{13}{5}$ より 3 のほうが大きいです。

❸ $23 \div 6 = 3$ あまり 5 より、$\frac{23}{6} = 3\frac{5}{6}$

または、$6 \times 4 + 1 = 25$ より、$4\frac{1}{6} = \frac{25}{6}$

$\frac{25}{6}$ と $\frac{23}{6}$、または $4\frac{1}{6}$ と $3\frac{5}{6}$ の大きさをくらべると、$4\frac{1}{6}$ のほうが $\frac{23}{6}$ より大きいです。

❹ $7 \div 3 = 2$ あまり 1 より、$\frac{7}{3} = 2\frac{1}{3}$

または、$3 \times 2 + 2 = 8$ より、$2\frac{2}{3} = \frac{8}{3}$

$\frac{7}{3}$ と $\frac{8}{3}$、または $2\frac{1}{3}$ と $2\frac{2}{3}$ の大きさをくらべると、$2\frac{2}{3}$ のほうが $\frac{7}{3}$ より大きいです。

たしかめよう!

真分数…分子＜分母

仮分数…分子＝分母　または　分子＞分母

帯分数…整数と真分数の和で表される分数（1 より大きい分数）

88・89 ページ　きほんのワーク

きほん1　$\frac{2}{4}$、$\frac{3}{6}$、$\frac{4}{8}$　　答え $\frac{2}{4}$、$\frac{3}{6}$、$\frac{4}{8}$、$\frac{5}{10}$

❶ ❶ ＞　❷ ＜　❸ ＝

きほん2　$\frac{7}{6}$、$1\frac{1}{6}$　　答え $1\frac{1}{6}\left(\frac{7}{6}\right)$

❷ ❶ $\frac{9}{8}\left(1\frac{1}{8}\right)$　❷ $\frac{5}{9}$　❸ $\frac{8}{6}\left(1\frac{2}{6}\right)$

きほん3　$3\frac{4}{6}$　　答え $3\frac{4}{6}\left(\frac{22}{6}\right)$

❸ ❶ $4\frac{3}{4}\left(\frac{19}{4}\right)$　❷ $1\frac{5}{7}\left(\frac{12}{7}\right)$　❸ 6

❹ $2\frac{1}{7}\left(\frac{15}{7}\right)$

きほん4　$1\frac{6}{8}$　　答え $1\frac{6}{8}\left(\frac{14}{8}\right)$

❹ ❶ $3\frac{1}{5}\left(\frac{16}{5}\right)$　❷ $2\frac{1}{9}\left(\frac{19}{9}\right)$　❸ $2\frac{5}{7}\left(\frac{19}{7}\right)$

❹ $2\frac{5}{6}\left(\frac{17}{6}\right)$

てびき

❶ 下の図を見て、かくにんしましょう。この図では、左にある分数のほうが小さい数になっています。

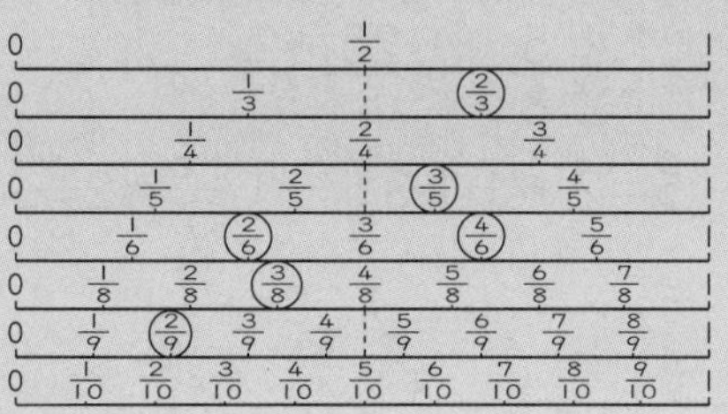

❶❷ 分子が同じ分数では、分母が大きいほど小さい分数になります。分母の数の大きさをくらべると、

❶ 5 より 8 のほうが大きいので、$\frac{3}{5}$ のほうが $\frac{3}{8}$ より大きいです。

❷ 9 より 6 のほうが小さいので、$\frac{2}{6}$ のほうが $\frac{2}{9}$ より大きいです。

❸ 分母がちがっていても、大きさの等しい分数がたくさんあります。$\frac{2}{3}$ と $\frac{4}{6}$ は大きさの等しい分数です。

❷ ❶ $\frac{1}{8}$ をもとにすると、$(2+7)$ こ分とみることができるので、分子だけたして計算します。

❷ $\frac{1}{9}$ をもとにすると、$(16-11)$ こ分とみることができるので、分子だけひいて計算します。

❸ $\frac{1}{6}$ をもとにすると、$(21-13)$ こ分とみることができるので、分子だけひいて計算します。

❸ 帯分数のたし算には、次の 2 つの計算のしかたがあります。

《1》帯分数を整数部分と分数部分に分けて計算

《2》帯分数を仮分数になおして計算

どちらのしかたもできるようになりましょう。

❶ $1\frac{1}{4} + 3\frac{2}{4} = 1 + 3 + \left(\frac{1}{4} + \frac{2}{4}\right) = 4 + \frac{3}{4} = 4\frac{3}{4}$

または、$1\frac{1}{4} + 3\frac{2}{4} = \frac{5}{4} + \frac{14}{4} = \frac{19}{4}$

❷ $1\frac{2}{7} + \frac{3}{7} = 1 + \left(\frac{2}{7} + \frac{3}{7}\right) = 1 + \frac{5}{7} = 1\frac{5}{7}$

または、$1\frac{2}{7} + \frac{3}{7} = \frac{9}{7} + \frac{3}{7} = \frac{12}{7}$

❸ $3\frac{9}{10} + 2\frac{1}{10} = 3 + 2 + \left(\frac{9}{10} + \frac{1}{10}\right)$

$= 5 + \frac{10}{10} = 5 + 1 = 6$

または、$3\frac{9}{10} + 2\frac{1}{10} = \frac{39}{10} + \frac{21}{10} = \frac{60}{10} = 6$

❹ $1\frac{2}{7} + \frac{6}{7} = 1 + \left(\frac{2}{7} + \frac{6}{7}\right) = 1 + \frac{8}{7} = 1 + 1\frac{1}{7}$

$= 2\frac{1}{7}$

または、$1\frac{2}{7} + \frac{6}{7} = \frac{9}{7} + \frac{6}{7} = \frac{15}{7}$

❹ 帯分数のひき算もたし算と同じように計算できます。

❶ $4\frac{3}{5} - 1\frac{2}{5} = 4 - 1 + \left(\frac{3}{5} - \frac{2}{5}\right) = 3 + \frac{1}{5} = 3\frac{1}{5}$

または、$4\frac{3}{5} - 1\frac{2}{5} = \frac{23}{5} - \frac{7}{5} = \frac{16}{5}$

❷ $3\frac{2}{9} - 1\frac{1}{9} = 3 - 1 + \left(\frac{2}{9} - \frac{1}{9}\right) = 2 + \frac{1}{9} = 2\frac{1}{9}$

または、$3\frac{2}{9} - 1\frac{1}{9} = \frac{29}{9} - \frac{10}{9} = \frac{19}{9}$

③ 分数部分がひけないときには、整数部分から１くり下げて分数部分を仮分数の形になおして計算するか、帯分数を仮分数になおして計算します。

$3\frac{3}{7}-\frac{5}{7}=2\frac{10}{7}-\frac{5}{7}=2\frac{5}{7}$

または、$3\frac{3}{7}-\frac{5}{7}=\frac{24}{7}-\frac{5}{7}=\frac{19}{7}$

④ $3-\frac{1}{6}=2\frac{6}{6}-\frac{1}{6}=2+\frac{5}{6}=2\frac{5}{6}$

または、$3-\frac{1}{6}=\frac{18}{6}-\frac{1}{6}=\frac{17}{6}$

たしかめよう!

分母が同じ分数のたし算・ひき算では、もとにする $\frac{1}{●}$ の何こ分かを考えればよいので、分母はそのままで、分子のたし算・ひき算で計算できます。

90ページ 練習のワーク

1 ① $1\frac{4}{7}$　② 6　③ $\frac{43}{8}$　④ $\frac{16}{9}$

2 ① $>$　② $=$　③ $<$　④ $>$

3 ① $\frac{10}{3}\left(3\frac{1}{3}\right)$　② $\frac{14}{4}\left(3\frac{2}{4}\right)$　③ $2\frac{3}{6}\left(\frac{15}{6}\right)$

④ $2\frac{7}{8}\left(\frac{23}{8}\right)$　⑤ $4\frac{1}{9}\left(\frac{37}{9}\right)$　⑥ 3

4 ① $\frac{5}{4}\left(1\frac{1}{4}\right)$　② $2\frac{4}{9}\left(\frac{22}{9}\right)$　③ $2\frac{1}{6}\left(\frac{13}{6}\right)$

④ $1\frac{2}{7}\left(\frac{9}{7}\right)$　⑤ $3\frac{4}{5}\left(\frac{19}{5}\right)$　⑥ $4\frac{1}{3}\left(\frac{13}{3}\right)$

てびき

1 ① $11\div7=1$ あまり 4 より、$\frac{11}{7}=1\frac{4}{7}$

② $18\div3=6$ より、$\frac{18}{3}=6$

③ $8\times5+3=43$ より、$5\frac{3}{8}=\frac{43}{8}$

④ $9\times1+7=16$ より、$1\frac{7}{9}=\frac{16}{9}$

2 ① $18\div7=2$ あまり 4 より、$\frac{18}{7}=2\frac{4}{7}$

または、$7\times3+1=22$ より、$3\frac{1}{7}=\frac{22}{7}$

② $56\div9=6$ あまり 2 より、$\frac{56}{9}=6\frac{2}{9}$

または、$9\times6+2=56$ より、$6\frac{2}{9}=\frac{56}{9}$

③④ 分子が同じ分数では、分母が大きいほど小さい分数になります。

3 ① $\frac{8}{3}+\frac{2}{3}=\frac{10}{3}=3\frac{1}{3}$

② $\frac{5}{4}+\frac{9}{4}=\frac{14}{4}=3\frac{2}{4}$

③ $1\frac{2}{6}+1\frac{1}{6}=1+1+\left(\frac{2}{6}+\frac{1}{6}\right)=2+\frac{3}{6}=2\frac{3}{6}$

または、$1\frac{2}{6}+1\frac{1}{6}=\frac{8}{6}+\frac{7}{6}=\frac{15}{6}$

④ $\frac{2}{8}+2\frac{5}{8}=2+\left(\frac{2}{8}+\frac{5}{8}\right)=2+\frac{7}{8}=2\frac{7}{8}$

または、$\frac{2}{8}+2\frac{5}{8}=\frac{2}{8}+\frac{21}{8}=\frac{23}{8}$

⑤ $\frac{7}{9}+3\frac{3}{9}=3\frac{10}{9}=3+1\frac{1}{9}=4\frac{1}{9}$

または、$\frac{7}{9}+3\frac{3}{9}=\frac{7}{9}+\frac{30}{9}=\frac{37}{9}$

⑥ $2\frac{3}{5}+\frac{2}{5}=2\frac{5}{5}=2+1=3$

または、$2\frac{3}{5}+\frac{2}{5}=\frac{13}{5}+\frac{2}{5}=\frac{15}{5}=3$

4 ① $\frac{7}{4}-\frac{2}{4}=\frac{5}{4}=1\frac{1}{4}$

② $3\frac{6}{9}-1\frac{2}{9}=3-1+\left(\frac{6}{9}-\frac{2}{9}\right)=2+\frac{4}{9}=2\frac{4}{9}$

または、$3\frac{6}{9}-1\frac{2}{9}=\frac{33}{9}-\frac{11}{9}=\frac{22}{9}$

③ $3\frac{3}{6}-1\frac{2}{6}=3-1+\left(\frac{3}{6}-\frac{2}{6}\right)=2+\frac{1}{6}=2\frac{1}{6}$

または、$3\frac{3}{6}-1\frac{2}{6}=\frac{21}{6}-\frac{8}{6}=\frac{13}{6}$

④ $2-\frac{5}{7}=1\frac{7}{7}-\frac{5}{7}=1\frac{2}{7}$

または、$2-\frac{5}{7}=\frac{14}{7}-\frac{5}{7}=\frac{9}{7}$

⑤ $4\frac{4}{5}-1=4-1+\frac{4}{5}=3\frac{4}{5}$

または、$4\frac{4}{5}-1=\frac{24}{5}-\frac{5}{5}=\frac{19}{5}$

⑥ $5\frac{2}{3}-\frac{4}{3}=4\frac{5}{3}-\frac{4}{3}=4+\frac{5}{3}-\frac{4}{3}$

$=4\frac{1}{3}$

または、$5\frac{2}{3}-\frac{4}{3}=\frac{17}{3}-\frac{4}{3}=\frac{13}{3}$

たしかめよう!

分母と分子が等しい分数は、$\frac{4}{4}=1$、$\frac{6}{6}=1$ のように、1 になります。

91ページ まとめのテスト

1 ① $\frac{7}{9}$、$\frac{3}{9}$、$\frac{2}{9}$　② $\frac{19}{10}$、1、$\frac{9}{10}$

③ $\frac{13}{3}$、4、$\frac{13}{5}$　④ $\frac{5}{4}$、1、$\frac{5}{6}$

2 ① 4　② $5\frac{3}{5}\left(\frac{28}{5}\right)$　③ $3\frac{4}{8}\left(\frac{28}{8}\right)$

④ $2\frac{2}{5}\left(\frac{12}{5}\right)$　⑤ $4\frac{3}{9}\left(\frac{39}{9}\right)$　⑥ 3

3 式 $1\frac{3}{8}+\frac{7}{8}=2\frac{2}{8}$　答え $2\frac{2}{8}$ L $\left(\frac{18}{8}\text{ L}\right)$

4 ① $\frac{3}{10}$　② $\frac{14}{9}\left(1\frac{5}{9}\right)$　③ $2\frac{1}{4}\left(\frac{9}{4}\right)$

④ $3\frac{3}{8}\left(\frac{27}{8}\right)$　⑤ $2\frac{1}{6}\left(\frac{13}{6}\right)$　⑥ $\frac{3}{5}$

5 式 $5-\frac{3}{4}=4\frac{1}{4}$　答え $4\frac{1}{4}$ km $\left(\frac{17}{4}\text{ km}\right)$

てびき **1** ❶ 分母が同じ分数では、分子が大きいほど大きい分数です。

❷ $1=\frac{10}{10}$ と考えて、分子の大きさでくらべます。

❸ 帯分数になおしてくらべます。

$13\div5=2$ あまり 3 より、$\frac{13}{5}=2\frac{3}{5}$

$13\div3=4$ あまり 1 より、$\frac{13}{3}=4\frac{1}{3}$

❹ $\frac{5}{6}$ は分子＜分母だから、1 より小さい数です。$\frac{5}{4}$ は分子＞分母だから、1 より大きい数です。

2 ❶ $\frac{5}{3}+\frac{7}{3}=\frac{12}{3}=4$

または、$\frac{5}{3}+\frac{7}{3}=1\frac{2}{3}+2\frac{1}{3}=3\frac{3}{3}=4$

❷ $2\frac{1}{5}+3\frac{2}{5}=5\frac{3}{5}$

または、$2\frac{1}{5}+3\frac{2}{5}=\frac{11}{5}+\frac{17}{5}=\frac{28}{5}$

❸ $1\frac{3}{8}+2\frac{1}{8}=3\frac{4}{8}$

または、$1\frac{3}{8}+2\frac{1}{8}=\frac{11}{8}+\frac{17}{8}=\frac{28}{8}$

❹ $1\frac{3}{5}+\frac{4}{5}=1\frac{7}{5}=2\frac{2}{5}$

または、$1\frac{3}{5}+\frac{4}{5}=\frac{8}{5}+\frac{4}{5}=\frac{12}{5}$

❺ $\frac{8}{9}+3\frac{4}{9}=3\frac{12}{9}=4\frac{3}{9}$

または、$\frac{8}{9}+3\frac{4}{9}=\frac{8}{9}+\frac{31}{9}=\frac{39}{9}$

❻ $2\frac{7}{12}+\frac{5}{12}=2\frac{12}{12}=3$

または、$2\frac{7}{12}+\frac{5}{12}=\frac{31}{12}+\frac{5}{12}=\frac{36}{12}=3$

3 [はじめのジュースのかさ]
＋[たしたジュースのかさ]
＝[全部のジュースのかさ] より、

式は、$1\frac{3}{8}+\frac{7}{8}=1\frac{10}{8}=2\frac{2}{8}$

または、$1\frac{3}{8}+\frac{7}{8}=\frac{11}{8}+\frac{7}{8}=\frac{18}{8}$

4 ❶ 分母が同じ分数では分子どうしをひき算します。

❷ $\frac{16}{9}-\frac{2}{9}=\frac{14}{9}=1\frac{5}{9}$

❸ $3\frac{3}{4}-1\frac{2}{4}=3-1+\left(\frac{3}{4}-\frac{2}{4}\right)=2+\frac{1}{4}=2\frac{1}{4}$

または、$3\frac{3}{4}-1\frac{2}{4}=\frac{15}{4}-\frac{6}{4}=\frac{9}{4}$

❹ $3\frac{5}{8}-\frac{2}{8}=3\frac{3}{8}$

または、$3\frac{5}{8}-\frac{2}{8}=\frac{29}{8}-\frac{2}{8}=\frac{27}{8}$

❺ $4\frac{1}{6}-2=2\frac{1}{6}$

または、$4\frac{1}{6}-2=\frac{25}{6}-\frac{12}{6}=\frac{13}{6}$

❻ $1\frac{2}{5}-\frac{4}{5}=\frac{7}{5}-\frac{4}{5}=\frac{3}{5}$

5 [家からデパートまでの道のり]－[歩いた道のり]
＝[バスに乗った道のり] より、

式は、$5-\frac{3}{4}=4\frac{4}{4}-\frac{3}{4}=4\frac{1}{4}$

または、$5-\frac{3}{4}=\frac{20}{4}-\frac{3}{4}=\frac{17}{4}$

たしかめよう！

帯分数のたし算とひき算のしかた

《1》帯分数を整数部分と分数部分に分けて計算します。

《2》帯分数を仮分数になおして計算します。

⑪ 変わり方に注目して調べよう

92・93ページ きほんのワーク

きほん1 8、8　　答え 8

1 ❶

たての長さ(cm)	1	2	3	4	5	6
横の長さ　(cm)	12	11	10	9	8	7

❷ □＋○＝13

または、○＝13－□

2

けんさん　(才)	10	11	12	13
弟　　　　(才)	6	7	8	9

□－○＝4

または、□－4＝○

3 ❶

切る回数　(回)	1	2	3	4	5
ロープの数(本)	2	3	4	5	6

❷ □＋1＝○

または、○－□＝1

❸ 19回

きほん2 4、4、4、4、60　　答え 60

4 ❶

買う数(こ)	1	2	3	4
代金　(円)	60	120	180	240

❷ 60×□＝○

❸ 720円

❹ 15こ

てびき **1** 長方形の向かい合った辺の長さは等しいので、まわりの長さの半分がたてと横の長さの合計になります。1cm のぼうを 26 本ならべて長方形を作るので、まわりの長さは 26cm だから、たてと横の長さの合計は

26÷2＝13 より、13cm です。
式の形に表すと、
たての長さ(□)＋横の長さ(○)＝13 です。

❷ 表から関係を読み取ります。どの列をたてに見ても、けんさんの年令から弟の年令をひくと、4 になっています。
2 人の年令の関係は、どちらかが 1 才ふえると、もう一方も 1 才ふえるので、年令の差は変わることがありません。

❸ 切る回数より、できるロープの数は 1 多くなります。

❹ ❶ 買う数が 1 こふえると、代金は 60 円ずつふえます。
❷ 1 このねだんは 60 円だから、買う数を□こ、代金を○円として、
1 このねだん × 買う数 ＝ 代金 の式にあてはめて考えると、60×□＝○になります。
❸ 買う数□が 12 のとき、代金○がいくらになるかを考えるので、60×12 の計算で求めます。
❹ 代金○が 900 のとき、買う数□が何こになるかは、60×□＝900 で考えます。
□にあてはまる数は 900÷60 の計算で求めます。

たしかめよう!

きほん2 や❹のように、□の数が 2 倍、3 倍、…になると、○の数も 2 倍、3 倍、…になるという□と○の関係もあります。

94ページ 練習のワーク

❶ ❶

勝ち　(回)	0	1	2	3	4	5	6	7	8
負け　(回)	8	7	6	5	4	3	2	1	0

❷ □＋○＝8

❷ ❶

だんの数　(だん)	1	2	3	4	5
まわりの長さ(cm)	3	6	9	12	15

❷ □×3＝○
❸ 75cm
❹ 2、3

てびき ❶ 引き分けがないので、勝ちと負けの回数をたすと 8 になります。
❷ ❷ 表から、だんの数に 3 をかけると、まわりの長さの数になることがわかります。
❸ だんの数□が 25 のとき、まわりの長さ○がいくつになるか考えるので、25×3 の計算をします。
❹ 表から、だんの数が 2 倍、3 倍、…になると、まわりの長さも 2 倍、3 倍、…になっていることがわかります。

たしかめよう!

表を使って、2 つの関係がどのように変わっているか調べて、式に表すようにしましょう。

95ページ まとめのテスト

1 ❶

右手に持った数(こ)	0	1	2	3	4	5	6	7	8	9	10
左手に持った数(こ)	10	9	8	7	6	5	4	3	2	1	0

❷ □＋○＝10

2 ❶

たての長さ(cm)	1	2	3	4	5	6	7
横の長さ　(cm)	4	5	6	7	8	9	10

❷ □＋3＝○

3 ❶

買う数(こ)	1	2	3	4	5
代金　(円)	100	200	300	400	500

❷ 100×□＝○

てびき **1** 右手と左手のおはじきのこ数をたすと、10 こになります。
❶ 右手と左手に持ったおはじきの数の合計が 10 となるように表のあいているところに数を書きましょう。
❷ 右手に持った数 ＋ 左手に持った数 ＝ 10 こ より、□＋○＝10 です。
2 ❶ たての長さに 3cm をたすと、横の長さになります。
❷ たての長さ ＋ 3cm ＝ 横の長さ より、□＋3＝○です。
3 ❶ 1 こ 100 円のチョコレートを買うので、買うこ数が 1 こふえると代金は 100 円ずつふえます。
❷ チョコレート 1 このねだん × 買うこ数 ＝ 代金 より、100×□＝○と考えることができます。

たしかめよう!

ともなって変わる 2 つの数量の関係は、図を実さいにかいてみたり、表やことばの式に表すと見つけやすくなります。また、表のいろいろな見方を身につけましょう。

⑫ 広さのくらべ方と表し方を考えよう

96・97 ページ　きほんのワーク

きほん1　面積、1 cm^2、11、11、10、1、1、12
答え ㋑

❶ ❶ 15こ　❷ 15 cm^2　❸ 16 cm^2
❹ ㋑が、1 cm^2 広い。

きほん2　15、25、15、25、375
18、18、18、324　答え 375、324

❷ ❶ 式 $12\times24=288$　答え 288 cm^2
❷ 式 $30\times30=900$　答え 900 cm^2

❸ 式 $48\div6=8$　答え 8 cm

❹ (例)

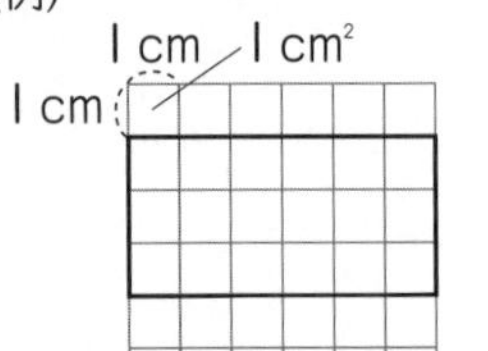

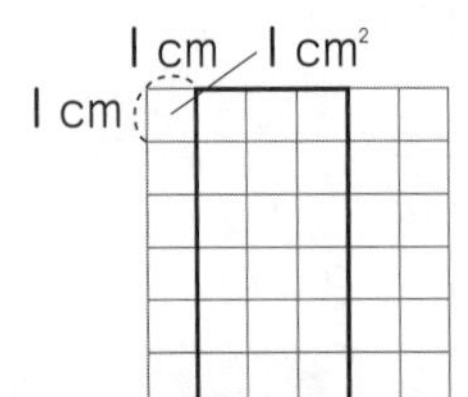

てびき

❶ ❶❷ 1 cm^2 の正方形が 15 こならんでいます。
❸ 1 cm^2 の正方形が 16 こならんでいます。
❹ ㋐と㋑の面積は、1 cm^2 の正方形 1 こ分のちがいがあります。

❷ 面積の公式
長方形の面積＝たて×横＝横×たて
正方形の面積＝1 辺×1 辺
にあてはめて計算します。
❶ たてが 12 cm、横が 24 cm の長方形の面積は、$12\times24=288$ より、288 cm^2 です。
❷ 1 辺が 30 cm の正方形の面積は、$30\times30=900$ より、900 cm^2 です。

❸ たての長さを□cm として、長方形の面積の公式にあてはめます。
面積が 48 cm^2、横の長さが 6 cm より、
□×6＝48 です。
□＝48÷6＝8 だから、
たての長さは 8 cm です。

❹ 問題には、1 辺が 1 cm の方がんが 6 つ、たてと横に書かれています。18 cm^2 の長方形をかくので、たてと横がそれぞれ全体の長さ 6 cm におさまるように、長方形の長さを決めていきます。
$18=3\times6(=6\times3)$ になるので、たてと横の長さを、それぞれ 3 cm と 6 cm、または 6 cm と 3 cm になるようにとります。

98・99 ページ　きほんのワーク

きほん1　6、3、5、8、8、3　答え 42

❶ ❶　❷　❸

きほん2　5、4、20　答え 20

❷ ❶ 式 $10\times8=80$　答え 80 m^2
❷ 式 $7\times7=49$　答え 49 m^2

きほん3　1 a、1 ha、150、400、60000
答え 60000、600、6

❸ 式 $800\times800=640000$
答え 640000 m^2、64 ha

きほん4　4、6、24　答え 24

❹ 式 $2\times3=6$　答え 6 km^2

てびき

❶ いろいろな考え方を使って、面積を求めます。どのような求め方をしても、面積は 190 cm^2 で同じです。
❶ ㋐と㋑の 2 つの長方形に分けてそれぞれの面積を求めてあわせます。式の $10\times9+5\times20$ で、10×9 が㋐の部分の面積、5×20 が㋑の部分の面積を表しています。
❷ 大きな長方形から、㋐の長方形をのぞいたと考えて、大きな長方形の面積から㋐の部分の面積をひきます。

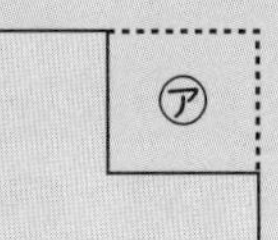

式の $15\times20-10\times11$ で、15×20 が大きな長方形、10×11 が㋐の部分の面積を表しています。
❸ ㋐と㋑の 2 つの長方形に分けてそれぞれの面積を求めてあわせます。式の $15\times9+5\times11$ で、15×9 が㋐の部分の面積、5×11 が㋑の部分の面積を表しています。

❷ たてや横の長さを m 単位ではかった、教室や花だんの面積の単位は m^2 です。

❸ 1 a＝10 m×10 m＝100 m^2、
1 ha＝100 m×100 m＝10000 m^2＝100 a です。
640000÷100＝6400 より、6400 a
6400÷100＝64 より、64 ha

❹ 1 km^2＝1 km×1 km なので、1 辺が 1 km＝1000 m の正方形の面積を単位にします。

たしかめよう!

広いところの面積を表すには、1辺が1mや1kmの正方形の面積を単位にします。

$1\,m^2 = 10000\,cm^2$　$1\,a = 100\,m^2$

$1\,ha = 10000\,m^2$　$1\,km^2 = 1000000\,m^2$

100ページ 練習のワーク

❶ 式 16×16=256　答え $256\,m^2$

❷ 式 36÷9=4　答え 4cm

❸ 式 8×12−2×3=90　答え $90\,cm^2$

❹ 式 200×200=40000　答え 400a、4ha

❺

たて(cm)	1	2	3	4	5	6	7
横　(cm)	9	8	7	6	5	4	3
面積(cm^2)	9	16	21	24	25	24	21

5cm

てびき

❶ 広さにあった面積の単位を使えるようにしましょう。

❷ たての長さを□cmとして、長方形の面積の公式「たて×横=面積」にあてはめると、□×9=36です。
□=36÷9=4より、4cmです。

❸ いろいろな求め方があります。

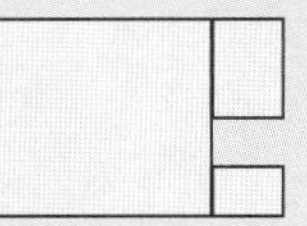

右の図のように、3つの長方形に分けてあわせると考えると、
8×(12−3)+4×3+2×3=90より、$90\,cm^2$です。
どのように考えても、求める面積は$90\,cm^2$で同じになります。

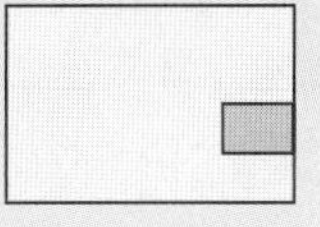

右の図のように、大きい長方形から小さい色をぬった部分の長方形をのぞくと考えると、
8×12−2×3=90より、$90\,cm^2$です。

❹ 1辺が200mの正方形の面積は、
200×200=40000より、
$40000\,m^2$です。
$10000\,m^2 = 100\,a = 1\,ha$より、
$40000\,m^2 = 400\,a = 4\,ha$になります。

❺ 20cmのはり金を折り曲げて長方形や正方形をつくるので、長方形のときは、たてと横の長さの合計が、正方形のときは1辺と1辺の長さの合計(2辺分の長さ)が20÷2=10より、10cmです。
表に、たてと横(正方形のときは2辺分の長さ)の合計が10になるように数を書き入れていきましょう。表から、たて5cm、横5cmのとき、つまり1辺が5cmの正方形のとき、面積が$25\,cm^2$でいちばん大きくなります。

たしかめよう!

1辺が10mの正方形の面積が1a、1辺が100mの正方形の面積が1haです。1辺の長さが10倍になると、面積は100倍になるという関係があります。
$1\,a = 100\,m^2$、$1\,ha = 10000\,m^2$なので、
1ha=100a(1haは1aの100倍)になります。

101ページ まとめのテスト

1 ❶ 式 80×100=8000　答え $8000\,cm^2$

❷ 式 20÷4=5　5×5=25　答え $25\,m^2$

❸ 式 25×12=300　答え 3a

❹ 式 700×700=490000　答え 49ha

2 式 84÷14=6　答え 6m

3 ❶ 式 18×22−8×10=316　答え $316\,cm^2$

❷ 式 4×7−3×2=22　答え $22\,m^2$

❸ 式 13×26−6×6=302　答え $302\,m^2$

てびき

1 ❶ たてと横の長さの単位をそろえて、面積を求めます。1m=100cmだから、80×100=8000より、$8000\,cm^2$

❷ 正方形の4つの辺の長さは等しいので、1辺の長さは20÷4=5(m)です。

❸ $100\,m^2 = 1\,a$

❹ $10000\,m^2 = 1\,ha$

2 たての長さを□mとして、面積の公式にあてはめると、□×14=84となります。
□=84÷14=6より6mです。

3 いろいろな考え方で求めることができます。

❶ 答えの考えは、大きい長方形の面積から小さい長方形の面積をひいて求めています。

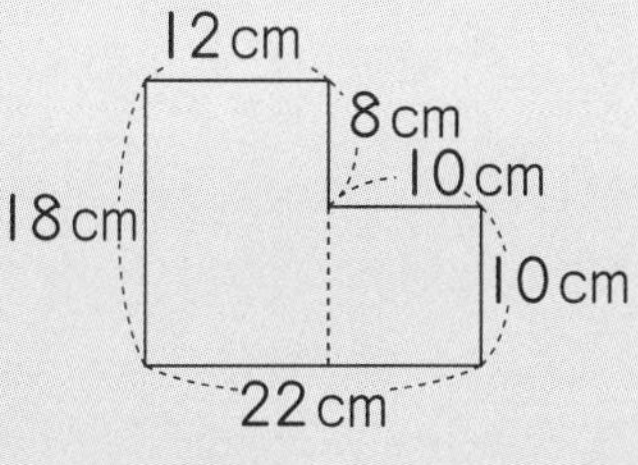

右の図のように、長方形と正方形に分けて考えることもできます。
18×12+10×10
=316より、$316\,cm^2$です。

❷ 答えの考えは、大きい長方形の面積から小さい長方形の面積をひいて求めています。

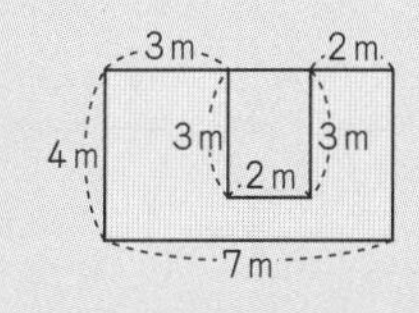

右の図のように、3つの長方形に分けて考えることもできます。
4×3+(4−3)×2+4×2=22より、$22\,m^2$です。

図形の分け方は、ほかにもいろいろあります。いろいろな分け方をためしてみましょう。
❸ 色のついていない部分は1辺が6mの正方形なので、大きな長方形の面積から正方形の面積をひきます。

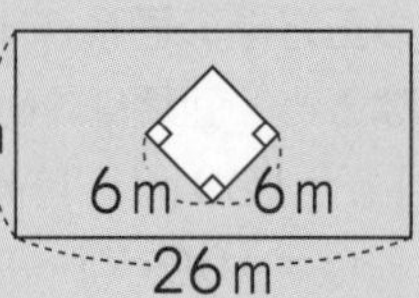

13×26−6×6=302 より、302m² です。

⑬ 小数のかけ算とわり算を考えよう

102・103 ページ きほんのワーク

きほん1 0.4、4、12、12、4　答え 1.2
1 ❶ 0.8　❷ 2.5　❸ 2.4　❹ 7.2
きほん2 16、$\frac{1}{10}$　1、1、2 ➡ .　答え 11.2
2 ❶ 53.6　❷ 58.8
❸ 27　❹ 110
きほん3 7、6、6、7 ➡ .　答え 67.2
3 ❶ 182.4　❷ 1131.6　❸ 464
きほん4 2、100、$\frac{1}{100}$　答え 2.36
4 ❶ 2.76　❷ 47.6　❸ 109.9

てびき　1 ❶ 0.1 をもとにして、その何こ分かを考えたり、整数×整数の計算をもとにして考えることができます。0.2 を 10 倍して求めた積(2×4=)8 を $\frac{1}{10}$ にする(10 でわる)と、答えの 0.8 になります。
❷ 5×5=25 を 10 でわって、2.5
❸ 3×8=24 を 10 でわって、2.4
❹ 8×9=72 を 10 でわって、7.2
2 小数のかけ算も筆算で計算することができます。整数の筆算と同じように計算するので、位をそろえるのではなく右にそろえて書きます。

```
❶   6.7    ❷  19.6    ❸  4.5    ❹  27.5
  ×   8      ×    3      ×  6      ×    4
  -----      ------      ----      ------
   53.6        58.8      27.0       110.0
```

```
3 ❶   7.6     ❷   13.8     ❸  11.6
    × 24        ×  82        ×  40
    ----        -----        -----
     304          276        464.0
    152         1104
    -----       ------
    182.4       1131.6
```

4 ❶ 0.46 を 100 倍して求めた積(46×6=)276 を $\frac{1}{100}$ にする(100 でわる)と、答えになります。
答えの小数点をうつ位置に注意しましょう。
❷ 595×8=4760 より、47.60 です。いちばん右の 0 は消しておきます。

```
   5.95
 ×    8
 ------
  47.60
```

❸ 314×35=10990 より、109.90

```
    3.14
  ×   35
  ------
    1570
    942
  ------
  109.90
```

たしかめよう!
「小数×整数」の筆算は、整数のかけ算と同じように計算してから小数点を考えます。かけられる数にそろえて、小数点をうちましょう。答えの小数点以下の最後の0は消します。

104・105 ページ きほんのワーク

きほん1 5.2、52、52、13、13　答え 1.3
1 ❶ 2.3　❷ 1.2　❸ 4.3
2 式 4.5÷3=1.5　答え 1.5L
きほん2 . ➡ 8、2、4、0　答え 1.8
3 ❶ 1.6　❷ 1.9
❸ 1.4　❹ 17.5
❺ 6.3　❻ 7.4
4 式 23.2÷4=5.8　答え 5.8kg
きほん3 1.8、0、3、1、8、0　答え 0.3
5 ❶ 0.8　❷ 0.9　❸ 0.7

てびき　1 0.1 をもとにして、わられる数が 0.1 の何こ分かを考えます。
❶ 69÷3=23 より、0.1 の 23 こ分で 2.3 です。
❷ 72÷6=12 より、0.1 の 12 こ分で 1.2 です。
❸ 86÷2=43 より、0.1 の 43 こ分で 4.3 です。
2 3つのびんに同じ量ずつ分けるので、式はわり算になります。4.5 は 0.1 の 45 こ分で、45÷3=15 より、答えは 0.1 の 15 こ分で 1.5L です。
3 小数のわり算の筆算が正しくできるようにしましょう。商の小数点をうつところ以外は、整数のわり算の筆算と同じです。

```
❶   1.6        ❷   1.9        ❸   1.4
  6)9.6          5)9.5          6)8.4
    6              5              6
    --             --             --
    36             45             24
    36             45             24
    --             --             --
     0              0              0

❹   17.5       ❺    6.3       ❻    7.4
  5)87.5         4)25.2         6)44.4
    5              24             42
    --             --             --
    37              12             24
    35              12             24
    --              --             --
     25              0              0
     25
     --
      0
```

❹ 4人で等分するので、式はわり算になります。

```
   5.8
4)23.2
  20
   32
   32
    0
```

❺

❶
```
  0.8
8)6.4
  64
   0
```

❷
```
   0.9
12)10.8
   108
     0
```

❸
```
   0.7
36)25.2
   252
     0
```

❶
```
   1.5
8)12.0
   8
   40
   40
    0
```

❷
```
    1.2
25)30.0
   25
    50
    50
     0
```

❸
```
  0.25
4)1.00
   8
   20
   20
    0
```

❹
```
   0.08
75)6.00
   600
     0
```

たしかめよう!

「小数÷整数」の筆算も、整数のわり算と同じようにできます。商の小数点は、わられる数の小数点にそろえてうちます。商の整数部分が0のときもあります。

たしかめよう!

小数のわり算であまりを考えるとき、あまりの小数点は、わられる数の小数点にそろえてうちます。

❷❶
```
   5
3)17.6
  15
   2.6
```

106・107ページ きほんのワーク

きほん1 100、124、124、1.24　答え 1.24

❶ ❶ 1.32　❷ 0.13　❸ 0.004

きほん2 9、3　答え 19、2.3

❷ ❶ 5あまり2.6

けん算 3×5+2.6=17.6

❷ 14あまり1.4

けん算 4×14+1.4=57.4

❸ 5あまり10.1

けん算 16×5+10.1=90.1

きほん3 28、8、5　答え 3.5

❸ ❶ 1.5　❷ 1.2　❸ 0.25　❹ 0.08

てびき

❶ ❶❷ わられる数が$\frac{1}{100}$の位まであるときは、0.01をもとにして考えます。筆算のしかたに変わりはありません。

❶
```
  1.32
4)5.28
  4
  12
  12
    8
    8
    0
```

❷
```
  0.13
5)0.65
   5
   15
   15
    0
```

❸
```
   0.004
32)0.128
     128
       0
```

❷ 小数のわり算であまりを考えるときは、あまりの小数点は、わられる数の小数点にそろえてうつことに注意します。

答えは、[わる数]×[商]+[あまり]が[わられる数]になるかけん算をすると、あまりの大きさが正しいかをたしかめられます。

❶
```
   5
3)17.6
  15
   2.6
```

❷
```
  14
4)57.4
  4
  17
  16
   1.4
```

❸
```
    5
16)90.1
   80
   10.1
```

❸ 整数を整数でわるわり算の筆算では、0をつけたして、あまりを出さずに計算を続けることができます。

108・109ページ きほんのワーク

きほん1 2.10、5　答え 0.35

❶ ❶ 1.35　❷ 0.18　❸ 1.75　❹ 0.125

きほん2 3　4、2、4 ➡ 0、3、5、5 ➡ 7

答え 2.7

❷ ❶ 1.9　❷ 28　❸ 1.8

きほん3 わり、900、200、4.5　答え 4.5

❸ ❶ 式 5÷2=2.5　答え 2.5倍

❷ 式 8÷5=1.6　答え 1.6倍

❹ ❶ 2.7　❷ 0.6

❺ 式 45÷25=1.8　答え 1.8倍

てびき

❶ 小数も0をつけたして、わりきれるまで計算を続けることができます。

❶
```
  1.35
4)5.40
  4
  14
  12
   20
   20
    0
```

❷
```
  0.18
5)0.90
   5
   40
   40
    0
```

❸
```
    1.75
18)31.50
   18
   135
   126
     90
     90
      0
```

❹
```
   0.125
36)4.500
   36
    90
    72
    180
    180
      0
```

❷ 商をがい数で求めることがあります。商を上から2けたのがい数で求めるためには、上から3けためを四捨五入します。

❶
```
  1.91
7)13.40
  7
  64
  63
   10
    7
    3
```

❷
```
   28.4
12)341.0
   24
   101
    96
     50
     48
      2
```

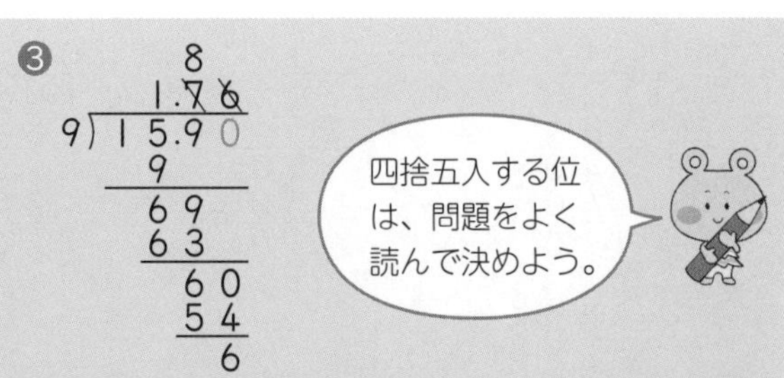

❸「何倍」は整数の倍だけではなく、小数の倍となることもあります。

❶ 緑のリボンの長さをもとにするので、式は5÷2です。

❷ 赤のリボンの長さをもとにするので、式は8÷5です。

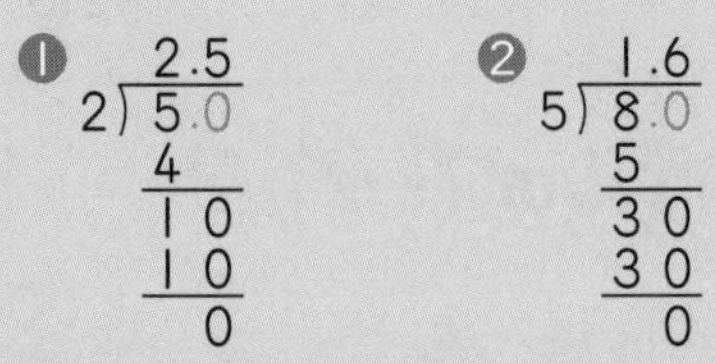

❹ ❶ 30kgをもとにするので、式は81÷30です。

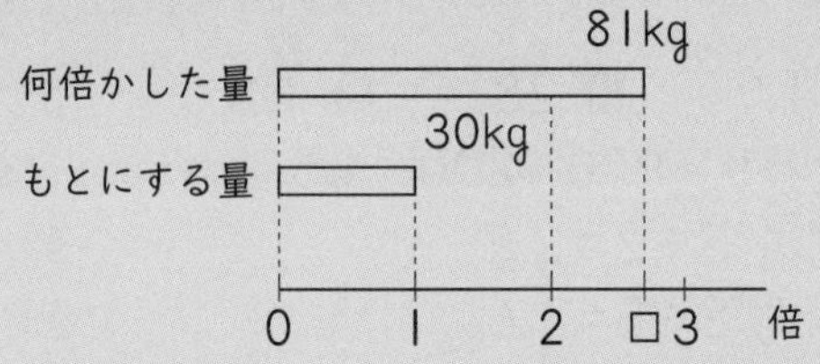

❷ 100Lをもとにするので、式は60÷100です。

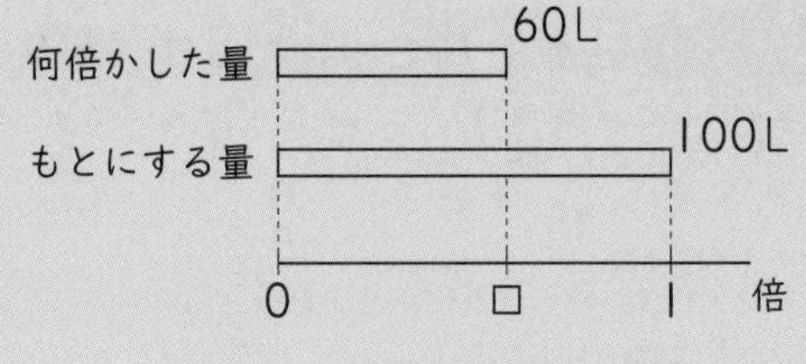

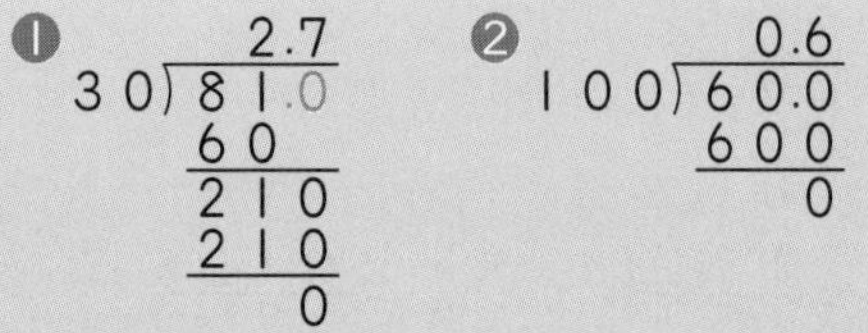

❺ 25分をもとにするので、式は45÷25です。

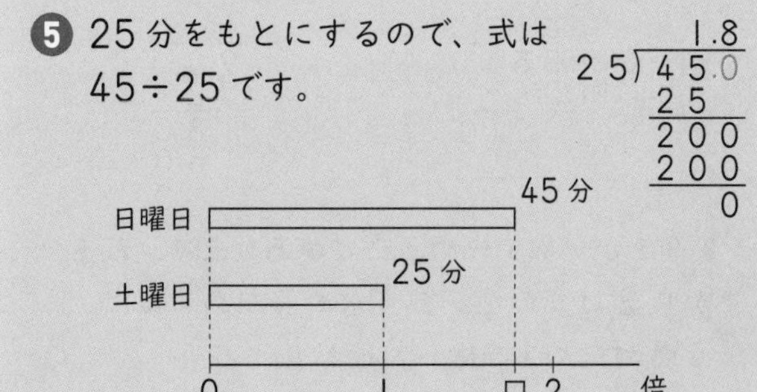

たしかめよう!

2.5倍や1.5倍のように、何倍かを表すときにも小数を使うことがあります。

110ページ 練習のワーク

❶ ❶ 18.2　❷ 78
❸ 110.5　❹ 7056
❺ 11.9　❻ 108.36

❷ ❶ 1.2　❷ 1.25
❸ 0.8　❹ 0.65
❺ 2.05　❻ 0.08

❸ ❶ 3あまり1.6
けん算 8×3+1.6=25.6
❷ 3あまり6.7
けん算 27×3+6.7=87.7

❹ 式 1720÷400=4.3　答え 4.3倍

てびき

❶

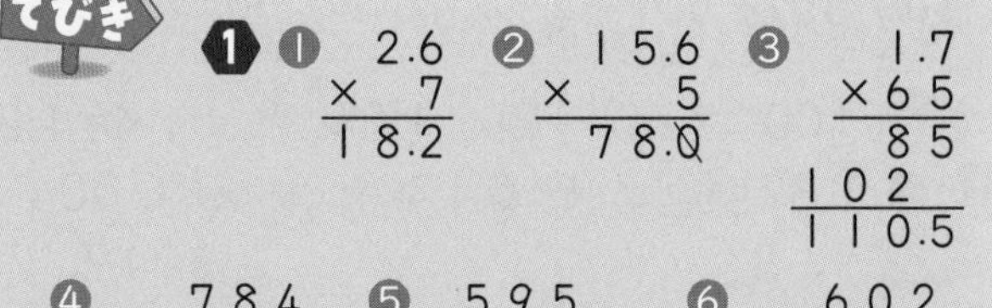

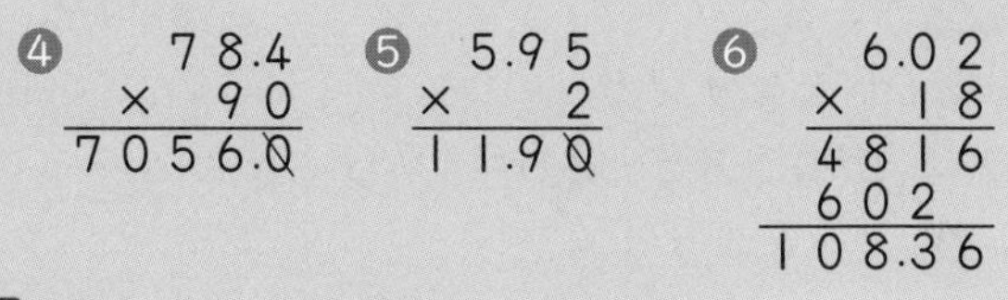

❷

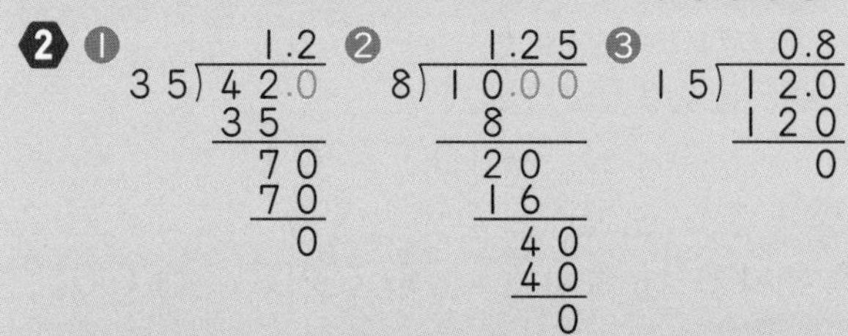

❸ あまりの小数点は、わられる数の小数点にそろえてうちます。あまりの小数点のうちまちがいも わる数 × 商 + あまり の計算をした数が わられる数 になるかで、見つけることができます。

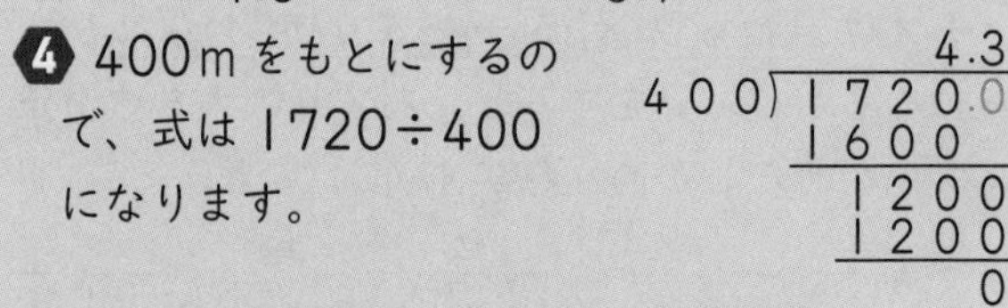

❹ 400mをもとにするので、式は1720÷400になります。

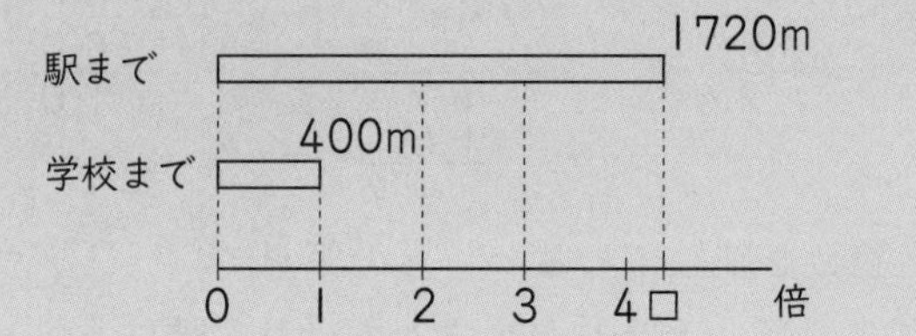

たしかめよう!

あまりのあるわり算では、あまりの小数点の位置や、あまりがわる数より小さくなっていることに注意します。また、けん算をして、わる数×商＋あまりがわられる数になっているかをたしかめると、まちがいに気づくことができます。

111ページ まとめのテスト

1 ❶ 21.6　❷ 31.5　❸ 5.76

2 ❶ 0.15　❷ 0.16　❸ 0.06

3 ❶ 式 28.8÷6＝4.8　答え 4.8g

❷ 式 4.8×15＝72　答え 72g

4 式 3.4÷12＝0.283…　答え 約 0.28 L

5 式 32÷20＝1.6　答え 1.6 倍

てびき

1

```
❶   7.2      ❷   0.7      ❸   0.36
  ×   3        × 45        ×   16
   21.6          35           216
                28            36
                31.5          5.76
```

2

```
❶      0.15     ❷      0.16     ❸     0.06
   24)3.60         25)4.00         5)0.30
      24              25               30
       120             150              0
       120             150
         0               0
```

3

```
❶     4.8       ❷   4.8
   6)28.8          × 15
     24             240
      48            48
      48            72.0
       0
```

4

```
       0.283  ←上から3けためを
  12)3.400     四捨五入します。
     24
     100
      96
       40
       36
        4
```

5 妹の体重 20kg をもとにするので、式は 32÷20 です。

```
       1.6
  20)32.0
     20
     120
     120
       0
```

たしかめよう!

「わりきれるまで計算する」「商をがい数で求める」など、いろいろなわり算のしかたを覚えましょう。

⑭ 箱の形の特ちょうを調べよう

112・113ページ きほんのワーク

きほん1 直方体、立方体、6、12、8

答え ㋐ 6　㋑ 12　㋒ 8

㋓ 6　㋔ 12　㋕ 8

❶ たてが 1cm で横が 4cm の長方形が 2 つ

たてが 1cm で横が 5cm の長方形が 2 つ

たてが 5cm で横が 4cm の長方形が 2 つ

きほん2 展開図

答え

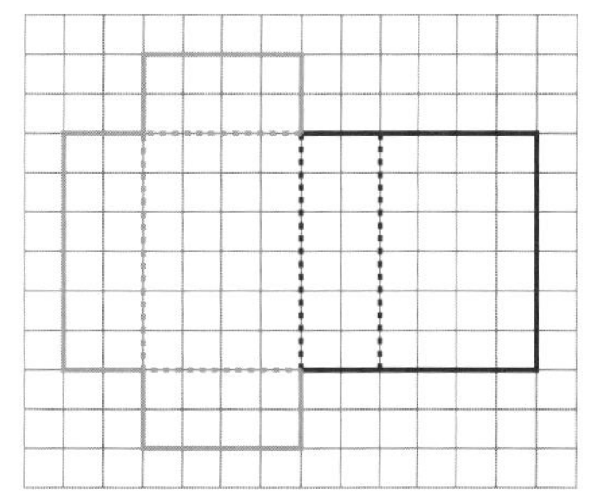

❷ (例)

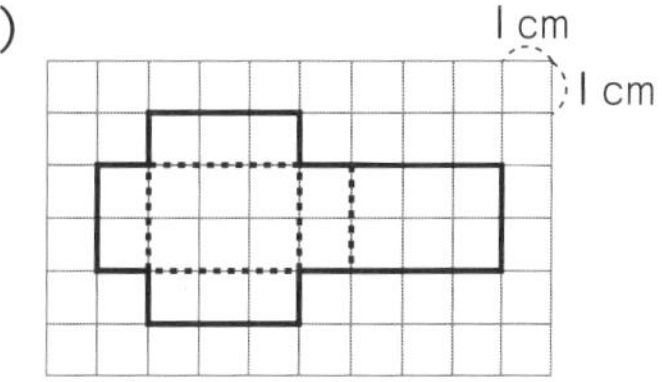

❸ ❶ 立方体

❷ 3cm

❸ 点キ

❹ 辺アイ

てびき

❶ 問題の直方体は 3 種類の長方形でかこまれた形です。直方体は、同じ形の面が 2 つずつ 3 組あります。

❷ 直方体や立方体などを辺にそって切り開いて、平面の上に広げた図を展開図といいます。展開図はいろいろな図がかけますが、問題の方がんからはみださないようにかくにはどうしたらよいか考えましょう。

たとえば、次のような展開図も正しい図です。いろいろな展開図をかいてみましょう。

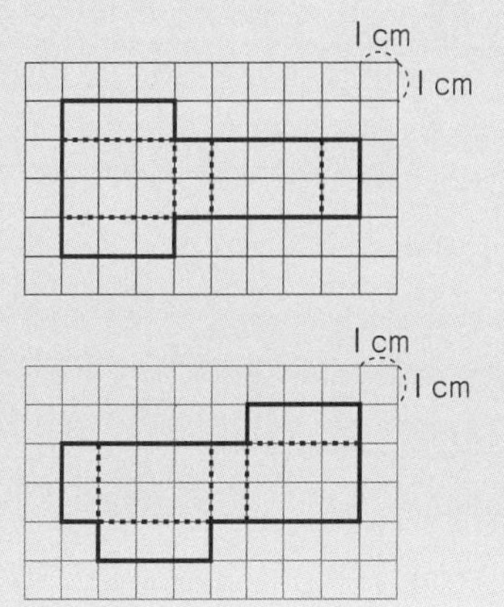

❸ 展開図を組み立ててできる立方体は右の図のようになります。たとえば、面セサカウを底の面としたとき、面セサカウとつながっている4つの面を折り曲げて立ち上げるようすを考えます。

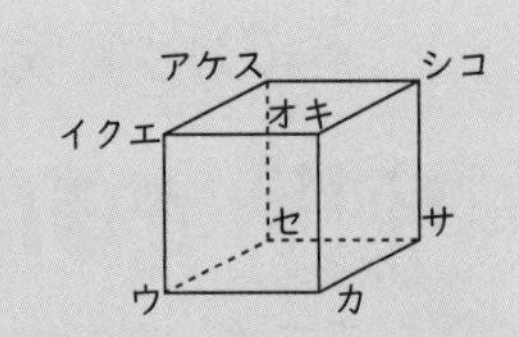

展開図から立体を組み立てるときは、1つの面を固定して、そのまわりの面を折り曲げていくように考えると、できあがる立体が予想しやすいです。

たしかめよう!

直方体…長方形だけでかこまれた形や、長方形と正方形でかこまれた形

立方体…正方形だけでかこまれた形

114・115ページ きほんのワーク

きほん1 垂直、4、平行、2、3

答え ㋑、㋒、㋓、㋔、㋕、BC、BF、DC、EF、HG

1 ❶ 垂直…4、平行…1

❷ 垂直…4、平行…3

❸ 垂直

❹ 辺AB、辺BF

きほん2 垂直、3、平行

答え AE、BF、CG、DH

2 ❶ 面㋒、面㋕　❷ 面㋑、面㋓

きほん3 見取図

答え

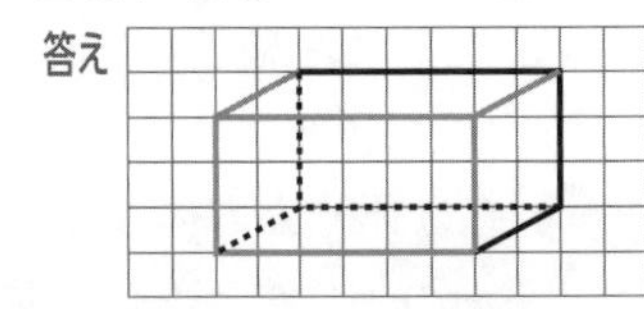

3

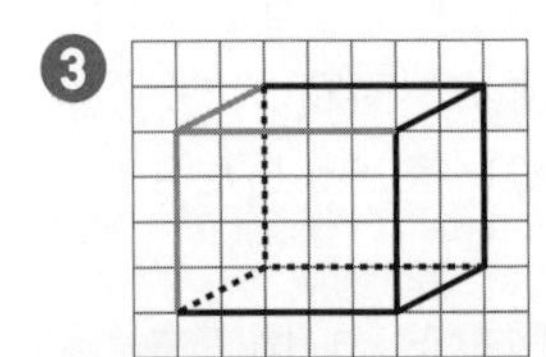

てびき

1 ❶ 直方体のとなり合った面は垂直だから、面㋐に垂直な面は4つあります。また、向かい合った面は平行だから、面㋐に平行な面は1つです。

❷ 面ABCD、面AEFBは長方形なので、角はすべて直角です。つまり、交わる辺どうしの関係は垂直です。このことから、辺ABに垂直な辺は辺AD、辺BC、辺AE、辺BFです。

また、長方形の向かい合った辺どうしは平行なので、辺ABに平行な辺は、辺DC、辺EF、辺DCと平行な辺HGです。

❸ 面ADHEは長方形なので、交わる辺どうしは垂直です。このことから、辺AEと辺EHは垂直に交わっています。

❹ 辺BCをふくむ長方形に注目しましょう。面ABCDでは辺AB、面BFGCでは辺BFが、頂点Bを通って、辺BCに垂直です。

2 展開図を組み立ててできる立方体は、次の図のようになります。

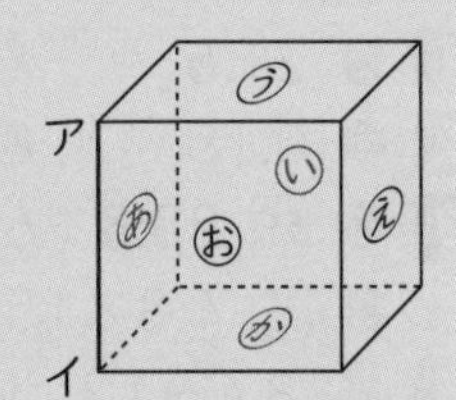

❶ 面㋐と面㋔は、ともに4つの角がすべて直角な正方形なので、辺アイと面㋒、面㋕は垂直です。

❷ 上の立方体の図から、辺アイに平行な面は、面㋑と面㋓です。直方体や立方体では、ある1つの辺に平行な面が2つあります。

3 まず、正面の長方形をかきます。正面の長方形のたてはます4こ分の長さ、横はます5こ分の長さです。

直方体の面はすべて長方形だから、向かい合っている辺はすべて平行です。次に、平行になっている辺は、見取図でも平行になるようにかきます。また、見えない辺は、点線でかくことに注意します。

たしかめよう!

立方体や直方体などの立体の全体の形がわかるようにかいた図を「見取図」といいます。立方体や直方体などの立体を辺にそって切り開いて、平面上に広げた図を「展開図」といいます。また、展開図を組み立てると立体になります。

直方体や立方体では、向かい合った面は平行になっています。見取図は、面の平行がわかるようにかくことが大切です。

116・117ページ きほんのワーク

きほん1 3

答え 4、3

1 ❶ (横2cm、たて4cm)

❷ (横6cm、たて6cm)

2 ❶ (東2m、北7m)

❷ (東7m、北9m)

❸ 右の図

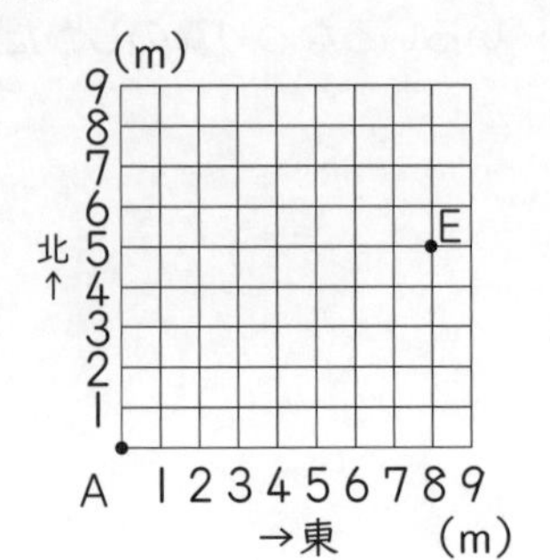

きほん2 3、5、3、3、5

答え 3、3、0、0、0、5、3、3、5

❸ ❶ 頂点H

❷ 頂点A

❸ 頂点D

❹ ❶ (横 2、たて 1、高さ 3)

❷ (横 4、たて 4、高さ 3)

てびき ❷ もとにする点から、まず東にどれだけ、次に北にどれだけの長さの位置にあるか順に考えていきましょう。

❶ 点Aをもとにすると、点Cは東に2mの直線の上にあります。次に北に7mの直線の上にあります。このことから、
(東 2m、北 7m)の位置です。

❷ 点Aをもとにすると、点Dは東に7mの直線の上にあります。次に北に9mの直線の上にあります。このことから、
(東 7m、北 9m)の位置です。

❸ 右の図のように、点Aをもとにした点Eの位置を表します。

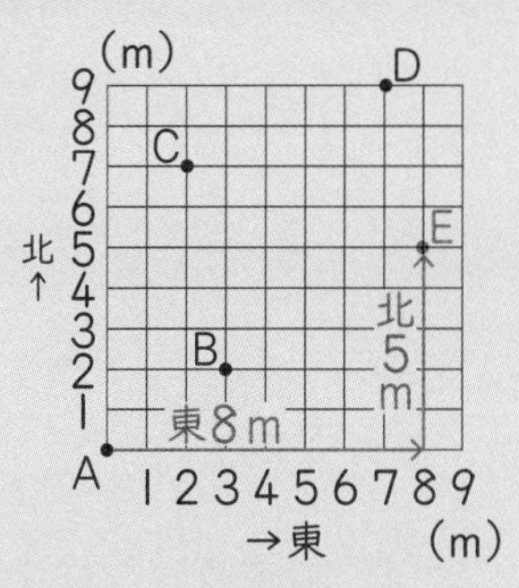

❸ ❶ 頂点Aをもとにしたとき、横に0cmなので、横に動いていない位置、つまり、面ADHEの上にある頂点A、D、H、Eのいずれかであることがわかります。たてが3cm、高さが5cm動くと頂点Hです。

❷ 頂点Aをもとにしたとき、横0cm、たて0cm、高さ0cmなので、横、たて、高さともに動いていない位置にある頂点です。つまり、もとにする頂点Aのままです。

❸ 頂点Aをもとにしたとき、横0cm、高さ0cmなので、横と高さは動いていない位置にある頂点です。
辺AD上にある頂点なので、頂点A、Dのいずれかであることがわかります。

❹ 頂点Bの位置の表し方から、横、たて、高さを右の図のように表していることがわかります。

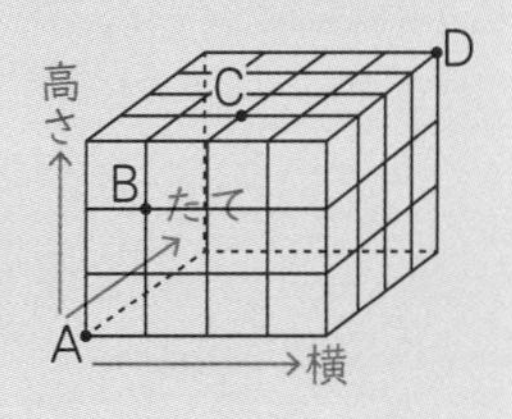

たしかめよう!
平面上の点の位置は、2つの長さの組で表すことができます。また、空間にある点の位置は、3つの長さの組で表すことができます。

118ページ 練習のワーク❶

❶ ❶ 直方体

❷ 6、12、8

❷ ❶ 面㋕

❷ 面㋑、面㋒、面㋓、面㋔

❸ ❶ 辺AD、辺CD

❷ A(横 0cm、たて 0cm、高さ 5cm)
G(横 4cm、たて 3cm、高さ 0cm)

❸ 頂点C

てびき ❶ ❶ 長方形だけでかこまれた形や、長方形と正方形でかこまれた形は直方体です。また、正方形だけでかこまれた形は立方体です。

❷ 立方体も直方体も面の数は6で、辺の数は12で、頂点の数は8です。

❷ 展開図を組み立てたとき、面㋐に向かい合った面が平行です。また、となり合った面は垂直になっています。問題と同じ展開図を別の紙にかいて切りぬいて、実さいに立方体を組み立ててみることも大切です。
平行な面、垂直な面はどれかたしかめてみましょう。

❸ ❶ 直方体はすべての面が長方形か正方形で、4つの角がすべて直角です。
このことから、辺DHに垂直な辺は4つあり、その中で頂点Dを通るのは、辺ADと辺CDです。

❷ 頂点Eをもとにしていることに注意しましょう。直方体や立方体では、頂点を表すアルファベットの位置が決まっているわけではありません。問題の図をよく見て、どの頂点がどの位置にあるのかしっかりたしかめるようにしましょう。

たしかめよう!
直方体や立方体の展開図は、それぞれの面がとなり合うとき、展開図を組み立てると垂直な関係になります。立方体も直方体も1つの面に垂直な面は4つあります。平行になる面は、立方体も直方体ともに、向かい合わせの面どうしであり、2つずつあります。3組の平行な面ができることをおさえましょう。

119ページ 練習のワーク②

1 ❶（例）

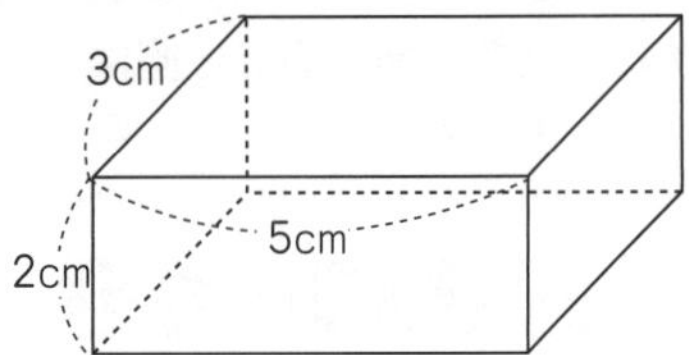

❷

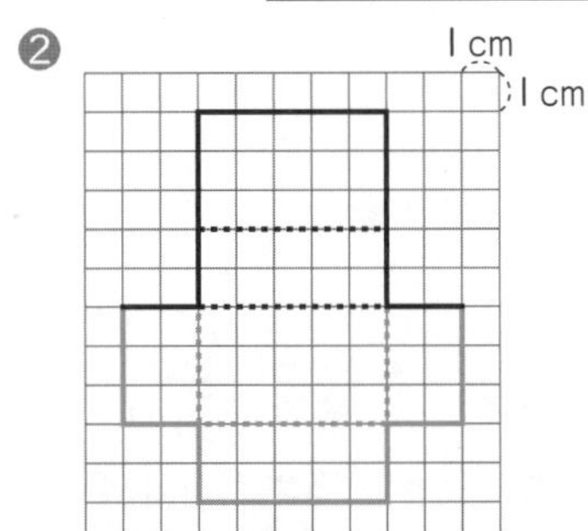

2 ❶ 辺BF、辺CG、辺DH
❷ 辺BC、辺EH、辺FG
❸ 辺AE、辺EH
❹ 辺AE、辺BF、辺CG、辺DH

てびき **1** ❶ 正面にたてが2cm、横が5cmの長方形を、まずかきます。
2 ❶❷ 直方体の面は、すべて長方形か正方形なので、ある面について見たとき、向かい合った辺はすべて平行になっています。
❸ 辺EFに垂直な辺は、辺AE、辺BF、辺EH、辺FGの4つありますが、この中で頂点Eを通る辺は、辺AEと辺EHです。
❹ 面㋐に垂直な辺は4つあります。面㋐に垂直な4つの辺どうしは、すべて平行になっています。直方体と立方体では、ある面に垂直な面、辺は4つあることを覚えておきましょう。

120ページ まとめのテスト①

1

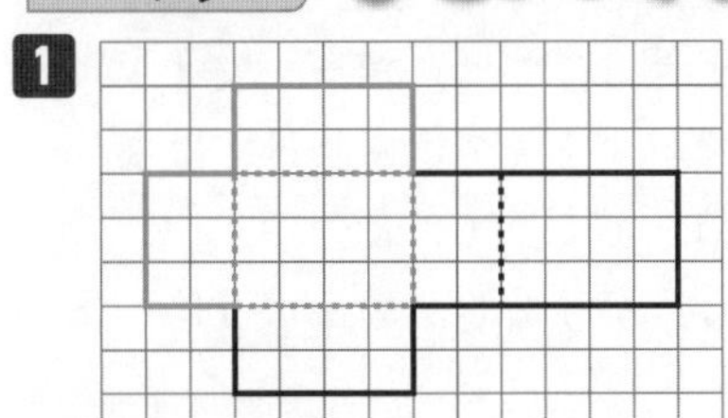

2 ❶ 直方体
❷ 右の図
❸ 3cm
❹ 面㋔
❺ 辺キク
❻ 面㋑、面㋓、面㋔、面㋕
❼ 面㋐、面㋒

（例）

3 C(横1m、たて4m)
D(横3m、たて3m)

てびき **1** 展開図をかくとき、とちゅうまでかいたものの続きをかくときは、向かい合う面に注目するとよいでしょう。下の図で、○をつけた面、△をつけた面、□をつけた面どうしは、組み立てたときに向かい合う面になるので、同じ形・大きさです。

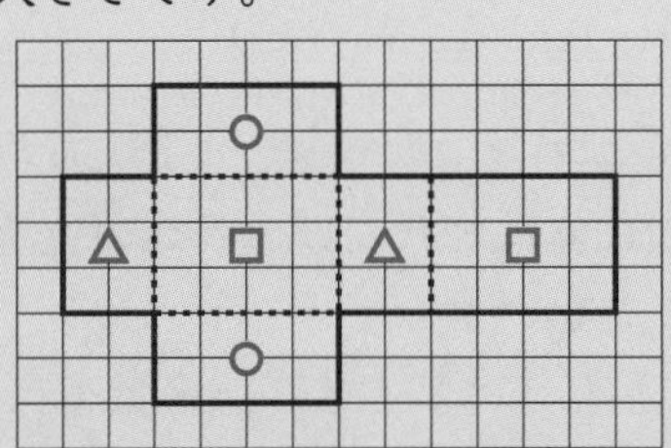

2 ❶ 長方形でかこまれた立体なので直方体です。直方体は、長方形または正方形でかこまれた立体なので、すべての面が長方形であるものと正方形の面があるものがあります。
❷ どの面を正面とみるかで、いろいろな見取図をかくことができます。下の図は、たて1cm、横3cm、高さ2cmの直方体とみたときの見取図です。いろいろな見取図をかいてみましょう。

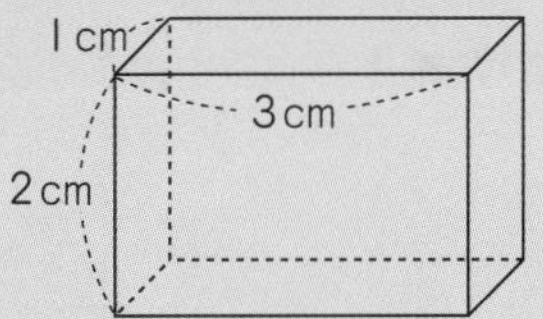

❸ 問題の展開図を組み立てた直方体の面の位置の関係は右の図のようになります。

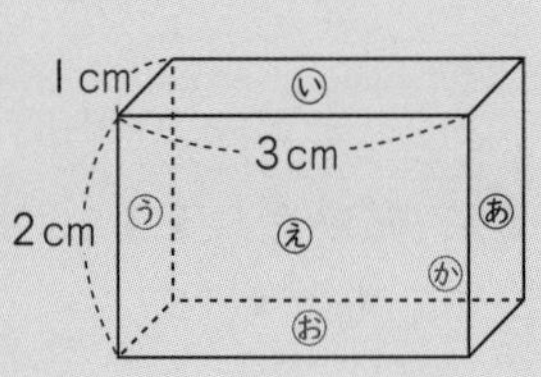

辺クケは辺セスと重なるので、長さは3cmです。
❹ 面㋑に向かい合うのは面㋔で、面㋑に平行です。直方体は、向かい合った面の大きさと形は同じなので、問題の展開図では、同じ形をしている面㋑と面㋔が向かい合っていることがわかります。
❻ 面㋐と向かい合っている面㋒以外の面は、面㋐ととなり合っているので、すべて面㋐に垂直です。

3 平面上のすべての点の位置は、2つの長さの組で表すことができます。どの点をもとにするかによって、表し方が変わるので、問題をよく読んで答えましょう。横、たてで表す場合や、東西南北の方角、横、上のような組み合わせで表すものなどがあります。

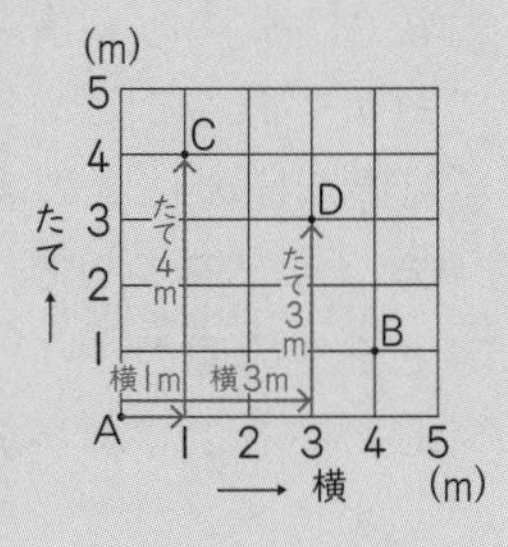

121ページ まとめのテスト②

1 ❶ 面㋐と面㋑、面㋒と面㋔、面㋓と面㋕
❷ 面㋐、面㋑、面㋓、面㋕
❸ 辺AB、辺DC、辺EF、辺HG
❹ 面㋐、面㋑
❺ 辺BF、辺CG、辺DH

2 ㋐、㋒

3 ❶ できない　❷ 8こ　❸ 3種類

てびき
1 ❶ 直方体では、向かい合う2つの面は平行で、平行な面の組み合わせは3組あります。
❷ 直方体では、1つの面に垂直な面は、向かい合う面以外の4つの面です。
❸ 直方体はすべての面が長方形または正方形なので、それぞれの面の4つの角はすべて直角です。このため、1つの面に垂直な辺は4つあります。
❹ 直方体では、1つの辺に垂直な面は2つあります。
❺ 直方体では、1つの辺に平行な辺は3つあります。

2 立方体の展開図は、次の11種類あります。すべて覚える必要はありませんが、立方体の箱などを使っていろいろな展開図があることをたしかめてみるとよいでしょう。

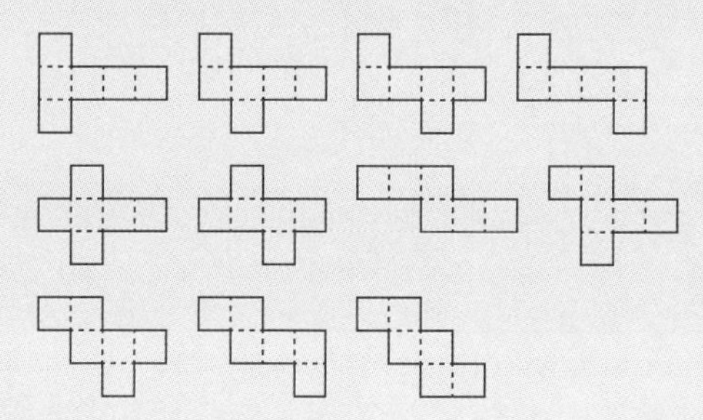

3 ❶ 立方体を作るには、同じ長さのひごが12本必要なので、作ることができません。
❷ 直方体の頂点の数は8です。ねん土玉1こが1つの頂点になるので、8こ使います。
❸ 4本ずつ3種類の長さのひごがあれば、直方体ができます。また、2種類の長さのひごが8本と4本でもできます。このことから、次のような組み合わせで3種類の直方体ができます。
・5cmのひご4本、6cmのひご4本、7cmのひご4本
・5cmのひご8本、6cmのひご4本
・5cmのひご8本、7cmのひご4本

考える力をのばそう

122・123ページ 学びのワーク

きほん1 3、60、60、150　答え 60、150

❶ 式 $(1730-1050)\div 2=340$
$1050-340\times 3=30$
答え ハンカチ…340円、箱…30円

❷ 式 $(4400-2600)\div 2=900$
$2600-900=1700$
答え おとな…1700円、子ども…900円

きほん2 2、85、85、300、300、150
答え 85、150

❸ 式 $(1500-900)\div 3=200$
$(900-200)\div 2=350$
答え ケーキ…350円、プリン…200円

❹ 式 $(630+600+530)\div 2=880$
$880-600=280$　$880-530=350$
$880-630=250$
答え りんご…280g、なし…350g、もも…250g

てびき 問題の数やねだんを図に表して考えます。
❶ ハンカチを3まいから2まいふやすと5まいになります。下の図のようにふやす前と後でくらべることができます。

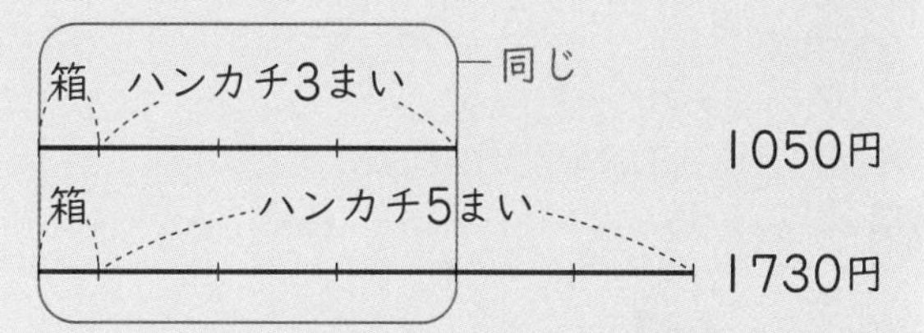

この図より、$1730-1050=680$ だから、680円は、ふやしたハンカチ2まい分の代金です。つまり、ハンカチ1まい分はその半分の340円であるとわかります。

❷
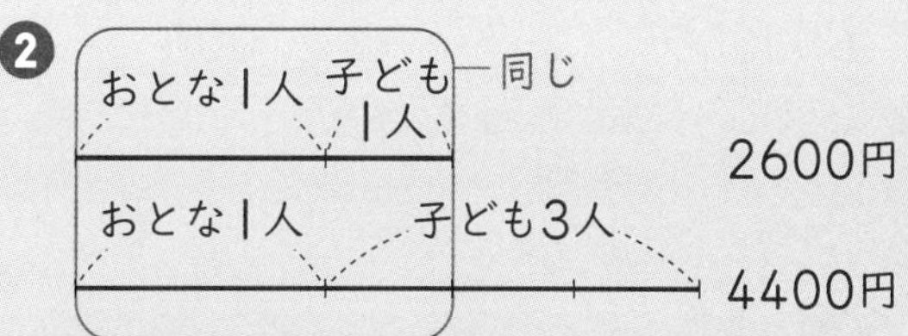

図より、$4400-2600=1800$ だから、1800円は子ども $3-1=2$(人分)の入館料金です。

❸
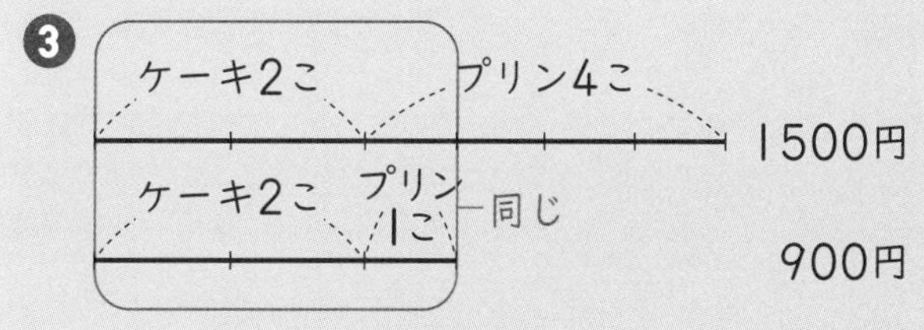

図より、$1500-900=600$ だから、600円はプリン $4-1=3$(こ分)の代金です。

❹

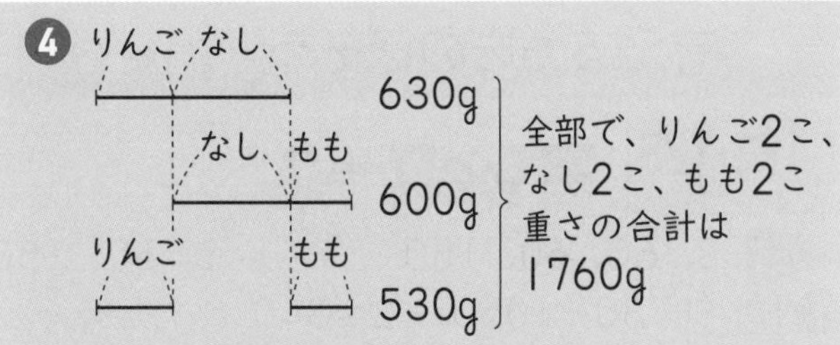

図から、りんご＋なし＝630、
なし＋もも＝600、
りんご＋もも＝530なので、
630＋600＋530＝1760より、1760gは、りんごとなしとももの2こずつの重さの合計です。
りんごとなしとももの1こずつの重さの合計は、1760÷2＝880より、880gです。

たしかめよう!
数やねだん、重さなどを図に表して、共通部分を見つけることが大切です。

● 4年のふくしゅう

124ページ まとめのテスト❶

1 ❶ 三億六千八百四万五千二百九十一
❷ 二百八兆四千五十億三千五万
❸ 14736020000
❹ 30000049300000

2 ❶ 611706　❷ 246433
❸ 115000　❹ 40
❺ 19　❻ 52
❼ 4あまり5　❽ 4あまり12
❾ 3

3 ❶ 754000　❷ 1400
❸ 680000　❹ 21000

4 ❶ 2400　❷ 905　❸ 78
❹ 35　❺ 85　❻ 60
❼ 6　❽ 48

てびき

1 位を4つずつに分けて考えていきましょう。

❶

千億の位	百億の位	十億の位	一億の位	千万の位	百万の位	十万の位	一万の位	千の位	百の位	十の位	一の位
			3	6	8	0	4	5	2	9	1

❷

千兆の位	百兆の位	十兆の位	一兆の位	千億の位	百億の位	十億の位	一億の位	千万の位	百万の位	十万の位	一万の位	千の位	百の位	十の位	一の位
	2	0	8	4	0	5	0	3	0	0	5	0	0	0	0

2 筆算を正しく行いましょう。わり算のあまりが出るのは❼と❽です。

❶
```
     807
   ×758
    6456
   4035
  5649
  611706
```

❷
```
     521
   ×473
    1563
   3647
  2084
  246433
```

❸
```
    2300
  ×   50
  115000
```

❹
```
      40
  4)160
    16
       0
```

❺
```
     19
  5)95
    5
    45
    45
     0
```

❻
```
      52
  8)416
    40
     16
     16
      0
```

❼
```
        4
  23)97
     92
      5
```

❽
```
         4
  24)108
      96
      12
```

❾
```
          3
  312)936
      936
        0
```

3 ●の位までのがい数にするとき、その位より下の位はすべて0になります。
がい数で表す位の1つ下の位で四捨五入します。

❶ 753631 → 4000　6を四捨五入する。
❷ 1356 → 400　5を四捨五入する。
❸ 682013 → 0000　2を四捨五入する。
❹ 20942 → 1000　9を四捨五入する。

4 計算の順じょは、次のようになります。
・ふつう、左から順に計算します。
・(　)のある式は、(　)の中を先に計算します。
・×や÷は、＋や－より先に計算します。
まちがえないように計算しましょう。

❶ $(65+35)\times24=100\times24=2400$
❷ $65+35\times24=65+840=905$
❸ $702\div(17-8)=702\div9=78$
❹ $45\div15+16\times2=3+32=35$
❺ $89-(16\div2-4)=89-(8-4)$
$=89-4=85$
❻ $23+5\times8-3=23+40-3=60$
❼ $(51-9\times3)\div4=(51-27)\div4$
$=24\div4=6$
❽ $51-(9+3)\div4=51-12\div4$
$=51-3=48$

125ページ まとめのテスト②

1 ❶ 3.82　❷ 7　❸ 3.15
❹ 3.464　❺ 40.8　❻ 726
❼ 16.1　❽ 0.35　❾ 0.26
❿ 0.24

2 式 $42 \div 5 = 8.4$　答え 8.4倍

3 ❶ $\frac{14}{5}$　❷ $3\frac{2}{8}$　❸ $\frac{34}{3}$
❹ 8　❺ $6\frac{3}{7}$　❻ $\frac{96}{11}$

4 ❶ $\frac{10}{6}\left(1\frac{4}{6}\right)$　❷ $3\frac{3}{4}\left(\frac{15}{4}\right)$
❸ $1\frac{3}{5}\left(\frac{8}{5}\right)$　❹ $3\frac{1}{7}\left(\frac{22}{7}\right)$
❺ 1　❻ $1\frac{7}{9}\left(\frac{16}{9}\right)$

てびき

1 筆算をまちがえないようにしましょう。

❶
```
  1.4 4
+ 2.3 8
-------
  3.8 2
```
❷
```
  0.1 6 5
+ 6.8 3 5
---------
  7.0 0 0
```
❸
```
  5.3 3
- 2.1 8
-------
  3.1 5
```
❹
```
  7
- 3.5 3 6
---------
  3.4 6 4
```
❺
```
   1.7
 × 2 4
------
   6 8
 3 4
------
 4 0.8
```
❻
```
  1 8.1 5
×     4 0
---------
7 2 6.0 0
```
❼
```
   0.4 6
 ×   3 5
--------
   2 3 0
 1 3 8
--------
 1 6.1 0
```
❽
```
       0.3 5
1 2 ) 4.2 0
      3 6
      -----
        6 0
        6 0
        ---
          0
```
❾
```
       0.2 6
2 8 ) 7.2 8
      5 6
      -----
      1 6 8
      1 6 8
      -----
          0
```
❿
```
        0.2 4
7 5 ) 1 8.0 0
      1 5 0
      -------
        3 0 0
        3 0 0
        -----
            0
```

4 ❶ $\frac{3}{6}+\frac{7}{6}=\frac{10}{6}=1\frac{4}{6}$

❷ $1\frac{2}{4}+2\frac{1}{4}=3\frac{3}{4}$

または、$1\frac{2}{4}+2\frac{1}{4}=\frac{6}{4}+\frac{9}{4}=\frac{15}{4}$

❸ $1\frac{2}{5}+\frac{1}{5}=1\frac{3}{5}$

または、$1\frac{2}{5}+\frac{1}{5}=\frac{7}{5}+\frac{1}{5}=\frac{8}{5}$

❹ $\frac{5}{7}+2\frac{3}{7}=2\frac{8}{7}=3\frac{1}{7}$

または、$\frac{5}{7}+2\frac{3}{7}=\frac{5}{7}+\frac{17}{7}=\frac{22}{7}$

❺ $\frac{8}{3}-\frac{5}{3}=\frac{3}{3}=1$

（分子と分母が同じ数は 1）

❻ $5-3\frac{2}{9}=4\frac{9}{9}-3\frac{2}{9}=1\frac{7}{9}$

または、$5-3\frac{2}{9}=\frac{45}{9}-\frac{29}{9}=\frac{16}{9}$

126ページ まとめのテスト③

1 ❶ 83°　❷ 265°
❸ 270°　❹ 125°

2 ❶ 85°　❷ 95°

3 ❶ 式 $26 \times 26 = 676$　答え $676\,\text{m}^2$
❷ 式 $5.5 \times 4 = 22$　答え $22\,\text{km}^2$

4 ❶ 式 $30 \times 40 - 10 \times 10 = 1100$　答え $1100\,\text{cm}^2$
❷ 式 $5 \times 15 + 15 \times 35 = 600$　答え $600\,\text{m}^2$

てびき

1 分度器を使って角度をはかりましょう。

2 ❶ ㋕と㋖の直線は平行です。
このことから、㋐の角度は85°です。
❷ 一直線の角度は、180°です。
$180° - 85° = 95°$

3 面積の公式
長方形の面積＝たて×横
　　　　　　＝横×たて
正方形の面積＝1辺×1辺
に、それぞれあてはめて求めましょう。
❷ km^2 で答える問題です。単位に注意しましょう。答えの式は 4000m→4kmになおして計算していますが、単位を m になおして計算すると、次のようになります。
$5500 \times 4000 = 22000000$ より、
$22000000\,\text{m}^2$ だから、$22\,\text{km}^2$
$1\,\text{km}^2$ は $1000000\,\text{m}^2$ です。

4 ❶ 長方形の面積から、色のついていない正方形の面積をひきます。
❷ 答えでは、2つの長方形に分けてそれぞれの面積をたして求めています。

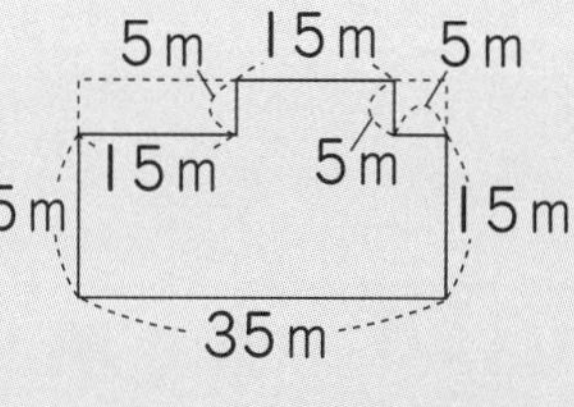

次の式のように、大きい長方形の面積から2つの小さい長方形の面積をひくことでも求められます。
$20 \times 35 - 5 \times 15 - 5 \times 5 = 600$
より、$600\,\text{m}^2$

たしかめよう!

3 $1\,\text{km}^2 = 1\,\text{km} \times 1\,\text{km} = 1000\,\text{m} \times 1000\,\text{m} = 1000000\,\text{m}^2$ と考えましょう。

127ページ まとめのテスト④

1 ❶

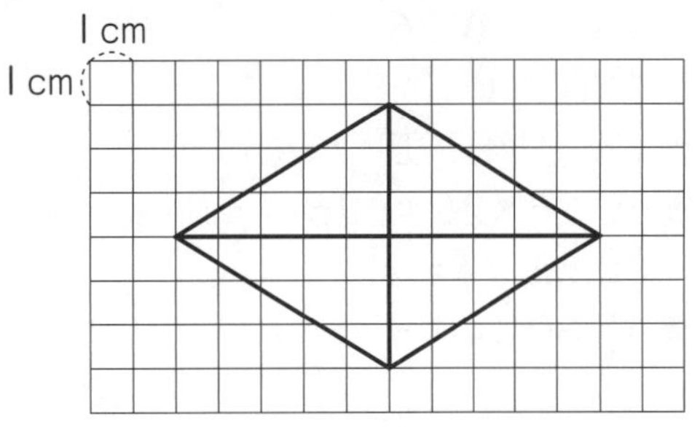

❷ ひし形

2 ㋑、㋓

3 ❶ 点シ　❷ 辺ケク　❸ 面㋔

てびき

1 ❶ 方がんに入るように、2本の垂直な直線(対角線)をそれぞれの真ん中で交わるようにかきます。10cmの対角線を横にかきましょう。対角線のはしの点をそれぞれ直線で結び、四角形をかきます。

❷ 対角線がそれぞれの真ん中で垂直に交わる四角形はひし形と正方形です。
2本の対角線の長さがちがうので、正方形ではなくひし形です。

2 ㋐ 正方形の2本の対角線の長さはいつでも等しいですが、台形の2本の対角線の長さは等しいとはかぎりません。

㋒ 長方形も、4つの角がすべて直角です。

㋔ 2本の対角線がいつでも垂直に交わる四角形は、正方形とひし形です。

3 次のような直方体になります。

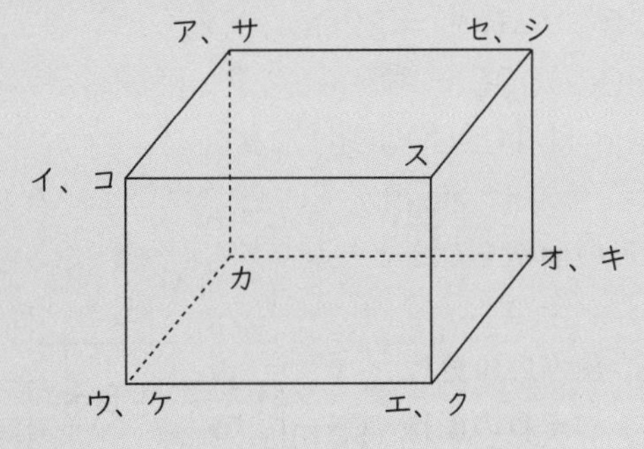

128ページ まとめのテスト⑤

1 ❶ 26　❷

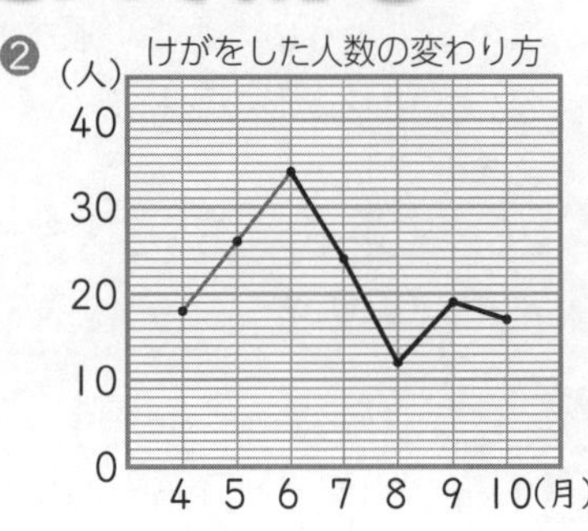

❸ 7月と8月の間

2 ❶ ㋐ 15　㋑ 12　㋒ 22　㋓ 25

❷ 12人

❸ 10人

❹ 18人

てびき

1 ❶ 折れ線グラフで5月の人数を読み取ります。グラフのたてのじくのいちばん小さい1めもりは1人を表しています。

❸ 折れ線グラフで、いちばん変(か)わり方が大きいところは、右上がりや右下がりに線のかたむきがいちばん大きい部分です。7月から8月はけがをした人数が12人へっていて、かたむきがいちばん急です。

2 表のたて、横を見て、3ますのうち2ますがうまっていれば、残りの1ますに入る数を求めることができます。

❶ ㋐ ネコを「かっている」の行を横に見て、
18−3=15

㋑ イヌを「かっていない」の列をたてに見て、
15−3=12

㋒ いちばん右の合計の列をたてに見て、
40−18=22
または、ネコを「かっていない」の行を横に見て、10+12=22

㋓ いちばん下の合計の行を横に見て、
40−15=25
または、イヌを「かっている」の列をたてに見て、15+10=25

❷ 表の㋑のますに入る数です。

❸ 表を正しく読み取ります。

❹ ネコを「かっている」の行を横に見て、合計のますに入る数です。

夏休みのテスト①

1 ❶ 六十一億八千二百五十七万九百四十七
❷ 三十七兆四千三百十一億千五十二万

2 ❶ 26度、午後1時
❷ 午後2時と午後3時の間
❸ 午前9時と午前10時の間

3 ❶ 30　❷ 300
❸ 60　❹ 12あまり3
❺ 100あまり5　❻ 50あまり7

4 式 $114 \div 3 = 38$　答え 38こ

5 ❶ 300°　❷ 145°　❸ 30°

6 ❶ 3.72　❷ 5.9　❸ 30.98
❹ 3.21　❺ 2.172　❻ 6.641

てびき

1 右から4けたごとに区切ると、読みやすくなります。

2 ❶ グラフで、いちばん高いところにある点を、横に見ると26度、たてに見ると午後1時であることがわかります。
❷ グラフの線のかたむきが急であるほど、変わり方が大きいことを表しています。
❸ グラフの線が上がりも下がりもしていないのは、午前9時と午前10時の間です。

3 あまりがあるときは、わる数×商＋あまりの計算をして、その答えがわられる数になっているか、たしかめます。
❹（たしかめ）$7 \times 12 + 3 = 87$
❺（たしかめ）$8 \times 100 + 5 = 805$
❻（たしかめ）$9 \times 50 + 7 = 457$

4 同じ数ずつに分けるので、$114 \div 3$ のわり算で求めます。

5 分度器の中心を、角の頂点に合わせて、角度をはかります。
❶ 180° より大きい角度をはかるときは、180° より何度大きいかをはかるか、360° より何度小さいかをはかるかなどのくふうをします。

6 小数のたし算、ひき算の筆算は、小数点をそろえて位ごとに書いて、右の位から計算します。答えの小数点は、上の小数点にそろえます。

❶ $1.42 + 2.3 = 3.72$
❷ $2.67 + 3.23 = 5.90$
❸ $24.6 + 6.38 = 30.98$
❹ $5.37 - 2.16 = 3.21$
❺ $3.952 - 1.78 = 2.172$
❻ $7 - 0.359 = 6.641$

夏休みのテスト②

1 ❶ 7000000000000
❷ 1400000000000

2 ❶ 7人　❷ 9人　❸ 10人

3 ❶ 240　❷ 19あまり2
❸ 254　❹ 90あまり4

4 しょうりゃく

5 ❶ 7.5　❷ 4.007　❸ 24.12
❹ 11.9　❺ 0.582　❻ 3.983

6 式 $0.485 + 1.8 = 2.285$　答え 2.285kg

てびき

1 ❶ 7000億は数字で書くと700000000000で、10倍すると位が1けたずつ上がるので、0が1つついて7000000000000になります。
❷ 100億の140倍の数になります。

2 ❶ クロールのできない人の合計の10人から、クロールも平泳ぎもできない3人をひいて求めます。
❷ 平泳ぎのできる人の合計の16人から、❶で求めた、平泳ぎができてクロールのできない人数をひいて求めます。
❸ クラス全員の26人から、平泳ぎのできる16人をひいて求めます。

3
❶ $960 \div 4 = 240$（8, 16, 16, 0）
❷ $78 \div 4 = 19$ あまり 2（4, 38, 36, 2）
❸ $762 \div 3 = 254$（6, 16, 15, 12, 12, 0）
❹ $544 \div 6 = 90$ あまり 4（54, 4）

4 ❶ まず、じょうぎを使って長さ5cmの辺をひいてから、40° と 50° の角をかきます。
❷ じょうぎを使って長さ4cmの辺をひいてから、90° と 35° の角をかきます。

5 小数のたし算、ひき算の筆算は、小数点をそろえて位ごとに書いて計算します。

❶ $4.67 + 2.83 = 7.50$
❷ $0.517 + 3.49 = 4.007$
❸ $23.5 + 0.62 = 24.12$
❹ $13.83 - 1.93 = 11.90$
❺ $4.232 - 3.65 = 0.582$
❻ $4 - 0.017 = 3.983$

6 単位をそろえてから計算します。1.8kgを1800gと考えて、$485 + 1800 = 2285$ より2.285kgとすることもできます。

冬休みのテスト①

1 ❶ 3　❷ 26 あまり 22
❸ 5 あまり 20　❹ 9

2 式 $64 \div 8 = 8$　答え 8 m

3 ❶ 350000　❷ 50

4 ❶ 150 円のりんご 4 こを 30 円の箱に入れて買うときの代金　代金 630 円
❷ 150 円のりんごと 200 円のなしを 1 こずつ 30 円の箱に入れて 4 箱買うときの代金　代金 1520 円

5 平行四辺形　あ 110°　い 70°　う 70°

6 ❶ $\frac{13}{9}\left(1\frac{4}{9}\right)$　❷ $3\frac{5}{7}\left(\frac{26}{7}\right)$　❸ 3
❹ $\frac{5}{6}$　❺ $2\frac{1}{5}\left(\frac{11}{5}\right)$　❻ $2\frac{8}{15}\left(\frac{38}{15}\right)$

7 ❶

買う数(こ)	1	2	3	4	5
代金 (円)	120	240	360	480	600

❷ $120 \times ○ = △$　❸ 1440 円

てびき

2 電柱の高さを□m として、かけ算の式に表してみると、
□×8＝64
□＝64÷8＝8(m)
と求めることができます。

3 積や商は、四捨五入して上から 1 けたのがい数にしてから計算すると、かんたんに見積もることができます。
❶ 500×700＝350000
❷ 20000÷400＝50

4 ❶ 150×4 は 150 円のりんご 4 この代金、30 は箱の代金です。
❷ 150＋200＋30 は、
(りんご 1 こ＋なし 1 こ＋箱 1 こ)の代金です。

5 直線㊁と直線㊄が平行なので、四角形の辺 AD と辺 BC は平行です。また、直線㊋と直線㊌が平行なので、四角形の辺 AB と辺 DC は平行です。これより四角形 ABCD は、向かい合った 2 組の辺が平行なので平行四辺形です。

6 ❶ 答えが仮分数になったときは、帯分数になおすと、大きさがわかりやすくなります。
❸ $\frac{14}{21}+2\frac{7}{21}=2\frac{21}{21}=3$
❻ $3-\frac{7}{15}=2\frac{15}{15}-\frac{7}{15}=2\frac{8}{15}$
3 を仮分数にして計算することもできます。
$3-\frac{7}{15}=\frac{45}{15}-\frac{7}{15}=\frac{38}{15}$

7 ❸ ❷の式で、○が 12 のときの△を求めます。

冬休みのテスト②

1 ❶ 14 あまり 6　❷ 14 あまり 21
❸ 10 あまり 12　❹ 120

2 約 30 kg

3 ❶ 33　❷ 86　❸ 5712　❹ 3100

4 式 $\frac{11}{8}-\frac{3}{8}=1$　答え 1 kg

5 ❶ 3 こ　❷ 1 こ　❸ 8 こ

6 ❶

1 辺の長さ (cm)	1	2	3	4	5
まわりの長さ(cm)	3	6	9	12	15

❷ □×3＝○　❸ 36 cm　❹ 48 cm

てびき

2 四捨五入して上から 1 けたのがい数にすると、おにぎり 1 この重さが 100 g、おにぎりのこ数が 300 こになるので、重さの見積りは、100×300＝30000(g)
30000 g＝30 kg で、約 30 kg になります。

3 ❶ ×や÷は、＋や－より先に計算します。
42－63÷7＝42－9＝33
❷ (　)のある式は、(　)の中から先に計算します。
14×8－(54－28)＝14×8－26
＝112－26
＝86
❸ 102 を 100＋2 と考えて、計算のきまりを使います。
102×56＝(100＋2)×56
＝100×56＋2×56
＝5600＋112
＝5712
❹ 100 のまとまりを見つけて、
(□×○)×△＝□×(○×△)を使って計算します。
124×25＝(31×4)×25
＝31×(4×25)
＝31×100
＝3100

5 ❶ 四角形 ABCD、四角形 ABGE、四角形 EGCD の 3 こが長方形です。
❷ 四角形 EFGH は、辺の長さがすべて等しいことから、ひし形です。
❸ 四角形 ABCE、四角形 EBCD、四角形 ABGD、四角形 AGCD、四角形 AGHE、四角形 EFGC、四角形 EBGH、四角形 FGDE の 8 こが台形です。

6 ❶ まわりの長さは、1 辺の長さの 3 倍になるので、1 辺の長さが 3 cm のときは、まわりの長さは 3×3＝9(cm)です。
❸ ❷の式で、□が 12 のときの○を求めます。
❹ ❷の式で、○が 144 のときの□を求めます。

学年末のテスト①

1 ❶ 十億の位　❷ 1億
❸ 上から2けた…4300000000
　一万の位………4250360000

2 ❶ 7.13　❷ 1.06　❸ 5.26
❹ 5.57

3 式 117÷65＝1.8　答え 1.8倍

4 式 36×50＝1800　答え 1800m²、18a

5

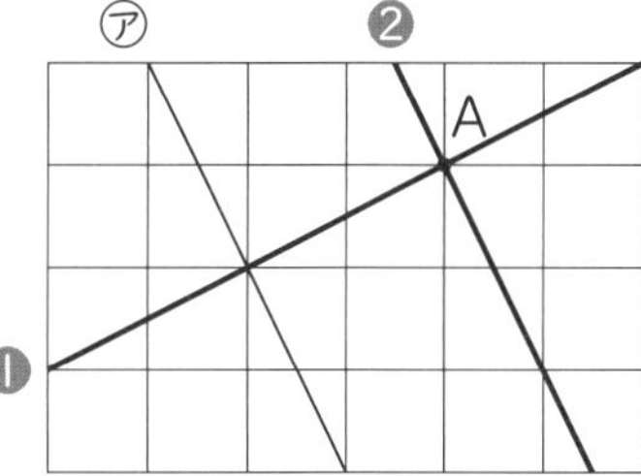

6 ❶ 25.8　❷ 25.12　❸ 2501.6
❹ 1.85　❺ 2.6　❻ 0.83

7 ❶ 面㋑　❷ 辺AD、辺AE　❸ 3

てびき

1 ❶ 4けたが2つと、あと2けたで10けたになるから、10けたのいちばん左の数字は十億の位になります。
❸ 上から2けたのがい数にするときは、上から3つめの位の数字に目をつけます。一万の位までのがい数にするときは、千の位の数字に目をつけます。

3 もとにする大きさの何倍かを求めるときは、わり算を使います。この問題のように、小数の倍になることもあります。

4 100m²＝1aです。

6

```
❶   4.3      ❷   3.14     ❸    62.54
  ×   6         ×    8        ×     40
   25.8          25.12        2501.60

❹     1.85   ❺      2.6   ❻    0.83
   8)14.8       32)83.2      6)4.98
     8             64          48
     68            192          18
     64            192          18
      40             0           0
      40
       0
```

7 ❶ 直方体や立方体では、向かい合った面と面は平行です。また、面㋐に垂直な面は、面㋒、面㋓、面㋔、面㋕の4つです。
❷ 頂点Bを通って辺ABに垂直な辺も、辺BCと辺BFの2つあります。
❸ 辺ABに平行な辺は、辺DC、辺HG、辺EFの3つです。また、1つの辺から見て、平行や垂直にならない辺は「ねじれの位置」にあるといいます。

学年末のテスト②

1 ❶ 5度、1月　❷ 5月と6月の間

2 ❶ 75°　❷ 60°

3 ❶ 2　❷ $5\frac{1}{4}\left(\frac{21}{4}\right)$
❸ $\frac{4}{8}$　❹ $1\frac{3}{7}\left(\frac{10}{7}\right)$

4 ❶ 600　❷ 100

5 しょうりゃく

6 式 20×10＋(12−5)×(30−10×2)
　＋12×10＝390　答え 390cm²

7 式 17.5÷3＝5 あまり 2.5
答え 5ふくろできて、2.5kg あまる。

8 (例)

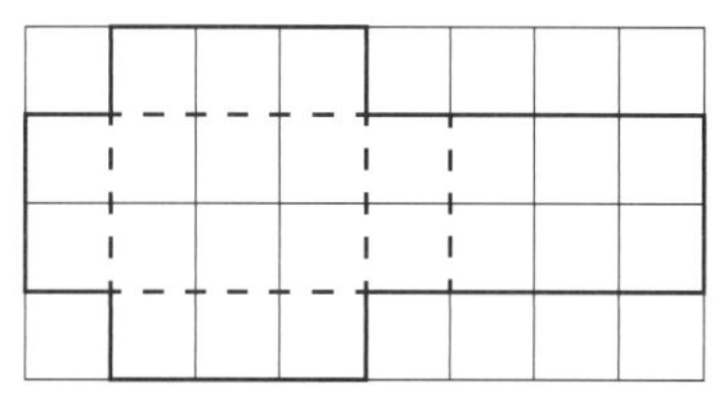

てびき

2 2つの三角じょうぎの角度(90°、60°、30°)と(90°、45°、45°)をきちんと覚えましょう。
❶ ㋐の角度は、30°＋45°＝75°
❷ ㋑の角度は、90°−30°＝60°

3 ❷ $1\frac{3}{4}+3\frac{2}{4}=4\frac{5}{4}=5\frac{1}{4}$
仮分数にして計算することもできます。
$1\frac{3}{4}+3\frac{2}{4}=\frac{7}{4}+\frac{14}{4}=\frac{21}{4}$
❹ 2つの計算のやり方があります。
$2\frac{1}{7}-\frac{5}{7}=1\frac{8}{7}-\frac{5}{7}=1\frac{3}{7}$
$2\frac{1}{7}-\frac{5}{7}=\frac{15}{7}-\frac{5}{7}=\frac{10}{7}$

4 百の位までのがい数にするときは、四捨五入するのは十の位の数字になります。
❶ 500＋100＝600
❷ 900−300−500＝100

5 角度は分度器を使ってはかります。コンパスを使って、向かい合った辺の長さが等しくなるように、残りの点をとります。

6 たての線をひいて3つの長方形に分けると、それぞれの長方形のたての長さは20cm、12−5＝7(cm)、12cmで、横の長さは10cmになります。

7 あまりがあるときは、たしかめをしましょう。
(たしかめ)　3×5＋2.5＝17.5

8 展開図では、切り開いた辺以外は点線でかきましょう。

まるごと 文章題テスト①

1 20549

2 式 $137 \div 6 = 22$ あまり 5
$22 + 1 = 23$ 答え 23 こ

3 ❶ 式 $5.4 + 2.28 = 7.68$ 答え 7.68 L
❷ 式 $5.4 - 2.28 = 3.12$ 答え 3.12 L

4 式 $481 \div 13 = 37$ 答え 37 まい

5 式 $14 \times 6 = 84$ 答え 84 まい

6 式 $2\frac{5}{7} + \frac{3}{7} = 3\frac{1}{7}$ 答え $3\frac{1}{7}$ L $\left(\frac{22}{7}\text{ L}\right)$

7 式 $128 \div 16 = 8$ 答え 8 m

8 ❶ 式 $47.7 \div 9 = 5.3$ 答え 5.3 g
❷ 式 $5.3 \times 16 = 84.8$ 答え 84.8 g

てびき

1 0 がいちばん左の位にこないことに気をつけます。左の位の数字が小さいほうが小さい数になります。
（いちばん小さい数）20459
（2 番目に小さい数）20495
（3 番目に小さい数）20549

2 $137 \div 6 = 22$ あまり 5
6 人すわる長いすが 22 こ、あまった 5 人がすわる長いすが 1 こいります。

4 13 人で同じ数ずつ分けるので、$481 \div 13$ を計算すると、1 人分のまい数が求められます。

```
    37
13)481
   39
    91
    91
     0
```

5 兄さんの持っているシールのまい数は、14 まいの 6 倍だから、14×6 で計算します。

6 $2\frac{5}{7} + \frac{3}{7} = 2\frac{8}{7} = 3\frac{1}{7}$ (L)
帯分数を仮分数に直して計算することもできます。
$2\frac{5}{7} + \frac{3}{7} = \frac{19}{7} + \frac{3}{7} = \frac{22}{7}$ (L)

7 たての長さを□m とすると、
（たて）×（横）＝（長方形の面積）だから、
□×16＝128
□は 128÷16 で求めます。

8 ❷ ❶で求めた（コイン 1 まいの重さ 5.3g）の 16 倍だから、5.3×16 で計算します。

（❶の筆算）

```
   5.3
9)47.7
  45
   27
   27
    0
```

（❷の筆算）

```
   5.3
 × 16
  318
  53
  84.8
```

まるごと 文章題テスト②

1 式 $276 \div 8 = 34$ あまり 4
答え 34 本とれて、4 cm あまる。

2 式 $0.64 + 3.52 = 4.16$ 答え 4.16 kg

3 式 $735 \div 36 = 20$ あまり 15
答え 20 まいになって、15 まいあまる。

4 ゴムひも B

5 約 6000 円

6 式…$(670 + 260) \div 3 = 310$ 答え…310 円

7 式 $4 - \frac{2}{3} = 3\frac{1}{3}$ 答え $3\frac{1}{3}$ km $\left(\frac{10}{3}\text{ km}\right)$

8 式 $300 \times 300 = 90000$ 答え 900 a、9 ha

9 式 $5.2 \div 24 = 0.216\cdots$（6 に斜線、1 の上に 2） 答え 約 0.22 L

10 式 $30 \div 24 = 1.25$ 答え 1.25 倍

てびき

4 もとの長さの何倍になっているかで、どちらがよくのびるかをくらべます。
ゴムひも A…$120 \div 40 = 3$（倍）
ゴムひも B…$100 \div 20 = 5$（倍）

5 上から 1 けたのがい数にするには、上から 2 つめの位を四捨五入します。
アイスクリーム 1 こ…200 円
アイスクリームのこ数…30 こ
として代金を見積もると、$200 \times 30 = 6000$
約 6000 円になります。

6 代金の合計は、(670＋260) 円。
この代金を 3 等分すると、1 人分になるから、式は、$(670 + 260) \div 3$ となります。

7 2 つの計算のやり方があります。
(1) $4 - \frac{2}{3} = 3\frac{3}{3} - \frac{2}{3} = 3\frac{1}{3}$ (km)
(2) $4 - \frac{2}{3} = \frac{12}{3} - \frac{2}{3} = \frac{10}{3}$ (km)
どちらの計算もできるようにしましょう。

8 1 辺が 300 m の正方形の面積は、
$300 \times 300 = 90000$ (m^2)
$10000\,m^2 = 100\,a = 1\,ha$ なので、
$90000\,m^2 = 900\,a$、$90000\,m^2 = 9\,ha$

9 上から 2 けたのがい数にするので、上から 3 つめの位を四捨五入しますが、一の位が 0 なので、$\frac{1}{1000}$ の位の数字を四捨五入します。

10 もとにする体重 24 kg（弟の体重）を 1 とみると、30 kg（ゆみさんの体重）がいくつにあたるかを求めます。$30 \div 24 = 1.25$（倍）
1.25 倍というのは、24 kg を 1 とみたとき、30 kg が 1.25 にあたることを表しています。

3 2 1 0 9 8 7 6 5 4
＊ ＊ D C B A